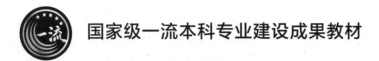

国家级一流本科专业建设成果教材

物理化学实验
（思政案例版）

朱莉娜　主编　　李海朝　沈海云　副主编

化学工业出版社

·北京·

内容简介

《物理化学实验（思政案例版）》作为高等学校物理化学实验课程的配套教材，内容分为三部分：第一部分是物理化学实验前的必备知识，包括物理化学实验室安全知识和实验数据的科学表达与处理；第二部分为实验部分，由理工科高校物理化学实验教学普遍开设的热力学、相平衡、电化学、动力学、表面与胶体五个方面的十八个实验构成；第三部分为附录，包括物理化学基础测量技术，常用实验仪器的工作原理和使用方法，以及与实验相关的重要物理化学数据表。本书还将与实验内容密切相关的思政文化素材，实验中难点、疑点的延伸探讨和知识内容拓展，以及实验操作中难点和关键点的演示短视频融入教材，通过纸质媒体和新媒体的融合有效提升教材的知识容量。全书内容详略得当，针对性强，将社会主义核心价值观寓于知识体系和能力培养。

本书可作为高等学校化学、化工、制药、材料、环境、生物、医学、药学、食品等有关专业物理化学实验教学的教材，亦可供其他相关专业选用和相关技术人员参考，同时还为高等学校物理化学实验教师开展课程思政教学提供重要参考资料和案例。

图书在版编目(CIP)数据

物理化学实验：思政案例版/朱莉娜主编；李海朝，沈海云副主编 . —北京：化学工业出版社，2023.11
国家级一流本科专业建设成果教材
ISBN 978-7-122-44023-5

Ⅰ.①物… Ⅱ.①朱… ②李… ③沈… Ⅲ.①物理化学-化学实验-高等学校-教材 Ⅳ.①O64-33

中国国家版本馆 CIP 数据核字（2023）第 153155 号

责任编辑：杜进祥　马泽林　　　　　　　　　　文字编辑：黄福芝
责任校对：刘曦阳　　　　　　　　　　　　　　装帧设计：韩　飞

出版发行：化学工业出版社（北京市东城区青年湖南街 13 号　邮政编码 100011）
印　　刷：北京云浩印刷有限责任公司
装　　订：三河市振勇印装有限公司
787mm×1092mm　1/16　印张 12½　字数 307 千字　　2024 年 1 月北京第 1 版第 1 次印刷

购书咨询：010-64518888　　　　　　　　售后服务：010-64518899
网　　址：http://www.cip.com.cn
凡购买本书，如有缺损质量问题，本社销售中心负责调换。

定　　价：35.00 元

前 言

　　物理化学实验是化学实验学科的重要分支，它综合运用物理和化学领域的一些重要实验技术、手段和数学运算方法，来研究物质的物理化学性质以及这些物理化学性质与化学反应之间的关系。物理化学实验课程对学生验证和理解化学学科基本理论，掌握、运用化学研究中的基本物理实验方法和技能，训练科学实验方法，提升分析解决实际问题的能力，培养科学思维和科学素养，建立科学的世界观和方法论等方面发挥着重要作用，为化学及与化学相关专业本科生的日后深造学习和工作奠定重要基础。

　　本书是天津大学理学院应用化学专业国家级一流本科专业建设成果教材，是在多年使用的物理化学实验相关教材和讲义的基础上，结合新形势下高等教育实验教学的要求和需求编写而成。与同类教材相比，本书具有以下几方面的特色：

　　(1) 以立德树人、三全育人、五育并举为指导思想，从物理化学实验的教学内容和实践特征出发，深入挖掘思政元素，并将思政元素融入教材编写。本书为实验部分的每一章（第三～七章）专门撰写了思政引言，全书为每一个实验提供了与其密切相关的思政案例，并以新形态媒体形式融入教材。通过"如盐入水"的思政文化素材，将社会主义核心价值观引导寓于知识传授和技能培养中，为培养热爱祖国、具有民族自豪感的有文化、懂技术的社会主义专业人才和具有工匠精神、创新能力的社会主义建设人才发挥积极促进作用，也为高等学校物理化学实验教师开展课程思政教学提供重要的参考资料，以期本教材能够发挥"培根铸魂，启智增慧"的作用。

　　(2) 科学地处理和表达实验数据在物理化学实验能力训练中具有重要的作用，本书给出了全部十八个实验的典型案例作为示范。实验案例能起到使学生直观学习的示范作用，也为实验教师提供重要的教学参考。目前物理化学实验教材少有给出具体实验的典型案例。本书编写队伍中有多位长期从事物理化学实验教学和实验准备工作的工程师，通过反复实验获得了每一个实验的可靠数据，并撰写了相关的实验案例。这些案例将为物理化学实验教与学发挥重要的参考和辅助作用。

　　(3) 在实验内容中设置了实验探讨与拓展部分。在此部分中，我们根据多年来的实践教学经验，总结了学生在实验中可能遇到的问题和疑惑，对这些问题进行了详细深入的分析讨论；同时设置了与实验密切相关的拓展知识内容，拓宽学生的视野和知识面。

　　(4) 以新形态媒体形式为读者提供视频演示资料。根据教学经验，我们将本书实验操作的难点和关键点录制成1～3分钟实验操作演示视频，借助新媒体的方式，学生通过扫描二维码，即可观看这些短小的视频，方便学生更好地掌握实验操作要点。

　　本书由天津大学联合其对口支援高校青海民族大学共同编写，由天津大学朱莉娜教授主编，青海民族大学李海朝教授和天津大学沈海云工程师副主编，参与本书编写的还有天津大学的张兵教授、于曦教授、于一夫教授、冯霞副教授、陈丽副教授、邵松雪工程师、王海媛工程师和邱丽娟工程师，青海民族大学的张世芝教授、解玉龙教授和林泽中讲师。本书内容主要包含三部分，其中，实验安全知识和实验数据的科学表达与处理部分由朱莉娜撰写，李海朝审阅修改；实验部分，实验一～实验八、实验十一、实验十二、实验十四～实验十八主要由朱莉娜、沈海云、邵松雪、王海媛、邱丽娟、于曦撰写，实验九、实验十、实验十三由张世芝、解玉龙撰写，冯霞审阅修改热力学实验，陈丽审阅修改相平衡和电化学实验，张兵、于一夫审阅修改动力学和表面与胶体实验，思政文化素材的搜集和撰写主要由沈海云和朱莉娜完成，李海朝进行了审阅修改；实验附录部分，主要由邵松雪完成，林泽中进行审阅修改。全书由朱莉娜统稿。

本书为天津大学"十四五"规划教材。本书的出版获得了天津大学化学一流学科建设经费、青海民族大学化学学科建设经费以及天津大学思政教改经费资助，在此对相关单位表示感谢。在本书编写过程中，特别感谢化学工业出版社的责任编辑为本书的编写多次提出了建设性的宝贵建议；也感谢天津大学的唐向阳教授、李松林教授、刘俊吉教授和马骁飞教授对本书编写提供的建议与支持。同时在编写过程中本书还参阅了本校及其他院校已出版的教材和有关著作，从中借鉴了许多有益的内容，在此对相关编者和作者表示感谢。

由于编者水平有限，疏漏和错误之处在所难免，希望广大读者予以批评指正。

编　者
2023 年 3 月于北洋园

目　录

微课视频及拓展阅读目录

第一章
物理化学实验安全知识

《国家中长期教育改革和发展纲要（2010—2020年)》中特别提出"重视安全教育、生命教育、国防教育、可持续发展教育"。实验室的安全运行是保证高校教学、科研工作正常开展的前提条件。下面将结合物理化学实验室的特点介绍相关的实验安全知识和实验规则，供学生在开展物理化学实验前学习。

第一节　消防和用电安全

一、实验室消防安全

基础物理化学实验用到的药品种类不是很多，但其中有相当一部分属于易燃有机溶剂，如环己烷、乙酸乙酯、乙醇等。表1-1列出了一些常见易燃、可燃液体的闪点，实验室内不可大量存放这类药品，且使用后要及时回收处理，不可倒入下水道，以免聚集引起火灾。有些固体物质如磷、金属钠、金属铁粉、金属铝粉等易发生氧化自燃，在保存和使用时也要小心。在使用可燃液体和可燃固体粉末时，还要注意保证实验室处于良好的通风状态，以防止可燃液体蒸气或可燃固体粉尘与空气混合形成爆炸性混合物，遇明火、电火花、静电等发生爆炸事故。因此，在开展相关实验时要特别注意保持室内通风，提前做好消防准备措施。

表1-1　常见易燃、可燃液体的闪点

液体名称	闪点/℃	液体名称	闪点/℃
乙醚	−45	乙腈	6(开杯闪点)
四氢呋喃	−14	甲醇	12
二甲基硫醚	−38	乙酰丙酮	34
二硫化碳	−30	乙醇	13
乙醛	−38	异丙苯	44
丙烯醛	−25	苯胺	70
丙酮	−18	正丁醇	29
辛烷	13	异丁醇	24
苯	−11	叔丁醇	11

续表

液体名称	闪点/℃	液体名称	闪点/℃
乙酸乙酯	−4	氯苯	29
甲苯	4	环己酮	44
环己烷	−20	1,4-二氧六环	12
二戊烯（松油精）	46	石脑油	42
乙酸戊酯	21	樟脑油	47
航空汽油	−46	汽车汽油	−38
煤油	38	柴油	66

实验室中一旦发生起火或爆炸情况，切不可惊慌失措，要保持镇静，根据具体情况正确进行灭火，同时立即报告实验教师，必要时拨打电话119报火警。由于化学药品和试剂的特殊性，需要针对具体情况进行灭火，化学实验室通常会配备干粉或二氧化碳灭火器以及干砂。下面是针对化学实验室发生火灾时宜采取的措施：

（1）容器中的易燃物着火时，可用灭火毯盖灭；如果容器盛装的是普通有机溶剂且着火较小，也可用湿抹布覆盖灭火。

（2）有机溶剂可用二氧化碳或干粉灭火器灭火。极性的、比水重的有机溶剂还可用水灭火。当有机溶剂在桌面或地面上蔓延燃烧时，不得用水冲，可撒上细砂或用灭火毯扑灭。

（3）有金属钠、钾、镁、铝粉、电石、过氧化钠等着火时，应用干砂灭火。

（4）导线、电器和仪器着火时应先切断电源，然后用二氧化碳或1211灭火器灭火。

（5）个人衣服着火时，切勿慌张奔跑，以免风助火势，应迅速脱衣，用水龙头浇水灭火，火势过大时可就地卧倒打滚压灭火焰。

二、实验室用电安全常识

物理化学实验用到的仪器种类较多，其中多数属于电器，违章用电可能造成仪器设备损坏、火灾，甚至人身伤亡等严重事故。在进行实验时需要特别注意安全用电。

进行化学实验时需要注意如下安全用电事项：

（1）使用电器时一定要精神集中，以免发生因失误接触导体而触电的事故。

（2）室内若有易燃易爆气体，应使用防爆电器，避免产生电火花。

（3）防止电线、电器被水淋湿或浸在导电液体中。

（4）身体的任何部位不可接触电器导电部分，如用手直接接触电炉金属外壳等，更不能赤手拉拽绝缘老化或破损的导线。

（5）不要用潮湿的手接触电器。

（6）实验前要检查仪器线路是否完好，连接是否正确，线路中各接点是否牢固，要特别注意防止电路元件两端接头相互接触而出现短路损坏仪器的事故。

（7）使用电器时，应先连接好电路再接通电源，实验结束时应先切断电源再拆线路。

（8）杜绝设备超负荷运行和"故障"运行，保持电器设备的电压、电流、温升、温度等参数不超过允许值。

（9）在使用过程中如发现异常，如不正常响声、局部温度升高或嗅到焦味，应立即切断电源，并报告教师进行检查。

（10）未经教师许可，不得修理、拆卸、安装电器。

（11）如遇电器起火，立即切断电源，用干砂或二氧化碳、四氯化碳灭火器灭火，禁止使用水或泡沫灭火器灭火。

（12）如发生触电事故，首先应迅速切断电源，对触电者实施必要的急救抢救，严重时须在实施心肺复苏术的同时拨打120送医治疗。

第二节　化学药品和汞的使用安全

一、化学药品使用安全

大多数化学药品都具有不同程度的毒性，一些化学药品还具有燃爆性和腐蚀性等。在预习实验时，可以提前查阅实验中用到药品的理化性质，做好相应的防护准备。

在使用化学药品时则需要注意如下安全事项：

（1）取用化学试剂时做好防护措施，尽可能减少口鼻吸入及皮肤接触。

（2）使用化学试剂时应仔细阅读标签。

（3）实验室内药品严禁任意混合，试剂、溶剂的瓶盖、瓶塞不能盖错。

（4）不要品尝任何化学药品，不要用嘴吸移液管或虹吸管，应使用吸耳球。

（5）不要闻未知毒性的试剂。检验气味性时不要直接俯向容器口嗅试剂气味，应保持适当距离，用手轻扇，让试剂气味扩散至鼻中。

（6）有毒有害化学品不得敞放，应及时盖紧瓶塞，特别是注意在多次取用时要每次及时盖住瓶塞。

（7）产生有毒、有刺激性气味气体的实验必须在通风橱内进行。

（8）不要用烧杯等敞口容器盛装易燃有机溶剂，装有易燃有机溶剂的容器不得靠近火源，更不能直接用明火加热易燃溶剂，用过的易燃溶剂要倒入指定回收装置内。

（9）对低沸点的液体，容器不可盛得过满，不可置于日晒或高温处，开启这类容器时切勿使瓶口对人身。

（10）按照正规指南，安全处理危险物品及实验"三废"物质。

二、汞的使用安全

物理化学实验中测定温度和压力的仪器中常常用到纯汞。纯汞有毒，口服、吸入或接触后可以导致脑和肝损伤。使用汞或含汞的仪器必须严格遵守下列操作规定：

（1）储汞的容器为厚壁玻璃器皿或瓷器，在汞面上加盖一层水，避免直接暴露于空气中，同时应放置在远离热源的地方。

（2）一切转移汞的操作，应在装有水的浅瓷盘内进行。

（3）装汞的仪器下面一律放置浅瓷盘，防止汞滴散落到桌面或地面上。

（4）使用汞的实验室应有良好的通风设备；手上若有伤口，切勿接触汞。

（5）金属汞散失到地面上时，可用硬纸将汞珠赶入纸簸箕内，再收集到玻璃容器中，加水液封。更小的汞滴可用胶带纸粘起，放入密封袋或容器中。收集不起来的和落入缝隙的小汞滴，可撒硫粉覆盖，用刮刀反复推磨使之反应生成硫化汞，再将硫化汞收集放入密封袋中；也可撒锌粉或锡粉生成稳定的金属汞齐。受污染的房间应将窗户和大门打开通风至少一天。在清除汞时必须佩戴活性炭口罩和乳胶手套，使用过的手套需放在密封袋中。

（6）放入废汞及沾染汞污染物的容器和密封袋必须贴上"废汞"或"废汞污染物"的标签，交给具有资质的废弃化学药品、试剂处理公司规范处置。

第三节　高温装置和气体钢瓶的使用安全

一、高温装置的使用安全

物理化学实验中涉及多种高温装置的使用，如：电炉、热电偶、热分析仪等。如果操作错误，容易发生烧烫伤事故，还有可能引起火灾或爆炸危险。因此，操作时必须十分谨慎。

使用高温装置时的一般注意事项如下：

（1）注意防护高温对人体的辐射。需要长时间注视赤热物质或高温火焰时，要佩戴防护眼镜；处理熔融金属或熔融盐等高温流体时，还要穿上皮靴之类防护鞋。

（2）使用高温装置的实验，要求在防火建筑内或配备有防火设施的室内进行，并保持室内通风良好。

（3）按照实验性质配备最合适的灭火设备，如干粉、泡沫或二氧化碳灭火器等。

（4）熟悉高温装置的使用方法，并细心地进行操作。

（5）不得随便触摸高温仪器及周围的试样。

（6）按照操作温度的不同，选用合适的容器材料和耐火材料，选定时亦要考虑到所要求的操作气氛及接触的物质的性质。

（7）高温实验禁止接触水，以免发生水蒸气爆炸。由于高温物质落入水中时，也同样产生大量爆炸性的水蒸气而四处飞溅，因此高温操作一定要使用干燥的手套。

（8）穿着简便易脱除的服装，在衣服被烧着时，可迅速脱下。

二、气体钢瓶的使用注意事项

气体钢瓶属于高压装置，当钢瓶内的压缩或液化气体受到撞击或高温时会有发生物理爆炸的危险。在使用气体钢瓶时，必须注意下列事项：

（1）在气体钢瓶使用前，要按照钢瓶外表油漆颜色、字样等正确识别气体种类，切勿误用。

（2）钢瓶应放在阴凉，远离电源、热源的地方，并加以固定，防止滚动或跌倒。

（3）气体钢瓶在运输、贮存和使用时，切勿与其他坚硬物体撞击。

（4）可燃性气体钢瓶和助燃性气体钢瓶必须分开存放！且存放房间必须保证通风良好，室内的照明灯具及电器必须采用防爆型。

（5）氢气、氧气或其他可燃性气体钢瓶严禁靠近明火。

（6）严禁油脂等有机物沾污氧气钢瓶，开氧气钢瓶的扳手必须专用，必须保证扳手上没有油脂。

（7）高压钢瓶必须在安装好减压阀后方可使用。各种减压阀绝不能混用。

（8）开、闭气阀时，操作人员应避开瓶口方向，站在侧面，并缓慢操作，不能猛开阀门。如图 1-1 所示，使用时应先旋动开关阀，后开减压阀，开瓶时阀门不要充分打开；用完，先关闭开关阀，放尽余气后，再关减压阀。

（9）钢瓶内气体不能完全用尽，应保持一定的残留压力，以防止外界空气进入气体钢瓶，在重新灌气时发生危险。

（10）钢瓶须定期送交检验，合格钢瓶才能充气使用。

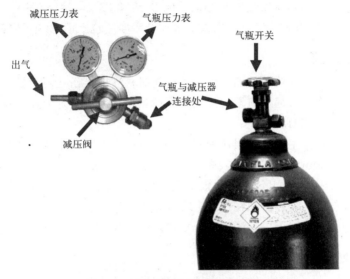

图 1-1 气体钢瓶及其减压阀示意图

第四节 实验室一般伤害的应急处置

当发生实验事故，如化学灼伤、烧烫伤、割伤、触电等，应立刻报告教师。化学实验室或实验区内通常会装备有洗眼器、应急冲淋器、急救药箱等应急装置，在进行实验前需注意这些装置的位置，出现事故后可快速找到应急。

一、化学灼伤的应急处理

1. 化学药品溅入眼睛

化学药品溅入眼睛时，首先要立刻撑开眼睑，用水洗涤 5min，当用洗眼器时，要先放去开始的脏水。若有毒物或腐蚀物与水发生作用，应先用蘸有植物油的棉签或干毛巾擦去毒物，再用大量水冲洗。不要使用化学解毒剂。一般酸碱溅入眼内，在冲洗后，可涂以抗菌眼膏；氢氟酸溅入眼内，立即分开眼睑，用大量清水连续冲洗 15min 左右。滴入 2～3 滴局部麻醉眼药，可减轻疼痛，同时送眼科诊治。

2. 化学药品沾染皮肤

化学药品沾到皮肤时，用大量水不断冲洗皮肤污染处至少 15min。若有毒物或腐蚀物与水发生作用（如浓硫酸，生石灰等），应先用干布擦去毒物（生石灰可用油类东西除去），再用大量水冲洗。若酸沾着皮肤时，用大量水冲洗，再用碳酸氢钠之类稀碱液（3％～5％）或肥皂液进行洗涤（草酸中毒忌用），也可以用镁盐和钙盐中和。若碱沾着皮肤时，立刻脱去衣服，尽快用水冲洗至皮肤不滑，涂以3％硼酸溶液。也可用经水稀释的醋酸或柠檬汁等进行中和。氢氟酸灼伤时，用大量水冲洗后，使用一些可溶性钙、镁盐类制剂，使其与氟离子结合形成不溶性氟化钙或氟化镁，从而使氟离子灭活。溴灼伤后的伤口一般不易愈合，必须严加防范。凡使用溴时都必须预先配制好适量的 20％$Na_2S_2O_3$ 溶液备用。一旦有溴沾到皮肤上，立即用 $Na_2S_2O_3$ 溶液冲洗，再用大量水冲洗干净，包上消毒纱布后就医。

二、烧烫伤的应急处理

一旦被火焰、蒸气、红热的玻璃、铁器等烫伤时，立即将伤处用大量水冲淋或浸泡，以迅速降温避免温度烧伤。若起水泡不宜挑破，用纱布包扎后送医院治疗。对轻微烫伤，可在伤处涂些烫伤油膏或万花油后包扎。

烧伤时，为了防止发生疼痛和损伤细胞，必须进行长时间的冷却。因此受伤后需迅速冷却，至少连续冷却 30min 至 2h，水温在 10～15℃为宜。对不便洗涤冷却的脸及身躯等部位，可用水润湿的 2～3 条毛巾包上冰片敷于烧伤面上，要注意经常移动毛巾，以防同一部位过冷。大面积烧伤时，进行冷却在技术上较难处理，还有发生休克的危险。因此，严重烧伤时，应用清洁的毛巾或被单盖上烧伤面，尽快送医治疗。

三、割伤的应急处理

在切割玻璃管，或向木塞、橡皮塞中插入温度计、玻璃管等物品时最容易发生割伤。发生割伤时，先取出伤口处的玻璃碎屑等异物，用水洗净伤口，挤出一点血，涂上应急药箱中的消毒药水，然后用消毒纱布包扎。也可在洗净的伤口处贴上"创可贴"，可立即止血，且易愈合。若严重割伤大量出血时，应先止血，让伤者平卧，抬高出血部位，压住附近动脉，或用绷带盖住伤口直接施压，若绷带被血浸透，不要换掉，再盖上一块施压，立即送医治疗。

四、碎屑进入眼内的应急处理

1.玻璃屑进入眼内

玻璃屑进入眼内时，属于比较危险的情况，需特别小心处理。首先绝不可用手揉擦，也不要试图让别人取出碎屑，尽量不要转动眼球，可任其流泪，有时碎屑会随泪水流出。用纱布，轻轻包住眼睛后，立刻将伤者送去医院处理。

2.其他小颗粒异物进入眼内

若是木屑、尘粒等小颗粒异物进入眼内，可由他人翻开眼睑，用消毒棉签轻轻取出异物，或任眼睛流泪带出异物，再滴入几滴鱼肝油。

第五节　物理化学实验规则和实验室安全规则

一、物理化学实验规则

（1）学生应在实验前仔细阅读实验教材，认真预习实验，明确实验目的和要求，掌握实验的基本原理，了解实验操作技术和基本仪器的使用方法，熟悉实验内容以及注意事项，提前写好预习报告。

(2) 实验过程中应严格遵守实验室规则，在教师的指导下正确操作，独立、认真地进行实验，仔细观察实验现象，及时记录实验条件、现象和实验数据。实验过程中要注意爱护仪器，节约药品、水、电和气体。

(3) 实验完成时，需及时将实验结果呈现给教师检查。如有问题，应按教师要求重做实验。待教师认可实验结果并在实验报告上签字后，方可结束实验并做好实验室的整理工作，打扫实验室卫生。

(4) 在实验课后，应认真撰写实验报告。通常一个物理化学实验的数据量较多，对实验数据的科学分析处理是物理化学实验报告的重要部分，也是基础物理化学实验相对于基础无机、有机、分析化学实验提供给学生的特别专业训练。应按要求在正式报告中使用图和表对实验数据进行科学的整理与表达，对实验现象进行记录和合理解释，对实验数据进行分析处理得出可靠的实验结果，并对实验结果进行讨论和总结，撰写一份详细的实验报告。

二、实验室安全规则

(1) 进入实验室，首先要了解安全设施（如电闸、水管阀门、气体阀、急救箱和消防用品等）的位置和使用方法。

(2) 实验过程中必须穿白大褂，并根据实验内容和教师的要求选择防护用具。若使用具有强腐蚀性的浓酸、浓碱、溴、洗液时，需特别注意保护眼睛，配备防护眼罩。

(3) 实验室内禁止饮食、吸烟及保存食物，实验时须保持安静、禁止打闹。

(4) 小心使用化学药品，根据化学药品的性质做好个体和消防防护措施。

(5) 加热、浓缩液体时，要注意防止暴沸现象，不能俯视正在加热的液体，以免被溅出的液体灼伤眼、脸，不可将加热的仪器管口朝向自己或他人。

(6) 在教师的指导下规范使用各类仪器设备。

(7) 使用电器设备要注意用电安全，不要用湿手接触仪器，用后要关闭仪器开关并拔下电源插头。

(8) 为了避免实验室发生大量溢水事故，应注意水槽的清洁，保持下水道畅通，冷凝管的冷却水不宜开得过大，避免水压过高弹开橡皮管而跑水。

(9) 实验产生的废弃物应按要求分类放入指定的收集容器内，特别注意玻璃和针头须放入专用的废物回收箱。

(10) 离开实验室前，仔细检查水、电和气体阀门是否关好。

第二章
物理化学实验数据的
科学表达与处理

"坚持求真诚信、严谨治学、诚实做人，自觉遵守科学道德规范"是开展科学实验实践活动的基本原则；科学严谨，实事求是则是从事科学实验实践活动应具备的基本素养。根据实验现象记录下真实的数据，并对实验数据进行科学、客观、规范的表达和分析，这些是学生在进行物理化学实验训练后应该具备的基本要求和素质。

第一节　物理化学实验数据的科学表达

一、数据处理

1. 数据的计算

在进行数据计算求取物理量时，要先列出公式，再代入数值和单位进行计算。不能只给出处理结果，而没有公式和计算过程。对于多个方法重复的计算过程，可以以一典型过程为例说明具体的计算过程，仅将其余结果列入表示结果的表格中。由于物理量是有意义的，表达结果的时候要注意不要遗漏单位。

2. 列表

表格是物理化学实验中常用的数据表述形式。用表格表示实验数据和结果，具有鲜明、易读、信息集中的优势。列表时要注意以下几点问题：

① 表格要有名称（表题）。当含有多个表格时，还要有表序。

② 每行（或列）的开头一栏（项目栏）都要列出物理量的名称和单位，并把二者表示为相除的形式。因为物理量的符号本身是带有单位的，除以它的单位，即等于表中的纯数字。对于数据公共的倍率因子也应写在项目栏中，与物理量符号表示在一起。

③ 表身中的数字要排列整齐，小数点要对齐。

④ 表格中表达的数据顺序为：由左到右，由自变量到因变量，可以将原始数据和处理结果列在同一表中，但计算过程应在表格下方列出。

科技论文中广泛使用三线表表达数据，三线表的形式简洁、功能分明、阅读方便，在书写物理化学实验报告中可采用三线表表达数据。图 2-1 给出了一个典型的三线表范例——动态法测定乙醇饱和蒸气压的实验数据，在三线表中没有竖线，通常只有 3 条横线，即顶线、底线和栏目线，其中顶线和底线为粗线，栏目线为细线，必要时也可增加横线，但仍称为三线表。三线表的主要组成要素包括表序、表题、项目栏、表体（表身），此外如有额外需要说明的，可在表外的底线下面加上表注。

外压 p/kPa	沸点 t/℃	T/K	$(10^3/T)$ /K^{-1}	$\ln(p$/kPa$)$
−4.8	76.75	349.90	2.8580	4.563
−10.8	75.15	348.30	2.8711	4.498
−15.0	74.00	347.15	2.8806	4.450
−19.9	72.55	345.70	2.8927	4.391
−25.0	71.00	344.15	2.9057	4.326
−30.1	69.35	342.50	2.9197	4.256
−35.2	67.60	340.75	2.9347	4.181
−40.7	65.60	338.75	2.9520	4.093
−44.4	64.05	337.20	2.9656	4.029
−49.4	62.00	335.15	2.9837	3.936

表2 测定饱和蒸气压实验数据

顶线、栏目线、底线；表序、表题；表的栏头，要写出本栏表示的物理量符号及单位；表身，物理量数据，需规范书写和正确表达有效数字

图 2-1　三线表的范例

3. 作图

作图法可以形象、直观地表达出数据的特点或显示出物理量之间的函数关系，也可用来求取某些物理量及参数，因此它是一种重要的数据处理方法。作图时要先整理出数据表格，使用坐标纸或作图软件作图。作图时应注意如下要点：

① 图要有图名、图序，图名和图序又总称为图题。图名放在图序后，两者之间空一格。图题应写在图的下方，图名应简洁准确地表达图的主题。例如"图 5-3　$\ln K$-1/T 图"等。图名后根据需要还可以增加图注。

② 坐标轴必须标明所表示的物理量及单位，二者表示为相除的形式。在直角坐标中，一般以横轴代表自变量，纵轴代表因变量。

③ 选择合适的坐标分度，根据坐标分度和数据范围确定坐标纸的大小。坐标分度值的选取应能反映测量值的有效位数，一般以 1～2mm 对应于测量仪表的仪表误差。再根据数据范围确定坐标范围，选择的坐标纸应略大于坐标范围。

④ 选取坐标轴的比例要适当，坐标原点不一定选在零处，应使所作直线与曲线匀称地分布于图面中，图形大体布满整个坐标系为佳。

⑤ 实验数据点要表示准确、清晰。一般用细铅笔描点，为使数据点醒目，描点时，可用○、△、□、×等符号表示，符号总面积表示了实验数据误差的大小，所以不应超过 1mm 格。同一图中表示不同曲线时，要用不同的符号描点，以示区别，并在图注中说明。

⑥ 拟合曲（直）线时，不要求通过每一个实验点，只要求所作图线靠近各实验点，符合最小二乘原理。

图 2-2 是规范作图与不规范作图的示例，可以通过两者的对比，体会作图需要注意的事项。

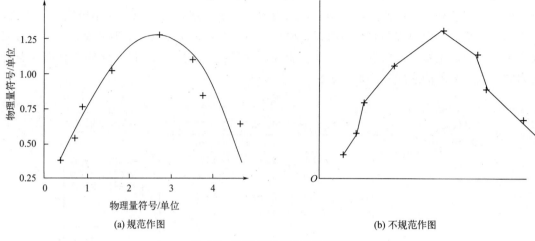

(a) 规范作图   (b) 不规范作图

图 2-2　规范与不规范作图对照

二、误差理论

1. **实验误差的计算与表达**

误差指测量结果偏离真值的程度。实验方法的可靠程度、所用仪器的精密度和实验者感官的限度等各方面条件的限制，使得任何测量都不可能得到一个绝对准确的数值，这种测量值和真实值之间的差异被称为误差。对误差产生的原因及其规律进行研究，可在合理的人力物力支出条件下获得可靠的实验结果。因此，对实验结果进行误差计算及分析在实验科学中是必不可少的。

（1）误差的来源

根据误差的来源可以分为系统误差、偶然误差和过失误差三种。

系统误差是由某种确定的原因造成的，一般有固定的方向和大小，重复测定时重复出现，也称为可定误差。根据系统误差产生的原因，又可以把它分为方法误差、仪器（或试剂）误差、操作误差三种。其特点是：以固定的大小和方向出现，并具有重复性，可用加校正值的方法消除。

偶然误差是由一些偶然的、不可避免的原因造成的误差，也称随机误差。其特点是：大小和方向（正负）都不固定；服从正态分布规律；不能用加校正值的方法消除，可以通过增加平行测定次数减免。

过失误差也称粗差，主要是由测量者的疏忽所造成，如读数错误、记录错误、测量时发生未察觉的异常情况等，这种误差是人为失误造成，是可以避免的。

（2）准确度和精密度

一般通过准确度与精密度两方面来评价实验结果的优劣。

准确度表示分析结果与真值的接近程度。真值是指用已消除系统误差的实验手段和方法进行足够多次的测量所得的算术平均值或者文献手册中的公认值。准确度的高低用误差来表示。误差可分为绝对误差和相对误差。

精密度表示平行测量的各测量值（实验值）之间相互接近的程度。各测量值之间越接近，精密度就越高；反之，精密度越低。精密度用偏差、相对平均偏差、标准偏差和相对标准偏差来表示。实际工作中多采用相对标准偏差。

（3）误差与偏差的表达

绝对误差（δ）：测量值与真值之差称为绝对误差。

$$\delta = x - \mu \tag{2-1}$$

式中，x 为测量值；μ 为真实值。绝对误差可以为正值，表示测量值大于真值；也可以为负值，表示测量值小于真值。测量值越接近真值，δ 越小；反之，越大。

相对误差（E_R）：绝对误差与真值的比值称为相对误差，通常以％或‰表示。反映测量误差在真实值中所占的比例。

$$E_R = \frac{\delta}{\mu} \times 100\% = \frac{x - \mu}{\mu} \times 100\% \tag{2-2}$$

偏差（d）：测量值与平均值之差称为偏差。

$$d_i = x_i - \overline{x} \tag{2-3}$$

平均偏差（$\overline{d}$）：各单个偏差绝对值的平均值称为平均偏差。

$$\overline{d} = \frac{\sum\limits_{i=1}^{n} |x_i - \overline{x}|}{n} \tag{2-4}$$

相对平均偏差（RAD）：平均偏差在测量值的平均值中所占的百分数。

$$RAD = \frac{\overline{d}}{\overline{x}} \times 100\% = \frac{\sum\limits_{i=1}^{n}(x_i - \overline{x})/n}{\overline{x}} \times 100\% \tag{2-5}$$

使用平均偏差和相对平均偏差表示测定的精密度比较简单，但不能反映测量数据中的大偏差，可能会把质量不高的测量掩盖住。衡量测量值分散程度多采用标准偏差，标准偏差对一组测量中的较大误差比较灵敏，因此它是表示精密度的较好方法。

标准偏差（σ）：有限次测量，各测量值对平均值的偏离程度，也称为均方根误差。

$$\sigma = \sqrt{\frac{\sum\limits_{i=1}^{n}(x_i - \overline{x})^2}{n-1}} \tag{2-6}$$

相对标准偏差（RSD）：标准偏差在平均值中占的百分数。

$$RSD = \frac{\sigma}{\overline{x}} \times 100\% \tag{2-7}$$

或然误差（γ）：是指这样一种误差 γ，在一组测定中，误差大于 γ 的测定值与误差小于 γ 的测定值各占总测定值的一半。

$$\gamma = 0.675\sigma \tag{2-8}$$

（4）准确度和精密度的关系

测量结果的好坏应从准确度和精密度两个方面衡量：精密度是保证准确度的先决条件。精密度差，所测结果不可靠，就失去了衡量准确度的前提。精密度好，不一定准确度高。只有在消除了系统误差的前提下，精密度好，准确度才会高。

（5）可疑值的舍弃

如果以误差出现次数 N 对标准偏差的数值 σ 作图，得一对称曲线（如图 2-3）。统计结

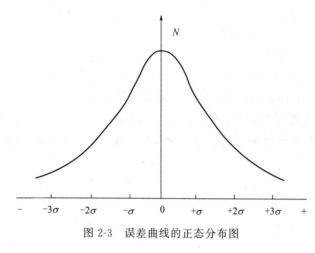

图 2-3　误差曲线的正态分布图

果表明测量结果的误差大于 3σ 的概率不大于 0.3%。因此根据小概率定理，凡误差大于 3σ 的点，均可以作为粗差剔除。严格地说，这是指测量达到一百次以上时方可如此处理，粗略地用于 15 次以上的测量。对于 $10\sim15$ 次时可用 2σ，若测量次数再少，应酌情递减。

（6）误差的传递

一些复杂的不易直接测量的量，可通过多步对简单量的测量，然后按照一定的函数关系计算出来。这中间每一步都可能有误差，而这些误差都要引入最终的间接测量结果中。因此，必须了解每步的测量误差对结果的影响。一般而言，误差的传递与各直接测量值的误差性质有关，也与结果的计算公式有关。误差传递符合一定的基本公式。通过对间接测量结果误差的求算，可以知道哪个直接测量值的误差对间接测量结果影响最大，从而可以有针对性地提高测量仪器的精度，获得好的结果。

设有函数 $f=f(x,y)$，其中 x、y 为可以直接测量的量，则误差传递的基本公式为

$$\mathrm{d}f=\left(\frac{\partial f}{\partial x}\right)_y \mathrm{d}x+\left(\frac{\partial f}{\partial y}\right)_x \mathrm{d}y \tag{2-9}$$

若 Δf、Δx、Δy 分别为 f、x、y 的测量误差，且设它们足够小，可以代替 $\mathrm{d}f$、$\mathrm{d}x$、$\mathrm{d}y$，则可得到

$$\Delta f=\left|\overline{\frac{\partial f}{\partial x}}\right|\Delta x+\left|\overline{\frac{\partial f}{\partial y}}\right|\Delta y \tag{2-10}$$

相对误差为

$$\frac{\Delta f}{|\overline{f}|}=\left|\overline{\frac{\partial \ln f}{\partial x}}\right|\Delta x+\left|\overline{\frac{\partial \ln f}{\partial y}}\right|\Delta y \tag{2-11}$$

根据上述公式可以得出一些间接测量量与直接测量量存在简单函数关系时，间接测量量的算术平均误差的计算公式，如表 2-1。

表 2-1　部分函数的算术平均误差

函数关系	绝对误差	相对误差
$y=x_1+x_2$	$\pm(\,|\Delta x_1|+|\Delta x_2|\,)$	$\pm\left(\dfrac{|\Delta x_1|+|\Delta x_2|}{x_1+x_2}\right)$
$y=x_1-x_2$	$\pm(\,|\Delta x_1|+|\Delta x_2|\,)$	$\pm\left(\dfrac{|\Delta x_1|+|\Delta x_2|}{x_1-x_2}\right)$
$y=x_1x_2$	$\pm(x_1|\Delta x_2|+x_2|\Delta x_1|\,)$	$\pm\left(\dfrac{|\Delta x_1|}{x_1}+\dfrac{|\Delta x_2|}{x_2}\right)$
$y=x_1/x_2$	$\pm\left(\dfrac{x_1|\Delta x_2|+x_2|\Delta x_1|}{x_2^2}\right)$	$\pm\left(\dfrac{|\Delta x_1|}{x_1}+\dfrac{|\Delta x_2|}{x_2}\right)$

函数关系	绝对误差	相对误差
$y = x^n$	$\pm(nx^{n-1}\Delta x)$	$\pm\left(n\dfrac{\|\Delta x\|}{x}\right)$
$y = \ln x$	$\pm\left(\dfrac{\Delta x}{x}\right)$	$\pm\left(\dfrac{\|\Delta x\|}{x\ln x}\right)$

例如计算函数 $x = \dfrac{8LRP}{\pi(m-m_0)rd^2}$ 的误差，其中 L、R、P、m、r、d 为直接测量值。

对上式取对数：$\ln x = \ln 8 + \ln L + \ln R + \ln P - \ln\pi - \ln(m-m_0) - \ln r - 2\ln d$

微分得：$\dfrac{\mathrm{d}x}{x} = \dfrac{\mathrm{d}L}{L} + \dfrac{\mathrm{d}R}{R} + \dfrac{\mathrm{d}P}{P} - \dfrac{\mathrm{d}(m-m_0)}{m-m_0} - \dfrac{\mathrm{d}r}{r} - \dfrac{2\mathrm{d}(d)}{d}$

考虑到误差积累，对每一项取绝对值得：

相对误差 $\dfrac{\Delta x}{x} = \pm\left[\dfrac{\Delta L}{L} + \dfrac{\Delta R}{R} + \dfrac{\Delta P}{P} + \dfrac{\Delta(m-m_0)}{m-m_0} + \dfrac{\Delta r}{r} + \dfrac{2\Delta d}{d}\right]$

绝对误差 $\Delta x = \left(\dfrac{\Delta x}{x}\right) \times \dfrac{8LRP}{\pi(m-m_0)rd^2}$

根据 $\dfrac{\Delta L}{L}$、$\dfrac{\Delta R}{R}$、$\dfrac{\Delta P}{P}$、$\dfrac{\Delta(m-m_0)}{m-m_0}$、$\dfrac{\Delta r}{r}$、$\dfrac{2\Delta d}{d}$ 各项的大小，可以判断间接测量值 x 的最大误差来源。

2. 有效数字

当对一个测量的量进行记录时，所记数字的位数应与仪器的精密度相符合，即所记数字的最后一位为仪器最小刻度以内的估计值，称为可疑值，其他几位为准确值，这样一个数字称为有效数字，它的位数不可随意增减。如，1/10 的温度计，最小刻度为 0.1℃，记录温度时，准确到 0.1℃，还需要估读一位，故记录为 23.53℃ 是合理的，而 23.5℃ 和 23.533℃ 则分别缩小和夸大了仪器的精密度。为了方便表达有效数字位数，一般用科学记数法记录数字，即，用一个带小数的个位数乘以 10 幂次表示。如：0.00487 可写为 4.87×10^{-3}，有效数字为三位，4870 可写为 4.870×10^4，有效数字为四位。在间接测量中，须通过一定公式将直接测量值进行运算，运算中对有效数字位数的取舍应遵循如下规则：

① 误差一般只取一位有效数字，最多两位。如：±5Pa，±5%。

② 有效数字的位数越多，数值的精确度也越大，相对误差越小。如：(0.36 ± 0.01)V，两位有效数字，相对误差 3%；(0.360 ± 0.001)V，三位有效数字，相对误差 0.3%。

③ 若第一位的数值等于或大于 8，则有效数字的总位数可多算一位。如 9.23 虽然只有三位，但在运算时，可以看作四位。

④ 运算中舍弃过多不定数字时，应采用数字修约规则中"4 舍 6 入 5 留双"法则处理。即对要保留位数的下一位进行四舍六入，如果是 5，看上一位是奇数还是偶数，偶数舍掉下一位，奇数进位，若 5 后还有有效数字则必须进位。例如：当要求保留两位有效数字时，5.15 进为 5.2；5.25 舍为 5.2；5.255 进为 5.3。

⑤ 在加减运算中，各数值小数点后所取的位数，以其中小数点后位数最少者为准。如：$56.38 + 17.889 + 21.6 = 56.4 + 17.9 + 21.6 = 95.9$。

⑥ 在乘除运算中，各数保留的有效数字，应以其中有效数字最少者为准。如：$1.436\times$ $0.020568\div 85=1.44\times 2.06\times 10^{-2}\div 85=3.49\times 10^{-4}$，运算时有效数字采取 85 的位数，由于首位是 8，故其有效数字为三位。

⑦ 在乘方或开方运算中，结果可多保留一位。

⑧ 对数运算时，对数中的首数不是有效数字，对数的尾数的位数应与各数值的有效数字相当。如：$K=3.4\times 10^{9}$，$\lg K=9.35$。

⑨ 常数 π、e 及 $\sqrt{2}$ 和某些取自手册的常数，如阿伏伽德罗常数、普朗克常数等，不受上述规则限制，其位数按实际需要取舍。

第二节　利用计算机处理物理化学实验数据

数据信息的处理与图形表示在物理化学实验中有着非常重要的地位。随着计算机应用的深入发展，专业的数学分析和作图软件越来越多，这些软件的应用大大减少了处理实验数据的麻烦，提高了作图的准确性和分析数据的可靠程度。下面将简单介绍两个常用的数据、图形处理软件，微软公司的 Excel 和 OriginLab 公司的 Origin。这两个软件能基本满足物理化学实验数据处理要求。

一、Excel 作图

下面以上节三线表展示范例图 2-1 中展示的动态法测定纯乙醇饱和蒸气压的实验数据处理为例说明 Excel 的基本绘图方法。在本实验中需要获得不同温度下乙醇的饱和蒸气压，亦即乙醇在不同外压下的沸点数据，通过对数据进行处理，最终作出 $\ln(p/\text{kPa})-\dfrac{1}{T}$ 图，利用克劳修斯-克拉佩龙方程求出在此温度范围内乙醇的摩尔蒸发焓。

1. 数据输入

启动 Excel 程序，在数据窗口输入实验所测得的外压和沸点数据（如图 2-4）。其中外压用真空压力计测量，显示的是表压，本实验测量当时的大气压为 100.63kPa。

Excel 界面与 Word 界面非常接近，很多命令图标是一致的。其中希腊字母可以在"插入"菜单中找到子菜单"Ω"即可；设置上下标可以先选中需要设置的文本，点击鼠标右键，选择"设置单元格格式(F)"，或在"开始"菜单中下拉"字体"菜单右下方的箭头即可。

2. 数据处理

利用 Excel 的公式菜单可以实现数据的函数计算。如在本实验中需将沸点数值由摄氏度为单位转换为以开氏温标为单位。其具体操作为：在 C1 单元格中输入本栏的标题，点击 C2 单元格，输入转换公式（如图 2-5）。输入时，要先键入"＝"，然后输入公式"B2＋273.15"，其中"B2"的输入可通过点击 B2 单元格快速完成。完成公式输入后，点击回车"Enter"键，即完成 C2 单元格温度的转换计算。

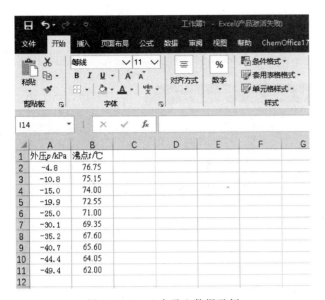

图 2-4 Excel 中录入数据示例   图 2-5 Excel 中数据计算示例

用鼠标点击 C2 单元格，出现绿色方框，点住 C2 单元格绿色方框的右下角的块状点（图 2-6），下拉至 C11，则可完成所有沸点温度数据的转换。

本实验中最终绘图需要用到温度的倒数，由于温度倒数数值较小，为了作图方便，在温度倒数的数值上乘以 1000，得到 $(10^3/T)/K^{-1}$ 的数据。计算结果得到多位数，需要设置合理的有效数字，可以通过"设置单元格格式"的命令完成这一功能。具体操作为（图 2-7）：先把 D 栏选中，然后点击鼠标右键的"设置单元格格式（F）"的命令，根据原始温度数据，需保留五位有效数字，因此选择小数位数"4"，点确定即可。

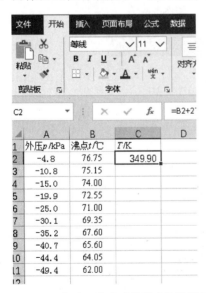

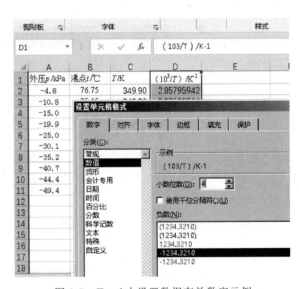

图 2-6 Excel 中录入公式后批量求取数据示例   图 2-7 Excel 中设置数据有效数字示例

最后，还需要对压力取自然对数。这项处理会涉及函数运算，Excel 系统中自动存储有多种数学或逻辑公式。如图 2-8，将 E 栏设为 $\ln(p/kPa)$ 数据栏，在 E1 单元格键入"＝"后，输入"ln"的首字母"l"时，系统会自动弹出多个以"L"开头的公式。此时，可以自己接着录入，也可以通过这个选框选择所需公式。对一些常见的数学或逻辑公式，如果清楚运算符号，均可直接输入运算符号，按上法录入；若遗忘函数的运算符号或者逻辑公式，则可点击 Excel 系统主目录中的“公式”菜单中的“插入公式”选项进行选择录入。

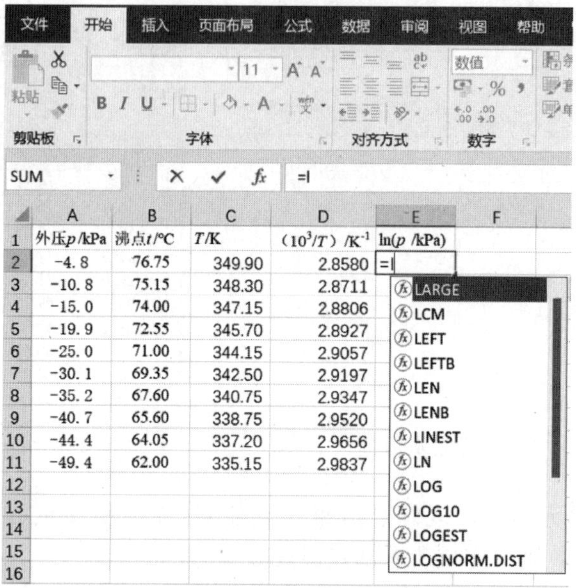

	A	B	C	D	E
1	外压p/kPa	沸点t/℃	T/K	($10^3/T$) /K^{-1}	ln(p /kPa)
2	-4.8	76.75	349.90	2.8580	=l
3	-10.8	75.15	348.30	2.8711	
4	-15.0	74.00	347.15	2.8806	
5	-19.9	72.55	345.70	2.8927	
6	-25.0	71.00	344.15	2.9057	
7	-30.1	69.35	342.50	2.9197	
8	-35.2	67.60	340.75	2.9347	
9	-40.7	65.60	338.75	2.9520	
10	-44.4	64.05	337.20	2.9656	
11	-49.4	62.00	335.15	2.9837	

图 2-8　Excel 中设置函数计算公式示例

运算的对象则需要在括号中完成。于是在括号中点击 A2，然后输入“+100.63”，将表压力加上大气压换算绝对压力，再取自然对数完成公式的输入和计算。在设置有效数字时，由于是对数，小数点前的数字不算作有效数字，只算小数点后的，因此选择小数位数“3”，点确定即可。这样，本实验的数据录入和处理就完成了，如图 2-9。

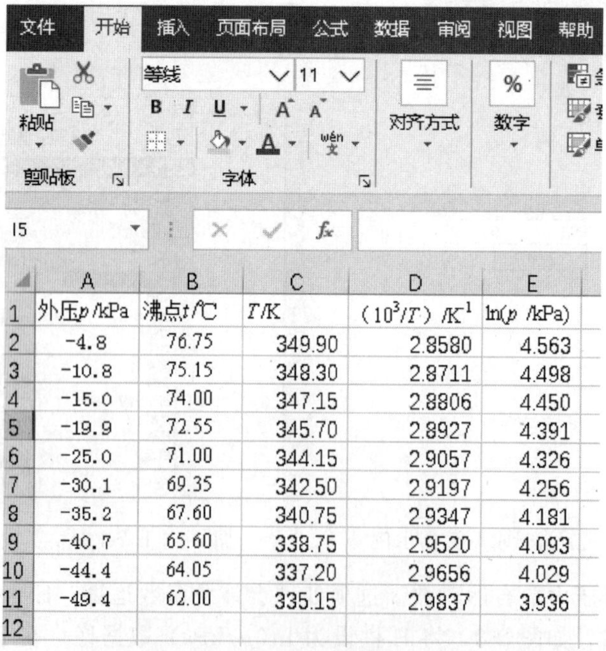

	A	B	C	D	E
1	外压p/kPa	沸点t/℃	T/K	($10^3/T$) /K^{-1}	ln(p /kPa)
2	-4.8	76.75	349.90	2.8580	4.563
3	-10.8	75.15	348.30	2.8711	4.498
4	-15.0	74.00	347.15	2.8806	4.450
5	-19.9	72.55	345.70	2.8927	4.391
6	-25.0	71.00	344.15	2.9057	4.326
7	-30.1	69.35	342.50	2.9197	4.256
8	-35.2	67.60	340.75	2.9347	4.181
9	-40.7	65.60	338.75	2.9520	4.093
10	-44.4	64.05	337.20	2.9656	4.029
11	-49.4	62.00	335.15	2.9837	3.936

图 2-9　本实验数据录入和处理完成后的结果

3. 作图

如图 2-10，转换到"插入"菜单下，拖动鼠标选定作图所需数据，或选定一列后按"Ctrl"键再选定一列，程序默认左列为 X 轴、右列为 Y 轴。在本例中选中 D、E 栏，选择图表类型中的"散点图"，即可作出初步的图形。通过选择多个项目栏在一张图中可作多条数据线，但默认选中的最左列为 X 轴。

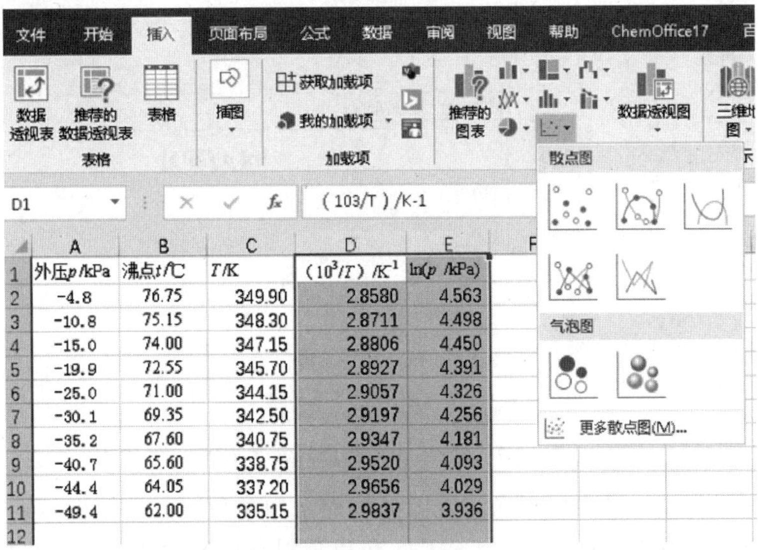

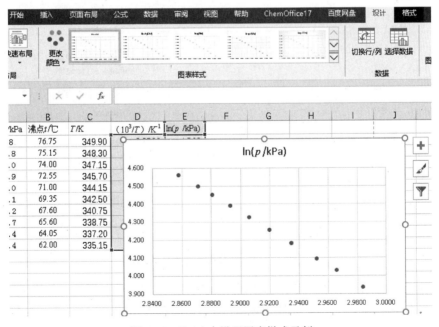

图 2-10　Excel 中作图示例

图形出现的同时，界面转换到"设计"菜单下（如图 2-11）。在此菜单下，可在"图表样式"中选择数据点的大小和颜色；在"图表布局"中选择图形的样式；也可以在"数据"中调换 X 轴和 Y 轴的物理量，操作比较复杂。

图 2-11　Excel 中设置图表样式示例

利用"设计"窗口下的"添加图表元素"或者"快速布局"菜单（如图 2-12），可实现图形坐标轴的添加、坐标轴标题的添加、调整图标题的有无和位置、设置趋势线等。

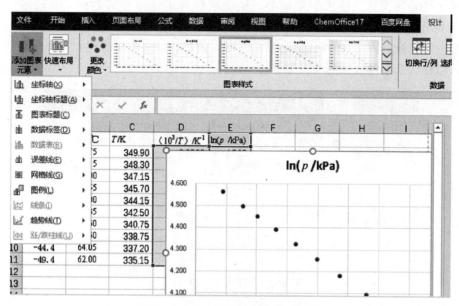

图 2-12　Excel 中添加图表元素示例

点击"坐标轴标题"可添加坐标轴表示的物理量和单位。点击"坐标轴"，则在 Excel 窗口的右边出现"设置坐标轴格式"工作栏，可以分别设置 X 轴和 Y 轴的坐标范围、分度、颜色、是否带箭头等，还可以设定坐标轴的交叉点以调节图形位置（如图 2-13）。

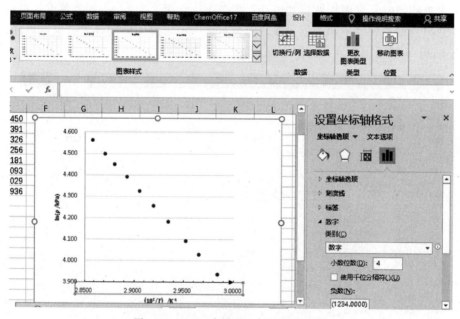

图 2-13　Excel 中设置坐标轴样式示例

坐标轴标题和坐标轴标度的字体可在开始菜单中的文本选项中调整，最后通过利用这些菜单中的功能进行调整，完成作图（如图 2-14）。可直接用鼠标点住图，复制、粘贴到 Word 文件中。

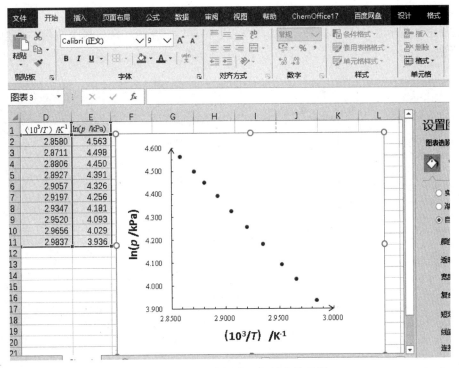

图 2-14　Excel 中调整坐标轴字体示例

4. 线性拟合

　　若需对数据进行线性拟合，可如图 2-15 所示，用鼠标点击图形上的一个数据点，则所有数据点被选中；点击鼠标右键，选择"添加趋势线"，弹出"设置趋势线格式"窗口，在"趋势线选项"中选择"线性"，根据需要还可选择"显示公式""显示 R 平方值"等命令，即完成数据的线性拟合。

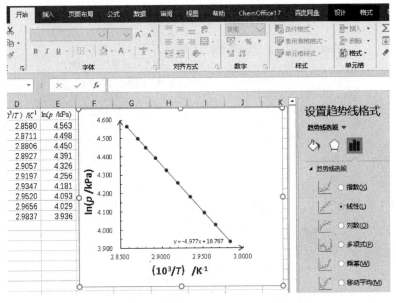

图 2-15　Excel 中对数据进行线性拟合示例

5. 数据和图表的输出

Excel 中数据和图表都可直接复制、粘贴到 Word 文档中，只需加上表题、图题等，如图 2-1 和图 2-16。

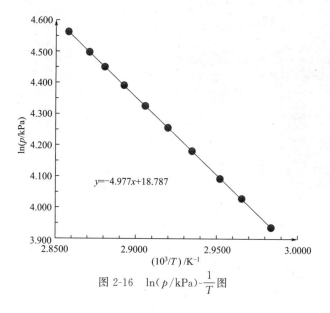

$$y=-4.977x+18.787$$

图 2-16　$\ln(p/\text{kPa})\text{-}\dfrac{1}{T}$ 图

二、　Origin 作图

下面以泡压法测定正丁醇水溶液表面张力实验的数据处理为例说明 Origin 软件的基本绘图方法。

1. 数据输入

启动 Origin 程序，首先出现的是 Origin 的 Worksheet，即 Data1 窗口，在 A 栏中输入由稀到浓的正丁醇溶液浓度，B 栏中输入测定的每个溶液对应的三个连续泡压的平均值（如图 2-17）。

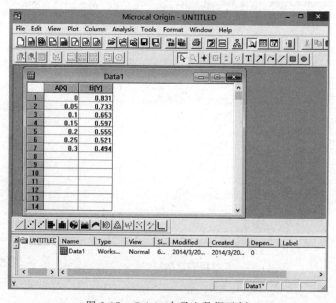

图 2-17　Origin 中录入数据示例

2. 数据处理

点 "Column" 菜单，用 "Add New Column" 命令增加新的数据栏（如图 2-18）。根据本实验数据处理情况需要再增加 5 栏，Origin 将按字母顺序依次命名。

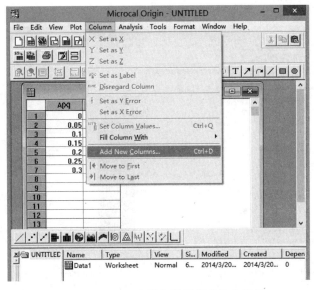

图 2-18 Origin 中增加数据栏的操作示例

下面就可以利用 Origin 实现数据的函数计算。在本实验中，将在 C 栏中表示各浓度的表面张力，可以选中 C 栏，点击鼠标右键，用 "Set Column Value" 命令，于是弹出如图 2-19 所示窗口，可在窗口内选择程序中的数学函数，或自己在文本框中输入，如本实验中为各浓度下的溶液表面张力 $\gamma(c_B) = \gamma(H_2O) \times \Delta p_{max}(c_B)/\Delta p_{max}(H_2O)$，故输入如图 2-19 所示公式，点 "OK" 选项，Origin 将利用此公式设置 C 栏数据的值，即得出各浓度下的溶液表面张力。

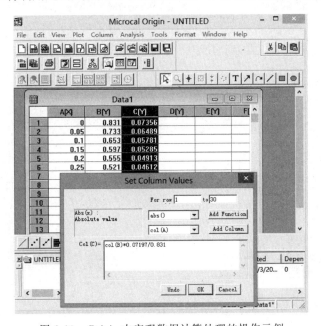

图 2-19 Origin 中实现数据计算处理的操作示例

3. 作图

Origin 具有强大的作图功能。在本实验中欲作表面张力随浓度的变化曲线图，由于自变量浓度是 Worksheet 中最左边的数据（默认为 X 轴），可简单操作如图 2-20：选中 C 栏，下拉 "Plot" 菜单选散点图 "Scatter" 命令即可。

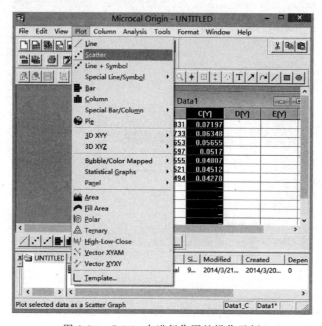

图 2-20　Origin 中进行作图的操作示例

如图 2-21，在 Origin 中会立刻弹出图形窗口 "Graph1"，在这个窗口中可以通过双击坐标标题、坐标轴刻度、数据点调整图形。

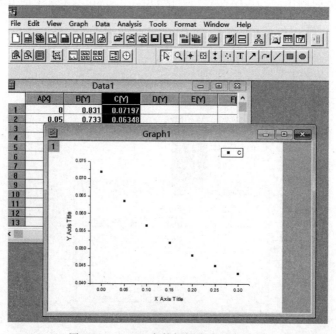

图 2-21　Origin 中数据初步成图的示例

调整图形时可以把图形窗口最大化，以方便视图。如图 2-22 所示，双击 X 轴，出现 X 轴的设置窗口，通过此窗口可以设置 X 轴坐标范围、分度、轴的粗细、刻度线朝向（向内或向外）、标示位置（上、下、上下均有或没有）、标示数字的大小等。

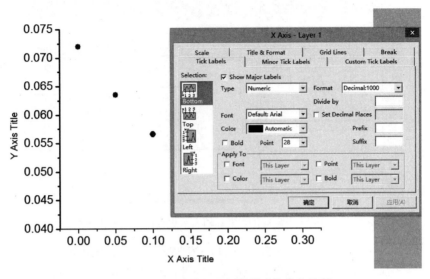

图 2-22　Origin 中设置坐标轴样式的操作示例

双击 "X Axis Title" 或 "Y Axis Title" 可以输入坐标轴表示的物理量和单位。如图 2-23，在 "Text Control" 的文本框中输入内容，格式变换可以用给出的各个命令图标。其中需要注意的是，希腊字母需要输入对应顺序的英文字母，然后选择 "Symbol" 进行字体变换。

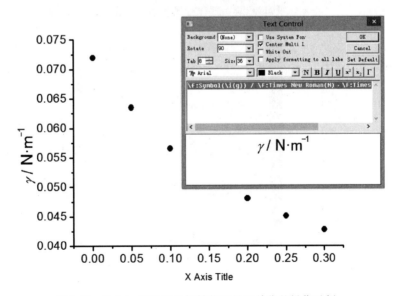

图 2-23　Origin 中设置坐标轴物理量和单位的操作示例

若 X 轴不是 Worksheet 中最左边的数据，则不要选择任何数据栏，下拉 "Plot" 菜单，选择 "Scatter"，会弹出图 2-24 所示窗口，在窗口中进行坐标轴表示的数据栏的设定即可。

Origin 作图功能强大，还可以在一幅图中作出同一横坐标（默认是最左一栏数据），不同纵坐标的图，如图 2-25 所示：可选中一栏，再按 "Control" 键选中另一栏，下拉 "Plot"

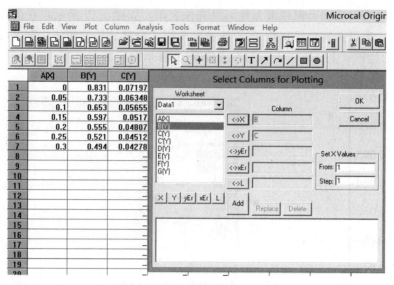

图 2-24　Origin 中设置任意坐标轴表示栏目的通用方法操作示例

菜单中"Special Line/Symbol"，点击"Double-Y"命令即可。做出的曲线在两个图层中，可以选中独立图层，进行操作。操作图层时，双击相应的数据点即可。另外还可以将多个图进行组合。

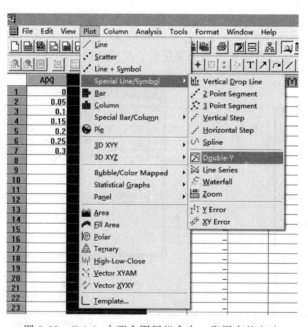

图 2-25　Origin 中两个图层组合在一张图中的方法

4. 曲线方程的拟合

如图 2-26 所示，下拉"Analysis"菜单，可以对作出的图形进行多种操作和计算，如平滑、微积分计算、线性或非线性拟合等。本实验可以选择多项式拟合命令"Fit Polynomial"；考虑物理模型，本实验可选择"Non-line Curve Fit"命令，向 Origin 中输入公式及设定参数，用希什科夫斯基的经验公式 $\gamma = \gamma_0 - b\gamma_0 \lg(1 + c/a)$ 拟合。

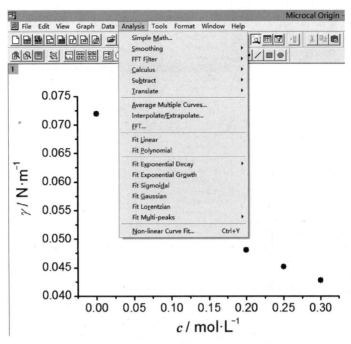

图 2-26 Origin 中对数据进行拟合分析的操作示例

发出拟合命令后，可以得到图 2-27。弹出的"Result Log"窗口给出了拟合公式、参数及拟合 R 平方值和 P 因子。

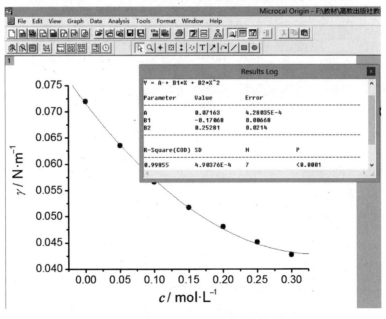

图 2-27 Origin 中对数据进行拟合分析后的界面

还可以用"Analysis"菜单中的"Calculus"对数据曲线求微分（如图 2-28 所示）。

微分命令发出后，同时会给出微分曲线图和在"Data1"中给出各实验点处的一阶导数，如图 2-29 所示。可利用 C'栏数值由吉布斯公式求各浓度下的过剩吸附量值，进而求取饱和吸附量等参数。其数据处理和作图方法类似，囿于篇幅，这里不再赘述。

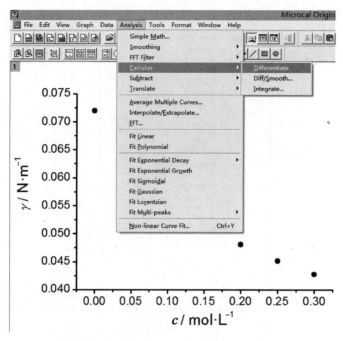

图 2-28 Origin 中对数据进行微分的命令示例

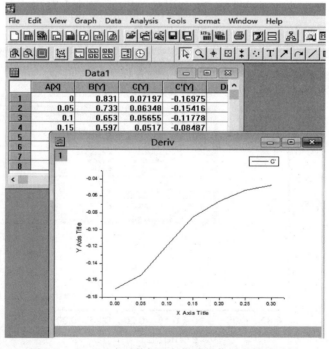

图 2-29 Origin 中对数据进行微分操作后的结果示例

5. 数据和图表的输出

Origin 中的图可直接复制、粘贴到 Word 文档中；对于表格，拷贝得到文本文件，可利用 Word 中的"文本转换成表格"命令形成表。图 2-30 是用 Origin 作出的表面张力和过剩吸附量随正丁醇溶液浓度的变化图。

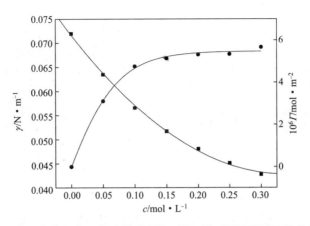

图 2-30 表面张力（●）和过剩吸附量（■）随正丁醇溶液浓度的变化图
（其中实线是对实验数据点进行拟合的拟合曲线）

第三节　物理化学实验报告构成

实验报告不仅是概括与总结实验过程的文献资料，而且是学生以实验为工具获取化学知识实际过程的模拟，因而其同样是实验课程的基本训练内容。实验报告从一定角度反映了一个学生的学习态度、实际水平与能力。通常物理化学实验需收集大量的数据，实验当场不能整理出结果，因此课下认真书写实验报告是物理化学实验一个重要的组成部分。

一份完整的物理化学实验报告内容应包括如下部分：

（1）实验实施条件信息（实验者及同组者班级、学号、姓名，实验日期，地点，室温，大气压，等）；

（2）实验目的；

（3）实验简明原理（包括理论原理和实验方法原理）；

（4）实验仪器（厂家、型号、测量精度等）；

（5）药品（纯度等级、物理性质、用量等）；

（6）实验装置（画图表示）；

（7）实验操作步骤（简明操作流程，包含操作要点和注意事项等）；

（8）原始数据记录表（附在报告后，须有教师签字）；

（9）实验现象与观测数据、实验结果（包括数据处理，必要时用列表或作图形式表达）；

（10）实验结果讨论和课后问题思考。

实验报告是实验成绩评定的主要依据之一。学生应在规定的时间内，认真、独立、规范地完成实验报告并及时提交。同时还需特别注意，坚决杜绝抄袭实验报告，要实事求是，养成科研诚信的作风。

第三章
热力学实验

中国人对热的探索有着悠久的历史，创造了灿烂辉煌的成就。我国人民在历史上积累了丰富的热学知识，并发明了很多热力学的应用技术：西汉时期出现的能将背后图文投射到前面屏幕的青铜"透光镜"的冶铸，源于隋唐的走马灯，火药、火箭的发明和应用，以及宋代出现的最早的双壁保温瓶设计和利用蒸馏冷凝作用节约燃料的"省油灯"等，这些杰出的热学应用技术到现代仍为中外科技界所重视和应用（图3-1）。

图 3-1 中国古代热学发明示例：
走马灯（左）和保温桶（右）

我国东汉著名的唯物主义哲学家王充在《论衡·是应篇》中驳斥所谓厨房能自动长出一种神异的瑞草"蓮脯"把食物扇凉的传说时曾说："儒者言蓮脯生于庖厨者，言厨中自生肉脯，薄如蓮形，摇鼓生风，寒凉食物，使之不臭。夫太平之气虽和，不能使厨生肉蓮，以为寒凉。若能如此，则能使五谷自生，不须人为之也，能使厨自生肉蓮，何不使饭自蒸于甑，火自燃于灶乎？……"他断言在大气环境中（太平之气）不能自动产生某种机制（蓮脯）使某热源（食物）冷却。同时驳斥道：如能实现自动降温，则也会发生"火自燃于灶，饭自蒸于甑"的自动升温现象，则能"五谷自生，不须人为"。王充的"冷不自生"思想与热力学第二定律"热不可能自发从低温物体传递到高温物体"以及"第二类永动机是不存在的"具有相似的内涵。我国古代学者在热学领域提出的颇有见地的思想观点，为后续热学研究和应用提供了宝贵启示。

实验一　恒温槽的调节及黏度测定

一、实验目的

1. 了解恒温槽的构造及恒温原理，掌握恒温槽的调节和使用方法。
2. 绘制恒温槽灵敏度曲线，学会分析恒温槽的性能。
3. 了解黏度的物理意义，掌握用乌氏黏度计测定黏度的方法。

二、实验原理

1. 恒温槽的构造及恒温原理

恒温技术在物理化学实验中非常重要，因为物质的许多物理、化学性质，如折射率、黏度、蒸气压、表面张力以及化学反应速率常数等均与温度有关。这些数据的测定都需在恒温条件下进行。

温度控制可以利用物质相变温度的恒定性来实现，如利用水和冰的混合物、各种蒸气浴等，这种方法简便易行，但这类恒定温度是不能随意调节的。实验室更常使用不同规格的恒温槽，根据需要的恒温程度来进行控温。

恒温槽由浴槽、感温元件、控温元件、加热元件、搅拌器等组成，有时为了控制加热元件的功率而连接调压变压器。其装置如图 3-2 所示。

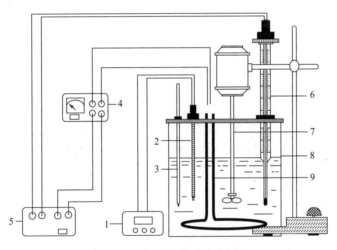

图 3-2　恒温槽装置示意图

1—精密电子温度计；2—精密电子温度计探头；3—1/10℃水银温度计；4—调压变压器；
5—电子继电器；6—电接点温度计；7—搅拌器；8—浴槽；9—电加热器

恒温槽能够保持温度的相对稳定，主要靠感温元件、控温元件和加热元件三个部件相互配合而实现。首先感温元件感知浴槽内温度变化，将温度波动转化为电信号或其他信号输送给控温元件，再由控温元件发出指令，让加热器加热或停止加热。当浴槽温度低于设定值时，电接点温度计的水银柱与金属丝断开，电子继电器中控制电热器加热的回路接通，加热器工作，此时红灯亮起，浴槽温度上升；当温度升高到设定值时，电接点温度计水银柱和金属丝接通，电子继电器中控制电热器加热的回路断开，加热器便停止加热，此时红灯灭，绿灯亮；当浴槽温度再低于设定值时，电子继电器中控制电热器加热的回路又成通路，加热器开始加热。此过程反复地进行使恒温槽温度在一定范围内保持恒定。

因此，恒温状态是通过一系列部件的作用，相互配合而获得的，不可避免地存在着各种滞后现象，如温度传递，继电器、加热器等的滞后。所以在选择各部件时，对其灵敏度有一定要求的同时，还应该注意各部件在恒温槽中的布局是否合理。加热器、搅拌器和电接点温度计的位置应相互接近，使被加热液体能立即搅拌均匀，并流经电接点温度计，及时进行温度控制。测量系统不宜放在边缘。

恒温槽恒温效果通常用恒温槽灵敏度 T_F 来衡量。恒温槽灵敏度 T_F 是指在规定温度下槽内温度的波动情况。其计算式：

$$T_F = \pm \frac{T_1 - T_2}{2} \tag{3-1}$$

式中，T_1 为槽温达指定温度停止加热后，恒温槽达到的最高温度；T_2 为槽温达指定温度后，因散热而降低到的最低温度。

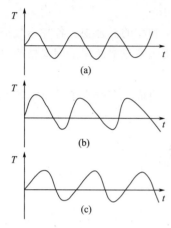

图 3-3　恒温槽在指定温度下的灵敏度曲线示意图

实验时观测恒温槽温度波动值随时间而变的情况，以温度 T 为纵坐标，时间 t 为横坐标，得到温度-时间曲线，称为恒温槽在指定温度下的灵敏度曲线。图 3-3 所示为几种典型的灵敏度曲线：（a）表示恒温槽加热功率适当，灵敏度较好；（b）表示加热器的功率太大；（c）表示加热器功率太小或散热太快。

2. 黏度测定原理

在液体流动过程中，当流速很小时，液体分层流动。各液层的流速是不同的，两液层间存在着相对运动产生内摩擦力。液体在流动时相邻液层之间产生内摩擦的性质，称为液体的黏性，黏性的大小用黏度表示。液体的黏度是液体内摩擦力的度量，是物质重要性质之一。液体内摩擦力 F 的大小与两液层间的速度差 dv 及两液层接触面面积 A 成正比，与两液层间距 r 成反比，可用下式表示：

$$F = \eta A \frac{dv}{dr} \tag{3-2}$$

式中，η 为比例系数，称为黏度系数，简称黏度。在国际单位制（SI）中，黏度的单位用 $N \cdot m^{-2} \cdot s$，即 $Pa \cdot s$（帕·秒），习惯上常用 P（泊）或 cP（厘泊）来表示。其换算关系为：$1P = 0.1 Pa \cdot s$，$1cP = 10^{-3} Pa \cdot s$。

黏度测定可在毛细管中进行。设液体在一定压力差 p 推动下，以层流形式流过半径为 R、长度为 l 的毛细管时，其黏度可通过式(3-3)计算：

$$\eta = \frac{\pi R^4 p}{8Vl} t \tag{3-3}$$

式中，η 为黏度，$Pa \cdot s$；p 为毛细管两端的压力差，$N \cdot m^{-2}$；R 为毛细管半径，m；t 为一定体积的液体流经毛细管的时间，s；V 为 t 时间内流过毛细管的液体体积，m^3；l 为毛细管的长度，m。

由于式中 R、p 数值不易测定，所以 η 值一般用相对方法求得。设两种液体在自身重力作用下分别流经同一毛细管，且流出的体积相等，则它们的绝对黏度分别为：

$$\eta_1 = \frac{\pi R^4 t_1 p_1}{8Vl} \tag{3-4}$$

$$\eta_2 = \frac{\pi R^4 t_2 p_2}{8Vl} \tag{3-5}$$

而

$$p = \rho g h \tag{3-6}$$

式中，ρ 为液体密度，$kg \cdot m^{-3}$；g 为重力加速度，$m \cdot s^{-2}$；h 为液柱高度，m。由式(3-4)、式(3-5)、式(3-6) 联解可得：

$$\eta_1 = \eta_2 \frac{\rho_1 t_1}{\rho_2 t_2} \tag{3-7}$$

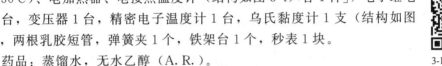

液体 1 为被测液体，液体 2 为参考液体（一般用水作参考液体）。实验测出体积相同的两液体流经同一毛细管所需的时间 t_1、t_2，由附录 2-1 和附录 2-2 分别查出 η_2、ρ_1、ρ_2 值，便可求出液体 1 的黏度 η_1。本实验测定无水乙醇的绝对黏度，所用毛细管黏度计为乌氏黏度计。

三、仪器和药品

仪器：恒温槽 1 套［包括玻璃浴槽、电动搅拌器、1/10℃水银温度计（0～50℃）、电加热器、电接点温度计（结构如图 3-4）各 1 件］，电子继电器 1 台，变压器 1 台，精密电子温度计 1 台，乌氏黏度计 1 支（结构如图 3-5），两根乳胶短管，弹簧夹 1 个，铁架台 1 个，秒表 1 块。

药品：蒸馏水，无水乙醇（A.R.）。

3-1 电接点温度计使用方法视频

四、实验步骤

1. 恒温槽调节及灵敏度测定

（1）调节恒温槽温度为 35.0℃

玻璃浴槽中放入约 3/4 容积的水。先松开电接点温度计顶端磁铁上的固定螺丝，转动调节帽，调节螺杆带动温度设定指示螺母上下移动，将指示螺母的上端面调到比设定值低 1～2℃ 的位置。接通电源，调整变压器输出电压为 220V，开动搅拌器。加热器开始加热，此时继电器指示红灯，恒温槽温度上升。加热过程中，注意仔细观察温度计的温度上升情况，在温度比设定值低 0.4～0.5℃ 时，立即转动调节帽使金属丝（钨丝）向下移动刚好与水银面接触，此时继电器恰好红灯灭而绿灯亮，加热器停止加热，观察加热器余热能否使槽温上升至设定值。若槽温未达设定值，转动调节帽使金属丝上移与水银面断开，加热器加热，反复多次，直至槽温围绕设定值上下波动为止。

（2）恒温槽灵敏度的测定

恒温槽温度调节完成后，每隔 0.5min 读取一次槽内温度（可借助精密电子温度计来读取），记录温度随时间变化的数据，直至数据范围内出现 3～4 个温度峰值（或谷值）就可结束。

将电压调节为 110V，重复（1）的调节过程，温度波动稳定后，记录恒温槽在 110V 电压下温度随时间的变化数据，同样需要记录包

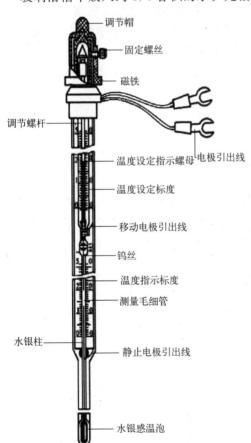

图 3-4　电接点温度计示意图

图中标注：调节帽、固定螺丝、磁铁、调节螺杆、温度设定指示螺母、电极引出线、温度设定标度、移动电极引出线、钨丝、温度指示标度、测量毛细管、水银柱、静止电极引出线、水银感温泡

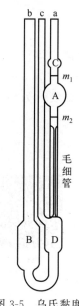

图 3-5 乌氏黏度计
结构示意图

含 3～4 个温度峰值（或谷值）的数据。

2. 黏度测定

在洗净烘干的黏度计支管 a、c 上套上短乳胶管，从较粗的 b 管装入适量无水乙醇（以不超过 a、c 管的接口处为宜），然后将黏度计固定在铁架上并

3-2 乌氏黏度计
使用方法视频

垂直置于温度为 35.0℃ 的恒温槽中恒温 15min。恒温后，用弹簧夹夹紧 c 管上的乳胶管，在 a 管口用洗耳球将液体吸至球 C 中部，松开 c 管上的弹簧夹，使 a、c 管同时与大气相通。用秒表记录 a 管液面从刻度线 m_1 降到刻度线 m_2 所需的时间 t_1，重复测定三次，要求每两次之间的偏差不超过 0.2s。求平均值，即为无水乙醇对应的时间 $t_醇$。

换用蒸馏水测定相应的时间。先用少量蒸馏水反复清洗黏度计，特别注意洗净毛细管部位，然后装入适量蒸馏水，用同样的方法测定蒸馏水液面从刻度线 m_1 降到刻度线 m_2 的时间，重复测定，取平均值，即为蒸馏水相应的时间 $t_水$。

五、实验注意事项

1. 设置恒温槽温度时，应先略低于所需温度，然后调节慢慢升至所需温度。

2. 恒温槽的温度不能以电接点温度计的刻度为依据，应以 1/10℃ 水银温度计示数为准。

3. 黏度受温度的影响很大，实验过程中应严格控制恒温槽温度恒定。

4. 黏度计要垂直放置在恒温水浴中，实验过程中不要振动黏度计，否则会影响实验结果的准确性。

六、数据记录与处理

1. 灵敏度测定

设定温度_____℃　加热电压_____V

将记录的温度和时间数据列成表格（自己设计表格，可参考表 3-1，亦可使用三线表）。以时间为横坐标，精密电子温度计读数为纵坐标，分别绘制加热电压为 220V 和 110V 下的两条灵敏度曲线，分别求出相应的灵敏度，讨论加热器功率大小对灵敏度影响。

表 3-1　加热电压 220V/110V 灵敏度的测定数据

t/s	$T/℃$		t/s	$T/℃$		t/s	$T/℃$	
	220V	110V		220V	110V		220V	110V

2. 黏度测定

实验温度＿＿＿＿℃　　　　蒸馏水黏度 $\eta_{水}=$＿＿＿＿ Pa•s

无水乙醇密度 $\rho_{醇}=$＿＿＿＿ kg•m^{-3}　　　　蒸馏水密度 $\rho_{水}=$＿＿＿＿ kg•m^{-3}

将无水乙醇和水流经毛细管的时间填入表 3-2，计算无水乙醇的黏度 $\eta_{醇}$。

表 3-2　乙醇和水流经乌氏黏度计时间及其黏度

物质	t_1/s	t_2/s	t_3/s	$t_{平均}/s$	$\eta/Pa•s$
乙醇					
水					

七、思考题

1. 恒温槽的灵敏度受哪些因素影响？欲提高恒温槽的灵敏度，有哪些途径？

2. 从实验结果分析加热功率对恒温槽灵敏度的影响，应怎样选择加热功率？

3. 黏度计上的支管 c 起什么作用？

4. 某同学在实验中为节省时间，于同一恒温槽中用两支黏度计分别测定水与无水乙醇流出的时间，并用此测定结果计算乙醇黏度，你认为是否可行？

八、实验探讨与拓展

1. 恒温槽灵敏度影响因素

影响恒温槽灵敏度的因素很多，主要因素有：恒温介质特性、电子调节系统（包括温度敏感元件、控制元件）的灵敏度、加热器功率是否匹配、搅拌器的功率、恒温槽散热功率（包括环境温度及设定温度、外界干扰等）、整个恒温槽中各元件的布局等。

根据恒温槽的温度范围选择适当的工作介质。介质流动性越好则传热性能越好，比热容越大灵敏度越高；电子调节系统灵敏度越高，如温度控制器中电磁吸引电键，电键发生机械作用的时间越短，断电时线圈中的铁芯剩余磁性越小，以及电接点温度计对温度的变化越敏感，则恒温槽灵敏度越高；加热器功率要适宜，加热器本身热容量越小，加热器管壁的导热效率越高，则控温灵敏度越高；搅拌器的功率要合适，功率过大或者过小都会影响均匀控温的精准性；恒温槽散热慢，环境温度与设定温度的差值越小，控温效果越好；整个恒温槽中各元件的布局要合理，加热器、搅拌器和电接点温度计位置应接近，使被加热的液体能立即搅拌均匀，并流经电接点温度计及时进行温度控制，测量系统一般要放在槽中精度最好的区域，测定温度的温度计应放置在测量系统附近。恒温槽不宜放置在灰尘、污垢比较多的环境中，否则会影响恒温槽的控制系统，导致其灵敏度下降等。

2. 毛细管黏度计简介

毛细管黏度计种类较多，有奥氏黏度计、乌氏黏度计、逆流黏度计、品氏黏度计和芬式黏度计等（如图 3-6 所示）。

奥氏黏度计是奥斯特瓦尔德（W. Ostwald）在测量溶液黏度性质时设计的。它适合测定水、酒精、血浆或血清等低黏滞性液体的黏度，在临床上及医药行业有广泛使用。它是由 U 形玻璃管构成，包含主管和支管，主管上有测定球，支管上有储液球，测定球 A 上、下

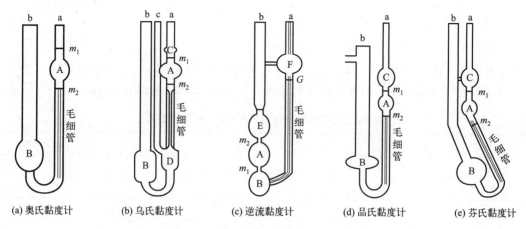

图 3-6　毛细管黏度计结构示意图

a—主管；b—宽管；c—侧管；A—测定球；B—储液球；C—缓冲球；D—悬挂水平球；

E—上测定球；F—上储液球；m_1，m_2—计时标线；G—装液标线

有计时标线 m_1 和 m_2，其下方为一段毛细管。使用时，使体积相等的两种不同液体分别流过 A 球下的同一毛细管，由于两种液体的黏滞系数不同，因而流经毛细管所用的时间不同。测量时，一般采用水作为标准液体。先将水注入储液球 B 内，然后吸入 A 球中，并使水面达到计时标线 m_1 以上。由于重力作用，水经毛细管流入 B 球，记下水面从计时标线 m_1 降到计时标线 m_2 所需的时间 t_1，然后在 B 球内换成相同体积的待测液体，用同样的方法测出相应的时间 t_2。奥氏黏度计测定时，标准液体和待测液体的体积必须相同，因为液体下流时所受的压力差与支管 b 中液面高度有关，即液体流出的时间与加入管 b 中待测液体的体积有关。

乌氏黏度计是由奥氏黏度计改进而来。由于乌氏黏度计有一侧管 c 与大气相通，测定时主管 a 中的液体在毛细管下端出口处与支管 b 中的液体断开，形成了气承悬液柱。a 管中的液体下流时所受压力差与 a 管中液面高度无关，液体的流出时间与加入 B 球中的待测液体的体积无关，给测定过程带来方便。乌氏黏度计广泛用于有机物质高聚物分子量的测定。

对于逆流型毛细管黏度计，测量时液体从储液球 F 流经毛细管进入下方测定球 A，便于测量不透明液体黏度，且不存在残留误差。测量时，倒转黏度计，将主管 a 插入液体中，液体吸到刻度线 G，倒转黏度计，并立即堵住管 a 以免液体流入测定球 A，将黏度计垂直置于恒温槽，恒温后管 a 通大气，液体流下，记录液面前沿从测定球 A 的下计时标线 m_1 升至上计时标线 m_2 所需要的时间。

品氏黏度计适用于石油产品运动黏度的测定。芬氏黏度计由于储液球 B 和测定球 A 在同一轴线上，测量时仪器位置的垂直度轻微倾斜，测量误差可相对减少，操作方便，是测定液体黏滞性及高聚物分子量的重要仪器。

九、科学史阅读资料

中国古代热学思想（扫码阅读新形态媒体资料）。

3-3　中国古代
热学思想

十、实验案例

室温：<u>28.5℃</u>　大气压：<u>100.92kPa</u>

1. 灵敏度测定

设定温度 <u>35.0℃</u>　加热电压 <u>220V</u> 或 <u>110V</u>

记录的恒温槽温度-时间数据如表 3-3。

表 3-3　加热电压 220V/110V 灵敏度的测定数据

t/s	$T/℃$		t/s	$T/℃$		t/s	$T/℃$	
	220V	110V		220V	110V		220V	110V
0	34.97	34.98	450	35.01	35.05	900	35.10	34.98
30	35.05	34.97	480	34.98	35.03	930	35.08	
60	35.11	35.03	510	34.97	35.00	960	35.05	
90	35.09	35.05	540	35.00	34.98	990	35.03	
120	35.07	35.03	570	35.09	34.96	1020	35.01	
150	35.05	35.00	600	35.11	35.03	1050	34.99	
180	35.03	34.98	630	35.09	35.05	1080	34.97	
210	35.00	34.96	660	35.07	35.02	1110	34.96	
240	34.98	35.02	690	35.05	35.00	1140	35.11	
270	34.96	35.05	720	35.02	34.98	1170	35.10	
300	35.08	35.03	750	35.00	34.96	1200	35.08	
330	35.11	35.00	780	34.98	35.02	1230	35.05	
360	35.09	34.98	810	34.96	35.05	1260	35.03	
390	35.05	34.96	840	35.03	35.03	1290	35.01	
420	35.03	35.03	870	35.11	35.00	1320	34.99	

根据以上数据，以时间为横坐标，恒温槽温度为纵坐标，分别绘制外加电压为 220V 和 110V 时恒温槽的灵敏度曲线，如图 3-7 和图 3-8，并分别求出相应的灵敏度。

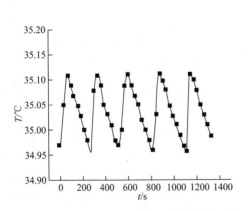

图 3-7　加热电压为 220V 的恒温槽灵敏度曲线

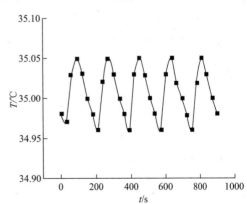

图 3-8　加热电压为 110V 的恒温槽灵敏度曲线

加热电压为 220V 时恒温槽的灵敏度：$T_F = \pm \dfrac{35.11-34.96}{2}℃ = \pm 0.08℃$

加热电压为 110V 时恒温槽的灵敏度：$T_F = \pm \dfrac{35.05-34.96}{2}℃ = \pm 0.04℃$

通过对比 220V 和 110V 电压下的灵敏度曲线及计算的恒温槽灵敏度 T_F 可知，当设定温度在室温附近时，加热功率较小，灵敏度较高。

2. 黏度测定

测定无水乙醇黏度 $\eta_{乙醇}$，实验温度 35.0℃。实验数据见表 3-4。

表 3-4　乙醇和水流经乌氏黏度计的时间及其黏度

物质	t_1/s	t_2/s	t_2/s	$t_{平均}/\text{s}$	$\eta/\text{Pa·s}$
乙醇	193.97	194.00	193.90	193.96	8.875×10^{-4}
水	122.81	122.81	122.72	122.78	7.190×10^{-4}

查表得 35.0℃ 下：

无水乙醇密度 $\rho_{乙醇}=776.7\text{kg·m}^{-3}$　　蒸馏水密度 $\rho_{水}=994.0\text{kg·m}^{-3}$

无水乙醇的黏度：

$$\eta_{乙醇}=\eta_{水}\frac{\rho_{乙醇}}{\rho_{水}}\frac{t_{乙醇}}{t_{水}}=\left(7.190\times10^{-4}\times\frac{776.7\times193.96}{994.0\times122.78}\right)\text{Pa·s}=8.875\times10^{-4}\text{Pa·s}$$

相对误差：$E_r=\dfrac{8.875\times10^{-4}-9.140\times10^{-4}}{9.140\times10^{-4}}\times100\%=-2.9\%$

实验二　凝固点降低法测定摩尔质量

一、实验目的

1. 熟悉凝固点降低法测定溶质摩尔质量的原理。
2. 掌握凝固点的测定技术。
3. 通过萘的摩尔质量的测定，加深对稀溶液依数性的理解。

二、实验原理

在一定压力下，固态纯溶剂与溶液成平衡时的温度称为凝固点（或熔点）。溶液的凝固点与外压、溶液的组成和析出固相的组成有关。

当溶剂中溶有少量溶质形成稀溶液（溶质与溶剂不生成固态溶液）时，从溶液中析出固态纯溶剂的温度（即稀溶液的凝固点）会低于在同样外压下纯溶剂的凝固点，即凝固点降低。图 3-9 说明了稀溶液凝固点降低的原理。图中三条曲线均为在一定外压（如大气压力）下凝聚相中溶剂 A 的化学势-温度曲线（$\mu\text{-}T$ 曲线）。液态纯溶剂 A 的 $\mu\text{-}T$ 线与固态纯溶剂的 $\mu\text{-}T$ 线相交于一点，该点对应的温度为纯溶剂 A 在该外压下的凝固点 T_f^*。由于相同温度下，稀溶液中溶剂的化学势小于纯溶剂的化学势，所以稀溶液中溶剂 A 的 $\mu\text{-}T$ 线位于液态纯溶剂 $\mu\text{-}T$ 线下方，它和固态纯溶剂的 $\mu\text{-}T$ 线相交于一点，该点所对应的温度为在该外压下从该组成的溶液中析出固态纯溶剂时的凝固点 T_f，且 $T_f<T_f^*$。溶液的凝固点降低值 $\Delta T_f=T_f^*-T_f$，仅取决于溶质的量，而与溶质的本性无关，是稀溶液的依数性之一。

稀溶液的凝固点降低值（析出物为纯固相溶剂的体系）与溶液组成的关系为：

$$\Delta T_f = K_f b_B \tag{3-8}$$

式中，K_f 为溶剂 A 的凝固点降低常数，$K \cdot kg \cdot mol^{-1}$；$b_B$ 为溶质 B 的质量摩尔浓度，$mol \cdot kg^{-1}$。

若称取质量为 m_A 的溶剂和质量为 m_B 的难挥发溶质配制成一稀溶液，则该溶液溶质 B 的摩尔质量为：

$$M_B = \frac{K_f m_B}{\Delta T_f m_A} \times 1000 \tag{3-9}$$

式中，M_B 为溶质 B 的摩尔质量，$g \cdot mol^{-1}$。

如果已知 K_f 的值，并测出稀溶液的凝固点降低值 ΔT_f，即可求得溶质 B 的摩尔质量 M_B。故凝固点降低法是测定溶质摩尔质量的一种简单而有效的方法。

当溶质在溶液中有解离、缔合、溶剂化和生成配合物等情况时，则用凝固点降低法测得的不是溶质真正的摩尔质量，而是溶质在溶剂中的表观摩尔质量，此时式（3-9）不再适用。但可用来研究溶液的一些其他性质，例如，电解质的电离度、溶质的缔合度、活度和活度系数等。

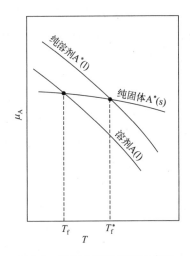

图 3-9　凝固点降低原理示意图

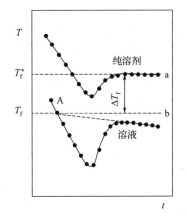

图 3-10　纯溶剂与溶液的冷却曲线示意图

通常，分别测定纯溶剂与稀溶液的凝固点，进而计算 ΔT_f。本实验采用过冷法测定凝固点。此法是将纯溶剂或稀溶液逐渐冷却成过冷液体，然后通过适当措施促使液体结晶，结晶生成时放出的凝固热使体系温度回升。若液体为纯溶剂，则放热与散热达平衡时温度稳定不变，此温度就是该溶剂的凝固点，如图 3-10 中的 a 线，温度先缓慢降低，然后迅速回升，之后出现平台，平台对应的温度即纯溶剂的凝固点 T_f^*。对于稀溶液，随着溶剂析出，溶液浓度渐渐增大。由相律可知，凝固温度随溶剂浓度而变，不可能出现温度稳定的情况，所以稀溶液凝固点可通过外推法求得，即通过固-液相冷却曲线外推至与液相冷却曲线相交，如图 3-10 中 b 线中的延长线交点 A，该点的温度为该溶液的凝固点 T_f。

因为稀溶液的凝固点降低值不大，所以温度的测量要用较精密的测温仪器。本实验采用精密数字温差仪进行测量。

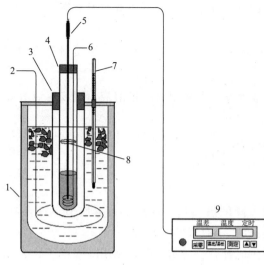

图 3-11 凝固点测定装置

1—保温瓶；2—外搅拌器；3—外套管；4—内管；
5—精密数字温差仪探头；6—内搅拌器；
7—普通温度计；8—定位圈；9—精密数字温差仪

三、仪器和药品

仪器：凝固点测定装置 1 套（图 3-11），精密数字温差仪 1 台，电子天平 1 台（公用），25mL 移液管 1 支。

药品：环己烷（A.R.），萘（A.R.）。

四、实验步骤

1. 调节冷浴温度。向保温瓶内的塑料浴杯中加入适量的自来水，加入碎冰使冷浴温度低于被测液体凝固点 2～3℃。实验过程中使冷浴温度维持在 2.5℃ 左右，因此需经常用外搅拌器搅拌杯中冰水混合物，并适时补充碎冰。

2. 打开精密数字温差仪（使用方法参见附录1-3）的电源开关，预热 5min。

3. 用移液管准确吸取 25.00mL 环己烷加入干燥的内管，记录此时室温值。如图 3-11 所示，安装精密数字温差仪的测温探头和内搅拌器，调节测温探头的顶端置于环己烷液体的中心部位，调节内搅拌器的位置，使之能上下自由运动，且不与探头或内管壁发生摩擦。

4. 环己烷凝固点的粗测。将内管直接放入冷浴中，缓慢搅拌。环己烷温度逐渐下降，观察精密数字温差仪上的温度值，当数值基本不变时，其对应温度为环己烷的近似凝固点，记录下此数值。将此近似凝固点作为温度基准值，按下精密数字温差仪面板上的"置零"按钮，精密数字温差仪上温差示数将显示为 "0.000℃"。之后，按下精密数字温差仪面板上的"锁定"按钮。

5. 环己烷凝固点的精测。设置精密数字温差仪 10s 报时一次。取出内管，用手温热使内管中固体融化，将内管放入外套管中并置于冷浴中，缓慢均匀搅拌，使环己烷温度均匀下降。当精密数字温差仪温度示数比环己烷近似凝固点高 0.5℃ 时，每 10s 记录一次温差数值。观察温度变化，当温度低于粗测凝固点时，快速搅拌，待温度回升，恢复先前的搅拌速度，记录 6～8 个稳定数值后可停止记数。对应的温度即为环己烷的凝固点。使结晶融化，重复测定 1～2 次。

6. 萘溶液凝固点的测定。用电子天平称取 0.10～0.15g 的萘，小心放入环己烷中，注意不要让萘粘在管壁上，立即塞好塞子，搅拌使萘完全溶解。参照步骤5的方法精测萘溶液的凝固点。当温度示数比环己烷近似凝固点低 0.5℃ 时，开始记录温差示数。在测量溶液凝固点时，当析出纯溶剂晶体后，溶液浓度增大，温度也将继续下降。温度随时间的变化率因结晶析出而变缓。温度随时间的变化率变缓后，约测 6 个读数点即可。重复测定萘溶液凝固点 1～2 次。

环己烷密度可用公式 $\rho/(\mathrm{g \cdot cm^{-3}}) = 0.7971 - 0.8879 \times 10^{-3} t/℃$ 计算，环己烷的凝固点和 K_f 可查附录 2-3。

五、实验注意事项

1. 冷浴温度对实验结果有很大的影响，过高过低都不利于测出正确的凝固点。实验时需要经常观察、调整冷浴的温度，使冷浴温度保持稳定。

2. 搅拌速度的控制是影响实验结果的关键因素之一。搅拌时，搅拌器不与探头产生摩擦。搅拌速度要适中，每次测定应按要求的速度搅拌，并且溶剂和溶液凝固点测定时搅拌条件要保持一致。

3. 实验结束后，将使用过的溶液倒入指定的废液回收桶。使用过的固体废渣要放入固体回收瓶。

4. 由于市售的分析纯环己烷含有微量杂质，因此实验测得的环己烷的凝固点偏低。另外，高温和高湿季节不宜做此实验，因为体系容易吸收空气中的水分，造成测量结果偏低。

六、数据记录与处理

1. 数据记录

室温：_____℃　环己烷密度：_____ g·cm^{-3}　萘的质量：_____ g

环己烷凝固点的精测，每隔 10s 记录一次精密数字温差仪示数 ΔT。将记录的数据列成表格（自己设计表格，推荐使用三线表，可参考表 3-5），同样在萘溶液凝固点测定过程中记录精密数字温差仪示数随时间的变化数据，并填入表格中。

表 3-5　环己烷温度随时间变化的实验数据

时间 t/s	环己烷 $\Delta T/℃$		时间 t/s	萘溶液 $\Delta T/℃$	
	第一次	第二次		第一次	第二次

2. 数据处理

（1）以精密数字温差仪示数为纵坐标，时间为横坐标分别作出纯溶剂和溶液的冷却曲线，确定纯溶剂和溶液的凝固点（在图中标出）。计算凝固点降低值 ΔT_f 并将结果列在表 3-6 中。最后计算萘的摩尔质量。

表 3-6　环己烷和萘溶液凝固点及实验结果

试样	精测次数	凝固点示数/℃	凝固点示数平均值/℃	凝固点降低值/℃
溶剂	1			
	2			
溶液	1			
	2			

（2）根据误差理论分析溶剂和溶质的称量精度对萘摩尔质量测量结果的影响。

（3）计算测量值与理论值的相对误差并分析误差产生的原因。

七、思考题

1. 根据什么原则确定加入溶质的量？太多或太少有什么影响？

2. 为提高实验的准确度是否可用增加溶质浓度的方法增加 ΔT_f 值，为什么？

3. 若溶质在溶剂中发生缔合，所测的 ΔT_f 值与不缔合的 ΔT_f 值相比，哪个大？

4. 冷浴温度应调节到 2～3℃之间，过高或过低对实验有什么影响？

八、实验探讨与拓展

1. 冷浴温度对实验的影响

液体在一定外压下逐渐冷却时，若液体的温度已低于该压力下液体的凝固点，固相溶剂仍不析出，这就是液体的过冷现象，此时的液体处于亚稳态。本实验采用过冷法进行测定，若冷浴温度过高，则体系散热太慢，耗时过长，既浪费时间又可能因环己烷挥发造成溶液浓度改变，导致 ΔT_f 不同。在测纯溶剂时也要快速进行，避免因环己烷吸收空气中的水分导致凝固点下降而难以得到重复的数据。若水浴温度过低，虽然可以节约时间，但可能会因为过冷度太大，使所测凝固点偏低，影响实验结果，因此实验中要控制好冷浴温度。

2. 溶质浓度对测定结果的影响

实际溶液当其浓度无限稀释时，才可视为理想稀溶液。实验中测定的溶液浓度并非完全符合稀溶液的要求，所测溶质的摩尔质量会随溶液浓度的不同而变化。为了获得比较准确的摩尔质量数值，可以在不同浓度下测量一系列凝固点降低值 ΔT_f，计算出溶质相应的摩尔质量，以所测溶质的摩尔质量 M 对溶液浓度 c 作图，外推至浓度为零时，得到较为准确的 M 值。

3. 溶质在溶剂中发生解离、缔合或形成配合物时对测定结果的影响

凝固点降低法测定溶质摩尔质量的理论基础是稀溶液的依数性，即凝固点降低值的大小只与溶质在溶液中的粒子数目有关（注意是粒子的数目，而不是分子的数目）。如果溶质发生解离、缔合或形成配合物，将导致粒子数目不等于原始分子数目，测出来的则是表观摩尔质量。凝固点降低法测定的结果反映了溶质在溶剂中的实际存在形式。如果溶质在溶剂中发生解离，则粒子数增多，所测 ΔT_f 值与不解离的 ΔT_f 值相比要大，测得的摩尔质量比实际的要小。溶质在溶剂中发生缔合或形成配合物，则粒子数减少，所测 ΔT_f 值与不缔合的 ΔT_f 值相比要小，测得的摩尔质量比实际的要大。

九、科学家故事

黄子卿——第一个精测水三相点的物理化学家（扫码阅读新形态媒体资料）。

3-4 黄子卿——第一个精测水三相点的物理化学家

十、实验案例

室温：<u>27.4℃</u>　大气压：<u>101.12kPa</u>

环己烷密度：<u>0.7728g·cm^{-3}</u>　萘的质量：<u>0.1374g</u>

1. 数据记录

环己烷和萘溶液的冷却曲线数据记录如表 3-7 和表 3-8。

表 3-7　环己烷温差-时间数据

$t/10s$	$\Delta T/℃$		$t/10s$	$\Delta T/℃$		$t/10s$	$\Delta T/℃$	
	第一次	第二次		第一次	第二次		第一次	第二次
10	0.590	0.550	110	−0.089	−0.183	210	−0.016	−0.010
20	0.514	0.455	120	−0.141	−0.122	220	−0.012	−0.012
30	0.437	0.371	130	−0.191	−0.057	230	−0.012	−0.012
40	0.367	0.296	140	−0.235	−0.026	240	−0.013	
50	0.297	0.229	150	−0.282	−0.014	250	−0.014	
60	0.232	0.154	160	−0.320	−0.009	260	−0.015	
70	0.160	0.072	170	−0.238	−0.007	270	−0.016	
80	0.09	−0.007	180	−0.107	−0.007	280	−0.015	
90	0.025	−0.084	190	−0.049	−0.008	290	−0.016	
100	−0.034	−0.153	200	−0.026	−0.009			

表 3-8　萘溶液温差-时间数据

$t/10s$	$\Delta T/℃$		$t/10s$	$\Delta T/℃$		$t/10s$	$\Delta T/℃$	
	第一次	第二次		第一次	第二次		第一次	第二次
10	−0.547	−0.537	130	−1.169	−1.208	250	−1.193	−1.207
20	−0.606	−0.6102	140	−1.212	−1.254	260	−1.192	−1.210
30	−0.665	−0.666	150	−1.254	−1.296	270	−1.192	−1.213
40	−0.721	−0.729	160	−1.296	−1.338	280	−1.195	−1.216
50	−0.777	−0.788	170	−1.338	−1.372	290	−1.200	−1.221
60	−0.831	−0.847	180	−1.377	−1.377	300	−1.203	−1.224
70	−0.885	−0.903	190	−1.416	−1.314	310	−1.207	−1.230
80	−0.935	−0.957	200	−1.450	−1.252	320	−1.210	−1.235
90	−0.982	−1.009	210	−1.387	−1.219	330	−1.215	
100	−1.028	−1.062	220	−1.270	−1.206	340	−1.220	
110	−1.077	−1.112	230	−1.219	−1.203			
120	−1.122	−1.162	240	−1.200	−1.205			

2. 数据处理

根据环己烷及萘溶液精测的温差-时间数据，以精密数字温差仪示数为纵坐标，时间为横坐标分别作出纯溶剂和溶液的冷却曲线，见图 3-12 和图 3-13。

在萘溶液冷却曲线上用外推法求出凝固点，然后求出凝固点降低值 ΔT_f 并计算萘的摩尔质量。将结果列在表 3-9 中。

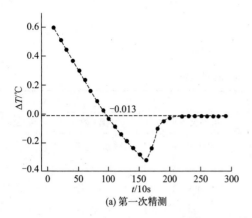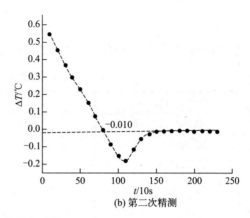

图 3-12　环己烷冷却曲线

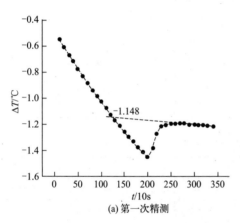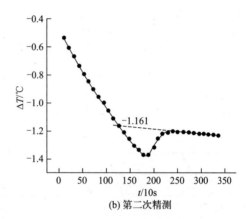

图 3-13　萘溶液冷却曲线

表 3-9　环己烷和萘溶液凝固点及实验结果

试样	精测次数	温差仪上凝固点示数/℃	凝固点平均示数/℃	凝固点下降值/℃	实测萘的摩尔质量/(g·mol^{-1})
溶剂	1	-0.013	-0.012	1.142	124.55
	2	-0.010			
溶液	1	-1.148	-1.154		
	2	-1.161			

环己烷密度 $\rho/(g \cdot cm^{-3}) = 0.7971 - 0.8879 \times 10^{-3} t/℃ = 0.7971 - 0.8879 \times 10^{-3} \times 27.4℃/℃ = 0.7728$

萘的摩尔质量：$M_B = \dfrac{K_f m_B}{\Delta T_f m_A} \times 1000 = \dfrac{20.0 \times 0.1374}{1.142 \times 25.0 \times 0.7728} \times 1000 g \cdot mol^{-1} = 124.55 g \cdot mol^{-1}$，相对误差：$E_r = \dfrac{124.55 - 128.18}{128.18} \times 100\% = -2.8\%$

根据误差理论分析溶剂和溶质的称量精度对萘摩尔质量测量结果的影响。

在本实验中，由于环己烷质量 m_A 是通过量取一定体积 V 的环己烷进而根据其当时密度 ρ 计算的，因此，式(3-9) 可变为：

$$M_B = \frac{K_f m_B}{\Delta T_f V_A \rho_A} \times 1000 \tag{3-10}$$

在本实验中，实验测量的各物理量及测量误差分别如下：移液管移取环己烷的体积 $V_A = 25.00\text{mL}$，移液误差 $\Delta V_A = 0.02\text{mL}$；分析天平称取溶质萘的质量 $m_B = 0.1374\text{g}$，称量误差为 $\Delta m_B = 0.0002\text{g}$，精密数字温差仪所测 $\Delta T_f = 1.142\text{K}$，测量精密度为 0.002K。

将误差传递理论中公式（2-11）应用于处理公式（3-10）可得：$\left|\dfrac{\Delta M_B}{M_B}\right| = \left|\dfrac{\Delta V_A}{V_A}\right| +$

$\left|\dfrac{\Delta m_B}{m_B}\right| + \left|\dfrac{\Delta(\Delta T_f)}{\Delta T_f}\right| = \left|\dfrac{0.02}{25}\right| + \left|\dfrac{0.0002}{0.1374}\right| + \left|\dfrac{0.002}{1.142}\right| = 8.0 \times 10^{-4} + 1.5 \times 10^{-3} + 1.8 \times 10^{-3}$

由上述计算结果可知实验中的各个测量值对萘分子量测定误差的影响，实验中的称量精度已经达到要求，各因素中以 ΔT_f 的测量最为关键。

实验三 反应焓的测定

一、实验目的

1. 用简单量热计测定 ZnO 与盐酸溶液反应的摩尔反应焓。
2. 掌握利用热力学状态函数法设计途径求取指定反应的摩尔反应焓的方法。
3. 学会用图解法校正测量温度。

二、实验原理

在温度、压力、组成确定状态下，化学反应的反应进度 ξ 为 1mol 时所引起反应的焓差，即为该反应在此状态下的摩尔反应焓 $\Delta_r H_m$。

本实验采用的是最简单的绝热式量热计，在绝热、恒压下，通过测量量热系统的温度变化，求取一个反应的摩尔反应焓 $\Delta_r H_m$。根据热力学第一定律，在绝热、恒压条件下进行一化学反应时，系统总焓不变，即，$Q_p = \Delta H = 0$。

为了计算在此量热系统中发生反应的反应焓，可设计如图 3-14 所示的途径，反应物先经过一个恒压过程，温度由 t_1 变至反应后的 t_2，然后在 t_2 下发生恒温恒压反应生成产物。根据状态函数的性质，$\Delta H = \Delta H_1 + \Delta H_2$。则：

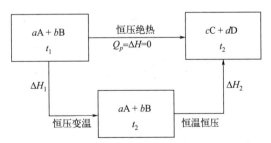

图 3-14 利用状态函数法设计途径求取指定反应的摩尔反应焓

$$\Delta H_2 = -\Delta H_1 = \xi \Delta_r H_m(t_2) \tag{3-11}$$

式中，$\Delta_r H_m(t_2)$ 为该反应在温度 t_2 下的摩尔反应焓。

ΔH_1 为恒压下反应物 A、B 两物质从 t_1 变温至 t_2 时的焓变，理论上，

$$\Delta H_1 = [n_A C_{p,m}(A) + n_B C_{p,m}(B)](t_2 - t_1) \tag{3-12}$$

若知 A、B 两物质的量、摩尔定压比热容，以及反应前后的温度差 $\Delta t = t_2 - t_1$，则可求出 ΔH_1，进而求出 $\Delta_r H_m(t_2)$。但是，在实际测量过程中，不仅反应系统的温度发生变化，

量热计内部与反应系统接触的部件（如保温瓶、搅拌器、测温探头或温度计的一部分等）也随反应体系一起发生温度变化，故计算式(3-12)需修正如下：

$$\Delta H_1 = [n_A C_{p,m}(A) + n_B C_{p,m}(B) + K](t_2 - t_1) \tag{3-13}$$

式中，K 称为量热计系统的定压热容，为量热系统在恒压下温度升高 1K 所需的热量，其单位为 $J \cdot K^{-1}$。K 值与量热计系统及实验条件有关，故难以理论计算，只能在与待测系统相同的实验条件下，通过实验来确定，这称为量热计热容的标定。

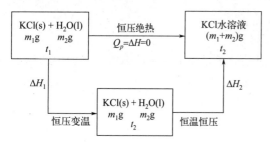

图 3-15 用氯化钾在水中的积分溶解焓来标定 K 值

1. 量热计 K 值的标定

本实验采用氯化钾在水中的积分溶解焓来标定 K 值。将 1mol KCl 溶于 200mol 水中的摩尔溶解焓可近似看成无限稀释溶解焓。

如上所述，KCl(s) 在量热计中的溶解过程为一绝热、恒压过程，其步骤如下：

ΔH_1 为 KCl(s)、$H_2O(l)$ 及量热计从 t_1 变温至 t_2 过程的焓变；ΔH_2 为 t_2 下，质量为 m_1 的 KCl(s) 溶于质量为 m_2 的水时的溶解焓。

$$\Delta H_1 = -\Delta H_2 = m_1 c_p(KCl,s)(t_2-t_1) + m_2 c_p(H_2O,l)(t_2-t_1) + K(t_2-t_1) \tag{3-14}$$

式中，K 为量热计的定压热容，$J \cdot K^{-1}$；t_1 为溶解前系统的温度，℃；t_2 为溶解后系统的温度，℃；m_1 为 KCl(s) 的质量，g；m_2 为水的质量，g。已知 $c_p(KCl,s) = 0.669 J \cdot g^{-1} \cdot K^{-1}$；$c_p(H_2O,l) = 4.184 J \cdot g^{-1} \cdot K^{-1}$。于是有

$$\Delta H_2 = -[m_1 c_p(KCl,s) + m_2 c_p(H_2O,l) + K]\Delta t \tag{3-15}$$

式中，$\Delta t = t_2 - t_1$ 为溶解前后系统的温差。

ΔH_2 可由附录 2-4 查取 KCl(s) 的积分溶解焓求得，即

$$\Delta H_2 = \Delta_{sol} H\left(KCl, \frac{1}{201}\right) \times \frac{m_1}{M(KCl)} \tag{3-16}$$

通过测量溶解前后系统的温度，结合式(3-15)、式(3-16)可计算量热计定压热容 K。

2. ZnO 与盐酸溶液反应 $\Delta_r H_m$ 的测定

本实验测定 ZnO 与盐酸溶液反应的 $\Delta_r H_m$。反应方程式为

$$ZnO + 2HCl(aq, c_B = 0.2 mol \cdot L^{-1}) \longrightarrow ZnCl_2(aq, c_B = 0.03 mol \cdot L^{-1}) + H_2O(l)$$

利用状态函数法（图 3-14）将 ZnO(s) 和 HCl(aq, $c_B = 0.2 mol \cdot L^{-1}$)在量热计中实际过程设计为两步进行，可得下式：

$$\Delta H_2 = -\Delta H_1 = -[m_1' c_{p,1}(ZnO,s) + m_2' c_{p,2}(HCl,aq) + K]\Delta t' \tag{3-17}$$

式中，m_1' 为 ZnO 粉末质量，g；$c_{p,1}(ZnO,s) = 0.46 J \cdot g^{-1} \cdot K^{-1}$；$m_2'$ 为 500mL HCl(aq, $c_B = 0.2 mol \cdot L^{-1}$) 的质量，g；$c_{p,2}(HCl,aq, c_B = 0.2 mol \cdot L^{-1}) = 4.134 J \cdot g^{-1} \cdot K^{-1}$；$K$ 为量热计的热容，$J \cdot K^{-1}$；$\Delta t' = t_2' - t_1'$ 为反应前后系统的温差，t_1' 为反应前系统温度，t_2' 为反应后系统温度，K；ΔH_1 为 t_2' 下质量为 m_1' 的 ZnO(s) 与 m_2' 的 HCl 溶液反应的焓变。

则于恒定温度（反应末态温度）下 ZnO 与 HCl 溶液反应的摩尔反应焓 $\Delta_r H_m$ 为：

$$\Delta_r H_m = \Delta H_2 \times \frac{M(\text{ZnO})}{m_1'} \tag{3-18}$$

式中，$M(\text{ZnO})$ 为 ZnO 的摩尔质量，$g \cdot mol^{-1}$。

3. 反应前后温差的校正

由于保温瓶并非严格绝热，同时搅拌也会产生微量的热，因此反应过程中系统和环境之间并非完全绝热，导致所测温度值发生偏离，因此必须对反应前后的实测温度值进行校正，以得出真实的温差 Δt。此 Δt 可采用作图外推法求得。如图 3-16，以 KCl(s) 溶于水的实验中的温差校正为例：据记录的时间与温差仪示数，做出温度-时间曲线。假设溶解是在溶解前后的平均温度下瞬间完成，作反应前期最后一点和反应后期温度平稳后的第一个数据点的连线，找出中点 M，过 M

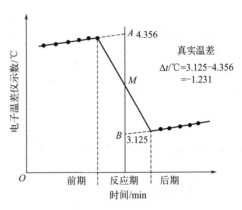

图 3-16　外推法求反应前后真实温差 Δt

点做垂直于 x 轴的垂线，作反应前期温度-时间数据的延长线及反应后期温度-时间数据的反向延长线，分别和此垂线交于 A、B 点，A、B 两点对应的温度差即为修正后的绝热良好情况下的反应前后温差 Δt。

4. 利用状态函数法计算 ZnO 与盐酸溶液反应的 $\Delta_r H_m^{\ominus}$ 及实验相对误差的计算

温度 T 时 ZnO(s) 与盐酸溶液反应的标准摩尔反应焓 $\Delta_r H_m^{\ominus}(T)$，与 298.15K 下 HCl(g) 与 ZnO(s) 的标准摩尔反应焓 $\Delta_r H_m^{\ominus}(298.15K)$ 之间的关系，可利用状态函数法设计途径关联（如图 3-17 所示）。其中，$\Delta_{sol} H_m^{\infty}[\text{HCl(g)}]$ 为 HCl(g) 的无限稀释摩尔积分溶解焓；$\Delta_{sol} H_m^{\infty}[\text{ZnCl}_2(s)]$ 为 $\text{ZnCl}_2(g)$ 的无限稀释摩尔积分溶解焓；298.15K 下 HCl(g) 与 ZnO(s) 反应的标准摩尔反应焓可利用参加反应的各个物质的标准摩尔生成焓数据求取。

$$\begin{aligned}\Delta_r H_m^{\ominus}(298.15K) = &\Delta_f H_m^{\ominus}(\text{ZnCl}, s, 298.15K) + \Delta_f H_m^{\ominus}(\text{H}_2\text{O}, aq, 298.15K) \\ &- \Delta_f H_m^{\ominus}(\text{ZnO}, s, 298.15K) - 2\Delta_f H_m^{\ominus}(\text{HCl}, g, 298.15K)\end{aligned} \tag{3-19}$$

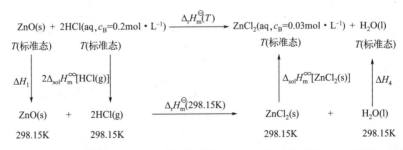

图 3-17　用状态函数法计算 ZnO 与盐酸溶液反应在温度 T 下的标准摩尔反应焓

根据状态函数法，有：

$$\Delta_r H_m^{\ominus}(T) = \Delta H_1 + 2\Delta_{sol} H_m^{\infty}[\text{HCl(g)}] + \Delta_r H_m^{\ominus}(298.15K) + \Delta H_4 + \Delta_{sol} H_m^{\infty}[\text{ZnCl}_2(s)]$$

$$\tag{3-20}$$

由于在室温下反应，温度相差不大，$\Delta H_1 \approx 0$ 与 $\Delta H_4 \approx 0$，则

$$\Delta_r H_m^\ominus(T) = \Delta_r H_m^\ominus(298.15K) + \Delta_{sol}H_m^\infty[\text{ZnCl}_2(s)] + 2\Delta_{sol}H_m^\infty[\text{HCl}(g)] \quad (3\text{-}21)$$

通过式(3-21)即可以求得温度 T 下 ZnO(s) 与盐酸溶液反应的标准摩尔反应焓 $\Delta_r H_m^\ominus(T)$，相关热力学数据可参见表3-10。忽略压力对凝聚态反应的影响，$\Delta_r H_m^\ominus(T) = \Delta_r H_m(T)$，可利用此值与实验值进行比较，求出实验相对误差。

表 3-10 热力学数据 （298.15K）

化合物	$\Delta_f H_m^\ominus/\text{kJ·mol}^{-1}$	$\Delta_{sol}H_m^\infty/\text{kJ·mol}^{-1}$	化合物	$\Delta_f H_m^\ominus/\text{kJ·mol}^{-1}$	$\Delta_{sol}H_m^\infty/\text{kJ·mol}^{-1}$
ZnO(s)	−348.3		$\text{H}_2\text{O}(l)$	−285.83	
$\text{ZnCl}_2(s)$	−415.1	−69.33	HCl(g)	−92.31	−74.48

三、仪器和药品

仪器：量热计1台（图3-18），500mL容量瓶1个，试管2个，1/10℃温度计1支，秒表1块，数字贝克曼温度计1台。

药品：KCl(A.R.)，ZnO(A.R.)，盐酸溶液（aq，$c_B = 0.2\text{mol·L}^{-1}$）。

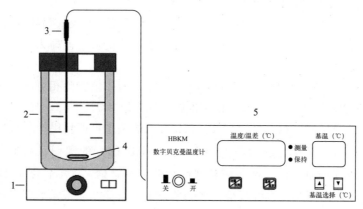

图 3-18 量热计装置图

1—磁力搅拌器；2—保温瓶；3—数字贝克曼温度计探头；

4—磁搅拌子；5—数字贝克曼温度计

四、实验步骤

1. 预热数字贝克曼温度计

接通数字贝克曼温度计（使用方法参见附录1-3）的电源，预热5min。

2. 量热计热容 K 的标定

3-5 数字贝克曼温度计使用方法视频

（1）将已烘干并储存在干燥器中的 KCl 研细，按 1∶200 的物质的量之比例，称取与 500mL 水相应的 KCl。

（2）用容量瓶量取 500mL 水倒入量热计中，放入磁搅拌子并盖好盖子。

（3）将数字贝克曼温度计探头插到量热计中。数字贝克曼温度计开机后，温度/温差视窗显示为探头温度。数字贝克曼温度计所测的温差量程范围为（基温±20℃），根据此时探头显示的温度，调节基温视窗下的上下箭头键设定好基温，使实验所测的温度落在温差量程范围内。按下"温度/温差"键，探头温度显示切换为以基温为零点的温差数据。

（4）启动磁力搅拌器，调节适宜转速（注意实验过程应始终保证良好搅拌状态）。每隔1min记录1次数字贝克曼温度计读数，直至其随时间的变化率连续六次基本相同。

（5）停止搅拌，保持计时不停，迅速将预先称好的KCl倒入量热计中，盖好盖子，开启搅拌。持续保持每分钟记录一次数字贝克曼温度计示数，直至示数随时间的变化率连续六次基本相同，即可停止搅拌。

（6）取出测温探头，插入1/10℃温度计测出溶液温度（切勿忘记此步），用于查找KCl的摩尔溶解焓。

3. ZnO与HCl反应的摩尔反应焓测定

（1）精确称取ZnO(s) 1.0～1.2g。

（2）量取 0.2mol·L^{-1}的HCl溶液500mL倒入量热计中，放入搅拌子，盖好盖子并插入测温探头。重复实验步骤2中的（3）～（6）步，仅将加入的KCl换为ZnO。与KCl溶解过程不同的是，此反应过程温度将上升。

（3）关闭数字贝克曼温度计和搅拌器电源，清洗温度探头、量热计内胆及小烧杯，整理实验台并做好实验室卫生。

五、实验注意事项

1. 称量加入的KCl和ZnO药品的质量时，应采取差减法称量。

2. 注意调节磁力搅拌器转速，保证在实验过程中能够始终处于良好搅拌状态，不能过大，也不能太小，此为反应成功与否关键。

3. 加入固体KCl或ZnO动作要迅速。

4. 反应过程中始终保持每分钟记录一次数字贝克曼温度计示数。

5. 反应停止后，不要忘记用1/10℃温度计测出反应后溶液的温度。

六、数据记录与处理

1. 记录实验数据并填入表3-11和表3-12中。

室温：_____℃　大气压：_____kPa

表 3-11　药品称量数据

药品名称	试管＋药品的质量/g	倾药后试管的质量/g	药品的质量/g
KCl			
ZnO			

2. 作温度-时间曲线，利用外推法求取校正后的温差，填入表3-12中。

3. 根据KCl溶解于水的实验数据计算量热计的热容 K。

4. 根据ZnO(s)与盐酸溶液反应的实验数据计算该反应的 $\Delta_r H_m$。

5. 通过状态函数法由式(3-21)计算ZnO(s)与盐酸溶液反应的 $\Delta_r H_m$，并与实验值进行比较，计算相对误差。

表 3-12　贝克曼温度计温差示数及温度修正值

KCl 溶于水				ZnO 与 HCl 溶液反应			
未加 KCl 之前		加入 KCl 之后		未加 ZnO 之前		加入 ZnO 之后	
时间/min	温差计示数/℃	时间/min	温差计示数/℃	时间/min	温差计示数/℃	时间/min	温差计示数/℃
修正后溶解前温差示数/℃		修正后溶解后温差示数/℃		修正后反应前温差示数/℃		修正后反应后温差示数/℃	
溶解前后温差 Δt/℃				反应前后温差 $\Delta t'$/℃			
1/10℃ 温度计读数/℃				1/10℃ 温度计读数/℃			

七、思考题

1. 氯化钾加入水中后系统的温度如何变化？氧化锌加入盐酸中系统的温度又如何变化？

2. 测定反应焓时，盐酸用量是否一定要和测定量热计热容时加入水的用量一致？为什么？

3. 实验过程中，搅拌速度对实验有影响吗？

八、实验探讨与拓展

1. 积分溶解焓和微分溶解焓

积分溶解焓是在恒定温度、压力条件下，1mol 溶质溶于一定量溶剂中形成某浓度的溶液时，所吸收或放出的热，称为该浓度溶液的积分溶解焓，又称变浓溶解焓。它随溶剂量的增多而逐渐趋于一定值，此时的积分溶解焓称无限稀释积分溶解焓。

微分溶解焓是在恒定温度、压力条件下，将无限小的溶质 dn 摩尔溶于一定浓度的溶液中所吸收或放出的热被溶质摩尔数 dn 除，折合成每摩尔溶质溶解过程的热，称微分溶解焓。因溶质溶入量无限小，溶液浓度不变，故又称定浓溶解焓。

本实验用的是 KCl 在水中的积分溶解焓来确定量热计的热容。

2. 采用作图外推法求反应前后温度的变化的原因及假设

本实验用的是简单测温量热计，通过计量温度的变化进行量热。实验过程中影响反应前后温度变化值（Δt）的因素有很多，如保温瓶的绝热性能、搅拌产生的热以及反应溶液与设备附件间的热传导、溶液的蒸发、对流传热等，很难找到统一的热交换校正公式。直接用反应前后始末态的温度求 Δt，会给结果引入较大误差。因此采用作图外推法对 Δt 进行校正。

因为反应过程中，溶液温度的变化规律不易确定，则假定反应是在反应前后的平均温度那一瞬间完成的，认为物系与环境间没有热交换，由此外推所得到的 Δt 才近似为真实温差。

3. 测量量热计热容的影响因素

量热计热容（K）是指量热计（包括保温瓶、搅拌器、贝克曼温度计浸入水中的感温探头）升温 1℃ 所吸收的热。其值因不同量热计及温度而变，因此必须由实验确定。本实验采用标准物质法测定量热计热容，即选用 KCl 作标准物，由 KCl 的积分溶解焓来确定量热计热容。

量热计热容（K）由式（3-22）算出

$$K = \frac{\Delta H_溶 W_1}{(-\Delta t) M_{KCl}} - W_1 C_1 - W_2 C_2 \tag{3-22}$$

式中，$\Delta H_溶$ 为 KCl 的积分溶解焓（查表）；M_{KCl} 为 KCl 的摩尔质量；W_1 为 KCl 的质量；C_1 为 KCl 的比热容；W_2 为水的质量；C_2 为水的比热容；Δt 为 KCl 在量热计中溶解前后的温差。从上式看出，影响 K 值的因素除 M_{KCl}、C_1、C_2 定值外，其他都会有影响。因此必须准确称量 W_1、W_2。其中主要影响因素还是温度，$\Delta H_溶$ 和温度有关，其是根据 KCl 溶解后的溶液温度查得的值，故实验中必须测定溶解后 KCl 溶液的温度绝对值。Δt 是更主要的因素，因此用贝克曼温度计测定 Δt。

九、拓展阅读

火箭动力与飞天梦（扫码阅读新形态媒体资料）。

3-6　火箭动力与飞天梦

十、实验案例

室温：27.4℃　大气压：101.17kPa

1. 记录实验数据并填入表 3-13 和表 3-14 中。

表 3-13　药品称量数据

药品名称	试管＋药品的质量/g	倾药后试管的质量/g	药品的质量/g
KCl	33.7128	23.4094	10.3034
ZnO	7.2024	6.1843	1.0181

表 3-14　贝克曼温度计温差示数及温度修正值

KCl 溶于水				ZnO 与 HCl 溶液反应			
未加 KCl 之前		加入 KCl 之后		未加 ZnO 之前		加入 ZnO 之后	
时间/min	温差计示数/℃	时间/min	温差计示数/℃	时间/min	温差计示数/℃	时间/min	温差计示数/℃
1	6.557	7	5.485	1	6.752	7	7.242
2	6.560	8	5.487	2	6.754	8	7.258
3	6.562	9	5.497	3	6.756	9	7.259
4	6.567	10	5.508	4	6.758	10	7.258
5	6.569	11	5.519	5	6.760	11	7.258
6	6.571	12	5.529	6	6.762	12	7.257
		13	5.538			13	7.257
		14	5.547			14	7.256

续表

修正后溶解前温差示数/℃	修正后溶解后温差示数/℃	修正后反应前温差示数/℃	修正后反应后温差示数/℃
6.574	5.477	6.764	7.259
修正后的 Δt/℃		修正后的 $\Delta t'$/℃	
-1.097		0.495	
1/10 温度计读数/℃		1/10 温度计读数/℃	
25.90		27.55	

2. 作温度-时间曲线，如图 3-19 和图 3-20，利用外推法求取校正后的温差，填入表 3-14 中。

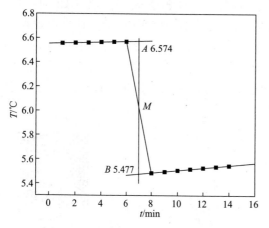

图 3-19　KCl 溶于水的温度-时间图

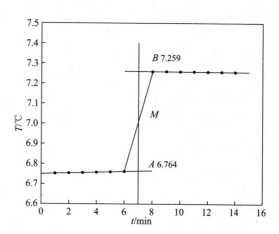

图 3-20　ZnO 与 HCl 反应的温度-时间图

由图可得：加 KCl 前后真实温差 $\Delta t = (5.477 - 6.574)℃ = -1.097℃$

加 ZnO 前后真实温差 $\Delta t = (7.259 - 6.764)℃ = 0.495℃$

3. 根据 KCl 溶解于水的实验数据计算量热计的热容 K。

根据实验原理

$$\Delta H_2 = -\Delta H_1 = m_1 c_p(\text{KCl,s})(t_1 - t_2) + m_2 c_p(\text{H}_2\text{O,l})(t_1 - t_2) + K(t_1 - t_2)$$

$$\Delta H_2 = \Delta_{\text{sol}} H\left(\text{KCl}, \frac{1}{201}\right) \times \frac{m_1}{M(\text{KCl})}$$

式中，$t_1 - t_2 = 1.097℃$；KCl(s) 的质量 $m_1 = 10.3034\text{g}$；$c_p(\text{KCl,s}) = 0.669\text{J} \cdot \text{g}^{-1} \cdot \text{K}^{-1}$；水质量 $m_2 = \rho V = (0.9965 \times 500)\text{g} = 498.3\text{g}$；$c_p(\text{H}_2\text{O,l}) = 4.184\text{J} \cdot \text{g}^{-1} \cdot \text{K}^{-1}$。

查表得，$25.90℃$ 时 KCl 的摩尔溶解焓为 $17.414\text{kJ} \cdot \text{mol}^{-1}$。将上述数据代入公式得：

$17.414 \times 10^3 = (10.3034 \times 0.669 + 498.3 \times 4.184 + K) \times (1.097 \times 74.5 / 10.3034)$

计算得出量热计定压热容 $K = 103.63\text{J} \cdot \text{K}^{-1}$。

4. 根据 ZnO(s) 与盐酸溶液反应的实验数据计算该反应的 $\Delta_r H_m$。

根据实验原理中

$$\Delta H_2 = -\Delta H_1 = [m_1' c_{p,1}(\text{ZnO,s}) + m_2' c_{p,2}(\text{HCl,aq}, c_B = 0.2\text{mol} \cdot \text{L}^{-1}) + K] \times (t_1' - t_2')$$

$$\Delta_r H_m = \Delta H_2 \times M(\text{ZnO}) / m_1'$$

式中，$t_1' - t_2' = -0.495℃$；ZnO(s) 的质量 $m_1' = 1.0181\text{g}$；$c_{p,1}(\text{ZnO,s}) = 0.46\text{J} \cdot \text{g}^{-1} \cdot$

K^{-1}；HCl 质量 $m_2' \approx m_2 = 498.3g$；$c_{p,2}(HCl, aq, c_B = 0.2mol \cdot L^{-1}) = 4.134J \cdot g^{-1} \cdot K^{-1}$。

由上述计算已知量热计定压热容 $K = 103.63J \cdot K^{-1}$。

将上述数据代入公式，可得 ZnO 与 HCl 溶液反应在 27.55℃下的 $\Delta_r H_m$

$$\Delta_r H_m = (1.0181 \times 0.46 + 498.3 \times 4.134 + 103.63) \times (-0.495) \times 81/1.0181 kJ \cdot mol^{-1}$$
$$= -85.23 kJ \cdot mol^{-1}$$

5. 通过状态函数法计算 ZnO(s) 与盐酸溶液反应的 $\Delta_r H_m$，并与实验值进行比较，计算相对误差。

通过状态函数法由式：

$$\Delta_r H_m^{\ominus}(T) = \Delta_r H_m^{\ominus}(298.15K) + \Delta_{sol} H_m^{\infty}[ZnCl_2(s)] - 2\Delta_{sol} H_m^{\infty}[HCl(g)]$$

求得 $\Delta_r H_m^{\ominus}(T) = -88.38 kJ \cdot mol^{-1}$。

因此，相对误差 $E_r = (真实值 - 理论值)/理论值 \times 100\%$
$$= (-85.23 + 88.38)/(-88.38) \times 100\% = -3.6\%$$

实验四 | 燃烧热的测定

一、实验目的

1. 了解量热的方法和意义，理解恒压燃烧热与恒容燃烧热的差别。

2. 了解氧弹热量计的构造、原理和使用方法，掌握用氧弹热量计测量物质燃烧热的实验技术。

3. 学会用雷诺图解法校正温度改变值。

二、实验原理

1. 燃烧与量热

一定温度下，1mol 物质在纯氧中发生完全氧化至指定的稳定产物时的热效应称为该物质的燃烧热。在 25℃时，有机物生成的指定稳定燃烧产物规定为：C 的燃烧产物为 $CO_2(g)$，H 的燃烧产物为 $H_2O(l)$，N 的燃烧产物为 $N_2(g)$，S 的燃烧产物为 $SO_2(g)$。物质燃烧热是重要的物质特性数据，同时还可以用于求算化合物的生成热、键能等。

在恒容或恒压条件下可以分别测得恒容燃烧热 Q_V 和恒压燃烧热 Q_p。由热力学第一定律可知，Q_V 等于系统的热力学能变 ΔU；Q_p 等于系统的焓变 ΔH，$\Delta H = \Delta U + \Delta(pV)$。若把参加反应的气体作为理想气体处理，则同一温度 T 下反应的恒容燃烧热 Q_V 和恒压燃烧热 Q_p 的关系为

$$Q_p = Q_V + \Delta n(g)RT \qquad (3-23)$$

测量热效应的仪器称作热量仪（计）。热量计的种类很多，本实验使用氧弹热量计测量样品在恒容绝热条件下的燃烧热。氧弹热量计的结构如图 3-21 所示，氧弹放在内桶中的固定架上，在实验时内桶中会装上一定量的水，内桶及其以内的包容物构成实验研究的系统。内桶外是空气隔热层，再外面是与室温一致的恒温水套壳，即外桶。为了保证系统绝热，内桶下方由绝热垫片架起，内桶壁高度抛光，外套盖为内壁高度抛光的绝热盖板，以减少因传

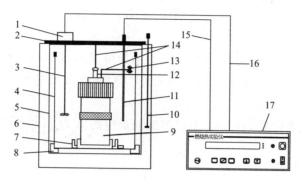

图 3-21　氧弹热量计结构示意图

1—电机；2—外套盖；3—内搅拌器；4—量热内桶；5—外套内壁；6—热量计外套；7—氧弹固定架；
8—绝热垫架；9—氧弹；10—手动搅拌棒；11—温度传感器；12—氧弹进、放气阀孔；13—螺母；
14—电极；15—传感器传导线；16—控制输出连接线；17—SHR-15$_A$ 燃烧热实验仪

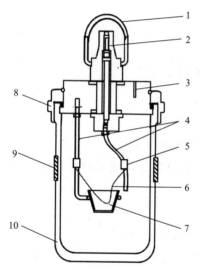

图 3-22　氧弹内部结构示意图

1—拉环；2—进、放气阀口；3—电极插孔；
4—电极；5—导电套圈；6—燃烧丝；
7—燃烧皿；8—螺帽；9—防滑螺纹；
10—厚壁圆筒

导、热辐射和空气对流交换发生的热量交换。氧弹的内部结构如图 3-22 所示，为了保证样品完全燃烧，氧弹中必须充以高压氧气或其他氧化剂。因此氧弹需要有良好的密封性能，耐高压、耐腐蚀。

2. 氧弹热量计测量燃烧热的原理

氧弹热量计的基本量热原理是能量守恒定律。系统发生的变化是恒容绝热的过程，系统与环境没有能量交换，$\Delta U = Q_V = 0$，因此样品完全燃烧所释放的能量被用于氧弹本身及其周围的介质和量热计有关附件的温度升高。测量介质在燃烧前后温度的变化值，就可以求算该样品的恒容燃烧热。若以水为测量介质，其关系式如下：

$$-\frac{m}{M}Q_{V,\mathrm{m}} - lQ_l = (m_{水}\,c_{水} + c_{计})\Delta T \qquad (3\text{-}24)$$

式中，m 为样品的质量，g；$m_{水}$ 为水的质量，g；M 为样品的摩尔质量，$\mathrm{g \cdot mol^{-1}}$；$Q_{V,\mathrm{m}}$ 为样品的摩尔恒容燃烧热，$\mathrm{J \cdot mol^{-1}}$；$l$ 是引燃用丝的长度，cm；Q_l 是引燃用丝的单位长度燃烧热，$\mathrm{J \cdot cm^{-1}}$；$c_{水}$ 是水的比热容，$4.187\mathrm{J \cdot g^{-1} \cdot K^{-1}}$；$c_{计}$ 为热量计除水之外的部分温度升高 1K 所需的热量，$\mathrm{J \cdot K^{-1}}$，可用已知燃烧热的物质进行标定，通常用苯甲酸作为标准物质；ΔT 为样品燃烧前后水温的变化值，K。

由于在测量标准物质和待测物质时装入内桶的水质量相同，公式(3-24) 可简化为：

$$-\frac{m}{M}Q_{V,\mathrm{m}} - lQ_l = C_{计}\,\Delta T \qquad (3\text{-}25)$$

式中，$C_{计}$ 为热量计在装入固定质量的水时，温度升高 1K 所需的热量，$\mathrm{J \cdot K^{-1}}$。

3. 雷诺温度校正图

实际上，热量计与周围环境的热交换无法完全避免，它对温差测量值的影响可以用雷诺

（Reynolds）温度校正图校正。具体方法为：称适量待测物质，估计其燃烧后可使水温升高 $1.5 \sim 2.0\,℃$。预先调节水温使其低于环境温度 $1.0\,℃$ 左右。按操作步骤进行测定，将燃烧前后观察所得的一系列水温对时间作图，得温度对时间的变化曲线如图 3-23（a）。图中 FH 段是点火前热量计系统温度的变化规律；H 点意味着开始燃烧，热传入介质，系统温度迅速上升；D 点为观察到的最高温度值；DG 段为量热系统达到温度最高值后末期温度变化。过 I 点作垂线 ab，再将 FH 线和 GD 线延长并与垂线 ab 交于 A、C 两点，使得曲线、垂线和延长线围成的面积 IHA 和 IDC 相同。图中 $A'A$ 为开始燃烧到温度上升至室温这段时间内，由环境辐射和搅拌引进的能量所造成的升温，故应予扣除。$C'C$ 为由室温升高到最高点 D 这段时间内，热量计向环境的热辐射造成的温度降低，计算时必须考虑在内。由此可见，AC 两点的差值较客观地表示了样品燃烧引起的温度升高数值，即为经过校正的 ΔT。在某些情况下，热量计的绝热性能良好，热漏很小，而搅拌器功率较大，不断引进的能量使得曲线不出现极高温度点，如图 3-23（b）所示，其校正方法仍可参照上述方法。

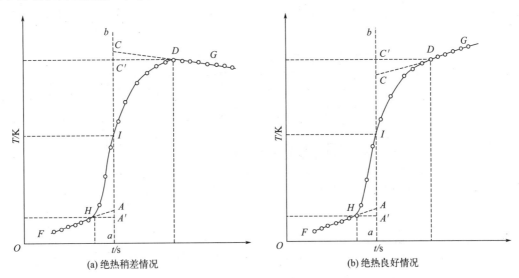

图 3-23　反应前后雷诺温度校正图

三、仪器和药品

仪器：氧弹式热量计，$SHR\text{-}15_A$ 燃烧热实验仪，镊子，尺子，容量瓶，烧杯，氧气钢瓶，减压阀，压片机，YCY-4 充氧器，排气针，电子天平（公用）。

药品：燃烧丝，萘（A.R.），苯甲酸（A.R.）。

四、实验步骤

1. 热量计热容量 C 的测定

（1）样品制作

用电子天平称取大约 1.0g 的苯甲酸，在压片机中压成片状样品，再在电子天平上精确称出样品片的质量。注意压片紧实程度，样品压得太紧，点火时不易全部燃烧；压得太松，样品容易脱落。

（2）装样并充氧气

旋开氧弹，将氧弹内壁擦干净，特别是电极下端的不锈钢丝更应擦干

3-7　压片和氧弹充氧操作视频

净。把氧弹弹头放在弹头架上，将样品苯甲酸放入坩埚内，把坩埚放在燃烧架上。取一根燃烧丝并测量其长度，然后将燃烧丝两端分别固定在弹头中的两根电极上，中部贴紧苯甲酸样品片（注意燃烧丝与坩埚壁不能相碰），把弹头放入弹杯中，用手拧紧，接上导气管接头，下拉拉杆向氧弹中充入氧气至氧气压力表指示为 2MPa，之后用放气阀将氧气放出（排出空气），然后再次向氧弹中充入氧气至 2MPa。

（3）调节水温

打开 SHR-15$_A$ 燃烧热实验仪（面板结构如图 3-24 所示）的电源（不要开启搅拌开关），将传感器插入外桶加水口测其水温，待温度稳定后，记录其温度值，按下"采零"键将温差示数归零，之后按下"锁定"键将此温度设定为后续温差测量的参照点。再用烧杯取适量蒸馏水，用传感器测其温度，若温度偏高或相平则加入冰块调节水温使其低于外桶水温 1℃ 左右。将氧弹放入内桶，用容量瓶精确量取 3000.00mL 已调好的蒸馏水注入内桶，水面刚好盖过氧弹。如氧弹表面有气泡逸出，说明氧弹漏气，寻找原因并排除。盖上盖子，注意盖时不要让搅拌器与弹头相碰。将桶盖上的插销插到上盖上，此时点火指示灯亮，同时将传感器插入内桶水中。

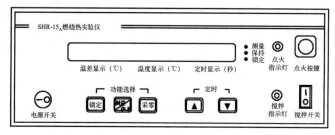

图 3-24　SHR-15$_A$ 燃烧热实验仪面板结构示意图

（4）点火

开启搅拌开关，进行搅拌。设置定时 20s，每隔 20s 记录一次温差值，直至温差值随时间的变化率连续六次基本相同，按下"点火"按钮，指示灯由亮变灭，继而再次亮起，说明机器点火成功，一直到氧弹内燃烧丝烧断，指示灯会再次变灭。在此过程中继续保持每隔 20s 记录一次温差值，直至温差变化平缓后，温差值随时间的变化率连续六次基本相同即可停止实验。注意：氧弹内样品一经燃烧，水温很快上升，水温没有上升，说明实验失败，应关闭电源，取出氧弹，放出氧气，仔细检查燃烧丝及连接线，找出原因并排除。

（5）校验

实验停止后，关闭电源。取出氧弹，放出氧弹内的余气。旋下氧弹盖，测量燃烧后残丝长度并检查样品燃烧情况。样品没完全燃烧，实验失败，需要重做。

2. 萘的燃烧热测定

称取 0.6g 左右萘，同上方法进行萘的燃烧热测定。

五、实验注意事项

1. 本实验会使用到氧气钢瓶（瓶身为天蓝色，黑色字体），需要注意下述安全事项：氧气瓶与其他气体瓶不能紧挨，不能和氢气钢瓶放在一室，放置场所要求通风良好，远离热源。氧气钢瓶必须装有专用的调节器（即减压阀）时方可使用。使用氧气钢瓶时先开总阀再开减压阀，开瓶时，出气口处不准对人，缓慢开启，不得过猛。关闭时先关总阀，放尽余气后再关减压阀。充氧气时，先用 0.5MPa 氧气充约 20s，然后开启出口借以赶出弹中空气，再充入 2MPa 左右的氧气。氧气钢瓶切勿用尽，一定要保留 0.1～0.2MPa 的剩余压力。

2. 由于涉及纯氧实验，进行本实验时，务必保证实验者手部和身上没有沾染油污。

3. 待测样品需干燥，受潮样品不易燃烧且称量有误。

4. 注意压片的紧实程度，太紧不易燃烧，太松容易裂碎。

5. 燃烧丝应紧贴样品，点火后样品才能充分燃烧，燃烧丝与坩埚壁不能相碰。

6. 制样后点火指示灯亮，说明制样成功。若指示灯不亮，说明燃烧丝没有连接好，应检查原因并排除。

7. 点火后，温度急速上升，说明点火成功。若温度不变或有微小变化，说明点火没有成功或样品没充分燃烧，应检查原因并排除。

8. 采用燃烧热实验仪正式测量时，"采零"后必须按"锁定"键，若要重新采零则需重启燃烧热实验仪的电源。

9. 移动氧弹时，手须握住氧弹下方，以防下落砸伤人；打开氧弹前必须先排气再开盖。

六、数据记录与处理

1. 记录数据

样品数据记录参见表 3-15，燃烧热实验相对温度随时间的变化值数据记录填入表 3-16。

室温：_____℃　采零温度：_____℃　大气压：_____kPa

表 3-15　样品数据记录

项目	苯甲酸	萘
样品质量/g		
燃烧丝长度/cm		
剩余燃烧丝长度/cm		
燃烧掉燃烧丝长度/cm		

表 3-16　燃烧热实验相对温度随时间的变化值

采零温度：_____℃

t/s	T/K		t/s	T/K		t/s	T/K	
	苯甲酸	萘		苯甲酸	萘		苯甲酸	萘

2. 用图解法分别求出苯甲酸燃烧引起热量计温度变化的差值 ΔT_1，萘燃烧引起热量计温度变化的差值 ΔT_2。

3. 已知 25℃苯甲酸的标准摩尔燃烧焓为 $-3226.9\text{kJ·mol}^{-1}$，苯甲酸燃烧反应各物质的摩尔定压比热容可查阅物理化学教材，镍铬燃烧丝的单位长度燃烧热值为 -4.3J·cm^{-1}，由公式(3-25)计算加入 3000mL 水的量热计比热容 $C_{计}$，以及萘在测试温度下的摩尔恒容燃烧热。

4. 由上述得出萘的摩尔恒容燃烧热公式(3-24) 计算萘在该温度下的摩尔恒压燃烧热。已知 25℃萘的标准摩尔燃烧焓为 $-5153.9\text{kJ·mol}^{-1}$，请与实验值进行比较。

七、思考题

1. 本实验中测定的是恒容反应热还是恒压反应热，它们两者之间存在怎样的关系？

2. 用氧弹热量计测定燃烧热的装置中哪些是系统，哪些是环境？系统和环境之间通过哪些可能的途径进行热交换？如何修正这些热交换对测定的影响？

3. 内桶中加入的蒸馏水，为什么要准确量取其体积？

八、实验探讨与拓展

1. 关于氧弹热量计的一些知识

1770 年，英国化学家、物理学家约瑟夫·布莱克(Joseph Black) 首次提出"量热仪"一词。1780 年法国化学家拉瓦锡（Antoine-Laurent de Lavoisier）和物理学家、数学家拉普拉斯（Pierre-Simon Laplace）设计了冰量热仪，用来测量物质化学反应中放出的热量以及动物呼吸散发的热量等。1881 年法国化学家马塞林·贝特洛(Berthelot) 发明了世界上第一台氧弹量热仪，开创了氧弹量热学的研究。20 世纪以前，由于能量基准不一致，燃烧热数据的准确性很差。1920—1921 年，国际纯粹与应用化学联合会（IUPAC）通过决议，将苯甲酸作为标定氧弹热量计热容量的标准物质。

氧弹热量计的结构通常分为系统和环境两部分。所谓系统，是指研究对象，在本实验中，以内水桶及其内容物包括氧弹、介质水、测温元件、搅拌器等作为系统。系统以外称为环境，在本实验中，环境主要指内水桶以外且与体系有联系的那一部分物质和空间，包括恒温水夹套、外水桶盖子上方的空气等。

从结构上分，氧弹热量计分为绝热跟踪式和环境恒温式两种类型。绝热跟踪式量热计，外水桶的温度全程跟踪内水桶温度变化而变化，使得几乎完全隔热传递。实验过程中没有热损失，实验前期、实验末期可以很快达到"稳态"，即内、外桶的温度达到平衡，不会随着时间的推移而变化，无需对温度进行修订计算。绝热跟踪式量热计，原理简单，测定结果可靠，但技术要求很高。本实验仪器属于环境恒温式量热计。实验过程中外桶的温度需要保持恒定，不要求内、外桶的完全绝热，内、外桶之间有少量的热传递。利用雷诺温度校正图对内外桶间的少量热交换进行修正计算。其温度曲线的典型特征是：实验前期、实验末期温度存在"拐点"。对温升终点的判断直接影响着实验结果。

燃烧前调节内桶水温（系统）低于外桶水温（环境）的温差值，一般以燃烧后使系统温度升高值的约一半为标准。实验前外桶水温通常与室温是一致的，按这样的标准调节燃烧前内桶的水温，可以使燃烧前环境与内桶水温的差值和燃烧后内桶水温与环境的差值基本相等，因此，燃烧前环境传输给系统的热量与燃烧后系统传输给环境的热量大致相等，相当于整个实验过程中系统与环境之间几乎没有热交换。

2. 对氮气燃烧造成测量误差的精确校正

燃烧热测定实验中，需要充放氧气多次，将氧弹中的空气赶净。若氧弹内留有微量的空气，其中的氮气燃烧时生成硝酸和其他氮的氧化物时会放出热量，造成测量误差。精确测量时，需要校正。具体方法为：实验前氧弹里预先加 5mL 蒸馏水，实验结束，打开氧弹，将生成的稀硝酸溶液倒入锥形瓶，并用少量蒸馏水洗涤氧弹内壁，一并收集至锥形瓶中，煮沸片刻后，用酚酞作指示剂，以 0.100mol·L^{-1} NaOH 溶液标定，按所用 NaOH 溶液的体积数计算此部分热量（1mL 0.1mol·L^{-1} NaOH 滴定液相当于 5.983J 的热值），在计算燃烧热时将其扣除。

3. Origin2021 软件处理雷诺校正图的方法详解

具体做法如下：

① 打开 Origin2021 软件，其默认打开的工作表包括两列：A(X) 和 B(Y)。将苯甲酸相对温度和时间的实验数据分别输入 A、B 列，选中 "book" 中的数据，点击底部工具栏 "📈" 图标绘制出实验体系的相对温度与时间的变化关系图。双击曲线，弹出 "Plot Details-Plot Properties" 对话框，在 "Line" 选项卡 "Connect" 下拉菜单中将数据点的连接方式选为 "B-Spline"，在 Symbol 选项卡中选择表示数据点的符号、大小和颜色。

② 利用菜单命令 "Analysis/Fitting/Linear Fit/Open Dialog"，在弹出的 "Linear Fit" 对话框中，点击 "Input Data" 栏右端的 "▶"，在下拉列表中选择 "Select Range from Graph"（如图 3-25），选择点火前时间范围 20～220s 的数据，在 "Fitted Curves Plot/X Data Type/Range" 中，改为 "Span to Full Axis Range"（如图 3-26），点击 "OK"，即完成对燃烧前的数据线性拟合，拟合直线为：

$$T_1(t) = 6.227 \times 10^{-5}t - 0.833$$

同样对燃烧后时间范围为 600～840s 的数据进行线性拟合，得：

$$T_2(t) = 1.008 \times 10^{-4}t + 0.754$$

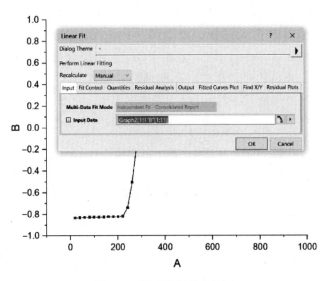

图 3-25 设置数据拟合范围

③ 利用软件的 Gadgets/Integrate 功能，分别拟合两区域面积，通过调节 t_i 的数值，使得两区域面积相等，从而得到 I 点横坐标的值。

先拟合 HIA 的面积，点击 "Gadgets" 下拉菜单中的 "Integrate"，在弹出的对话框 "ROI Box" 选项卡中，在 "X Scale" 填写积分区域 From 220（燃烧起始时刻 t_1）To 300

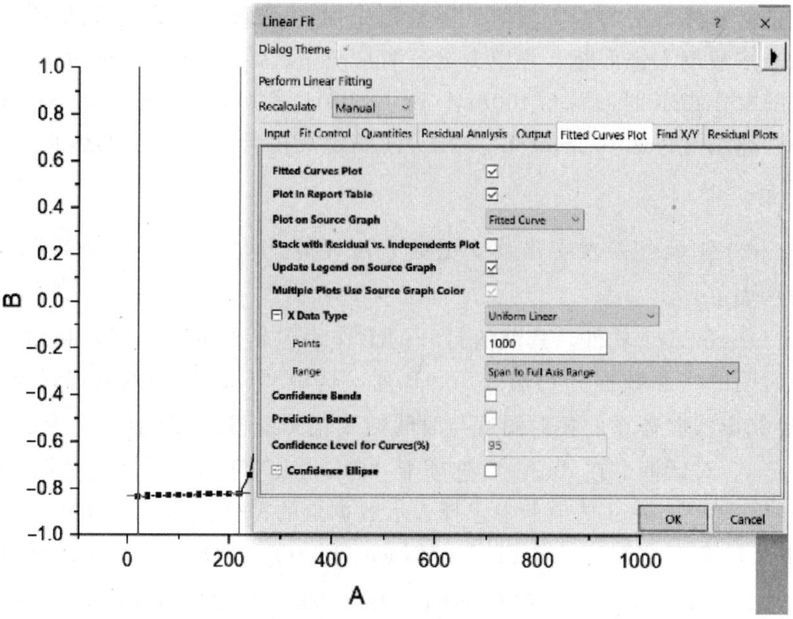

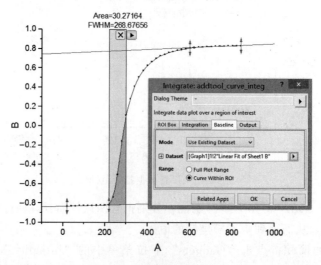

图 3-26　设置延长 origin 拟合曲线范围

（估算的 t_i 数值），"Integration" 选项卡中 Area Type 选择 "Mathematic Area"，在 "Base line" 选项卡中 Mode 选择 "use existing dataset"，在 "Dataset" 中选择拟合的 $T_1(t)$ 直线作为基线，即选择 "Plot(2)：linear Fit of sheet 1B"，得到 "[Graph1]1!2"Linear Fit of Sheet1 B""（如图 3-27），点击 "OK"，得到面积为 30.27164。同样方法求出 ICD 的面积，积分区域为 300（估算的 t_i 值）到 600（燃烧终态时间 t_2），"Integration" 中 Area Type 选择 "Absolute Area"，在 "Baseline" 中 Mode 选择 "use existing dataset"，在 "Dataset" 中选择拟合的 $T_2(t)$ 直线作为基线，即选择 "Plot(2)：linear Fit of sheet 1B" 可得 "[Graph1]1!3"Linear Fit of Sheet1 B""，点击 "OK"，得拟合面积为 47.3717（如图 3-28）。双击图上积分区域，在弹出的对话框中，不断调整 "ROI Box" 选项中 t_i 的值使 HIA 和 ICD 区域面积近似相等，得到 $t_i = 310.7$s。

图 3-27　设置基线演示图

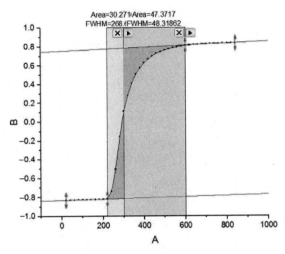

图 3-28　计算面积演示图

④ 计算温差。确定了 t_i 的值，将其代入燃烧前后的线性方程 $T_1(t)$ 和 $T_2(t)$ 中求出点火前温差仪读数修正值 $T_a = -0.814℃$，燃烧后温差仪读数修正值 $T_c = 0.785℃$，得到苯甲酸燃烧引起热量计温度变化的差值 $T = T_c - T_a = 1.599℃$。

⑤ 绘制调整图形。点击按钮"$\boxed{\times}$"，删除计算的积分。最后根据 t_i 的值在图上画出 $t = t_i$ 的直线，交两延长线为 T_c 和 T_a。

利用左侧功能键按钮"T"添加两交点的数值和两坐标轴的标题。调整文本的字体、大小，线条的类型、粗细和颜色以及设置坐标范围、间隔等。修改完成，从命令菜单"file"中"Export Graphs"导出雷诺校正曲线。

九、化学与能源拓展阅读

可燃冰——未来能源之星（扫码阅读新形态媒体资料）。

3-8　可燃冰——未来能源之星

十、实验案例

室温：<u>26.3℃</u>　大气压：<u>101.30kPa</u>

1. 数据记录

样品情况记录和燃烧热实验相对温度随时间的变化值分别见表 3-17 和表 3-18。

表 3-17　样品情况记录

项目	苯甲酸	萘
样品质量/g	0.8995	0.6213
燃烧丝长度/cm	10.80	12.00
剩余燃烧丝长度/cm	2.30	3.00
燃烧掉燃烧丝长度/cm	8.50	9.00

表 3-18　燃烧热实验相对温度随时间的变化值

采零温度：26.30℃

t/s	T/K		t/s	T/K		t/s	T/K	
	苯甲酸	萘		苯甲酸	萘		苯甲酸	萘
20	−0.832	−1.098	300	0.112	−0.706	580	0.803	0.629
40	−0.831	−1.093	320	0.281	−0.330	600	0.810	0.640
60	−0.829	−1.088	340	0.413	−0.052	620	0.813	0.647
80	−0.827	−1.086	360	0.509	0.133	640	0.819	0.654
100	−0.826	−1.083	380	0.574	0.242	660	0.822	0.658
120	−0.825	−1.082	400	0.627	0.347	680	0.825	0.663
140	−0.824	−1.080	420	0.665	0.415	700	0.827	0.666
160	−0.823	−1.079	440	0.700	0.481	720	0.829	0.669
180	−0.822	−1.078	460	0.728	0.513	740	0.831	0.672
200	−0.822	−1.076	480	0.744	0.544	760	0.832	0.672
220	−0.818	−1.074	500	0.761	0.574	780	0.833	0.673
240	−0.740	−1.073	520	0.774	0.591	800	0.833	0.676
260	−0.504	−1.071	540	0.786	0.605	820	0.835	0.675
280	−0.156	−0.981	560	0.794	0.619	840	0.835	0.676

2. 数据处理

根据苯甲酸燃烧实验中相对温度随时间的变化值，绘制雷诺温度校正图（图 3-29）。

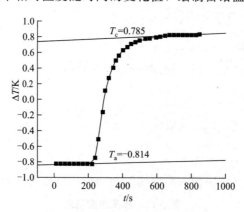

图 3-29　苯甲酸的雷诺温度校正图

通过雷诺温度校正图可得，$\Delta T = T_c - T_a = 0.785\text{K} - (-0.814\text{K}) = 1.599\text{K}$

根据苯甲酸的燃烧热数据，求得热量计的比热容 $C_{计}$。

苯甲酸的燃烧反应方程式为：

$$\text{C}_7\text{H}_6\text{O}_2(\text{s}) + \frac{15}{2}\text{O}_2(\text{g}) \longrightarrow 7\text{CO}_2(\text{g}) + 3\text{H}_2\text{O}(\text{l}), \quad \Delta_c H_m^{\ominus}(298.15\text{K}) = -3226.9\text{kJ·mol}^{-1}$$

根据基尔霍夫定律：

$$\Delta_r C_{p,m} = 7C_{p,m}(\text{CO}_2,\text{g}) + 3C_{p,m}(\text{H}_2\text{O},\text{l}) - C_{p,m}(\text{C}_7\text{H}_6\text{O}_2,\text{s}) - 7.5C_{p,m}(\text{O}_2,\text{g})$$

$$= (7 \times 37.11 + 3 \times 75.29 - 155.2 - 7.5 \times 29.36) \text{J} \cdot \text{mol}^{-1} \cdot \text{K}^{-1}$$
$$= 110.24 \text{J} \cdot \text{mol}^{-1} \cdot \text{K}^{-1}$$

当室温为 26.30℃时苯甲酸的恒压摩尔燃烧焓为：

$$\Delta_c H_m(299.45\text{K}) = \Delta_c H_m(298.15\text{K}) + \Delta_r C_{p,m} \Delta T$$
$$= [-3226.9 + 110.24 \times (299.45 - 298.15) \times 10^{-3}] \text{kJ} \cdot \text{mol}^{-1}$$
$$= -3226.76 \text{kJ} \cdot \text{mol}^{-1}$$

则苯甲酸的恒容摩尔燃烧热为：

$$Q_{V,m} = \Delta_c U_m(299.45\text{K}) = \Delta_c H_m(299.45\text{K}) - \sum n_B(\text{g})RT$$
$$= [-3226.76 - (7 - 7.5) \times 8.314 \times 299.45 \times 10^{-3}] \text{kJ} \cdot \text{mol}^{-1}$$
$$= -3225.52 \text{kJ} \cdot \text{mol}^{-1}$$

热量计体系的热容值 $C_{计}$：

$$C_{计} = \frac{-nQ_{V,m} - lQ_l}{\Delta T} = \frac{-\dfrac{0.8995}{122.12} \times (-3225.52) - 8.50 \times (-4.3) \times 10^{-3}}{1.559} \text{kJ} \cdot \text{K}^{-1}$$
$$= 14.88 \text{kJ} \cdot \text{K}^{-1}$$

计算萘的恒容摩尔燃烧热 $Q_{V,m}$。

根据萘燃烧实验中相对温度随时间的变化值，绘制出萘雷诺温度校正图（图 3-30）。

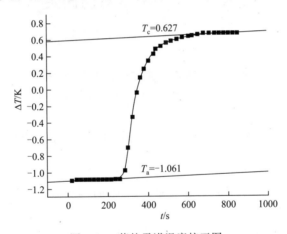

图 3-30　萘的雷诺温度校正图

通过雷诺温度校正图可得，$\Delta T = T_c - T_a = 0.627\text{K} - (-1.061\text{K}) = 1.688\text{K}$

根据公式：$nQ_{V,m} = -C\Delta T - lQ_l$

萘燃烧的数据处理：$lQ_l = (-9.00 \times 4.3 \times 10^{-3}) \text{kJ} = -0.0387 \text{kJ}$

$$Q_{V,m} = (-C\Delta T - lQ_l)/n = \frac{-14.881 \times 1.688 - (-0.0387)}{0.6213 \div 128.18} \text{kJ} \cdot \text{mol}^{-1}$$
$$= -5174.33 \text{kJ} \cdot \text{mol}^{-1}$$

萘燃烧的化学方程式为：

$$C_{10}H_8(\text{s}) + 12O_2(\text{g}) \longrightarrow 10CO_2(\text{g}) + 4H_2O(\text{l})$$

根据基尔霍夫定律：

$$\Delta_r C_{p,m} = 10 C_{p,m}(CO_2, \text{g}) + 4 C_{p,m}(H_2O, \text{l}) - C_{p,m}(C_{10}H_8, \text{s}) - 12 C_{p,m}(O_2, \text{g})$$
$$= (10 \times 37.11 + 4 \times 75.29 - 165.7 - 12 \times 29.36) \text{J} \cdot \text{mol}^{-1} \cdot \text{K}^{-1}$$

$$=154.24 \text{J} \cdot \text{mol}^{-1} \cdot \text{K}^{-1}$$

$$\Delta_c U_m = Q_{V,m}$$

在 26.30℃时萘的摩尔燃烧焓为：

$$\Delta_c H_m(299.45\text{K}) = \Delta_c U_m + \sum n_B(g)RT$$

$$= [-5174.33 + (-2) \times 8.314 \times 299.45 \times 10^{-3}] \text{kJ} \cdot \text{mol}^{-1}$$

$$= -5179.31 \text{kJ} \cdot \text{mol}^{-1}$$

根据基尔霍夫定律将 $\Delta_c H_m(T)$ 换成 $\Delta_c H_m(298.15\text{K})$，并与文献比较。

$$\Delta_c H_m(299.45\text{K}) = \Delta_c H_m(298.15\text{K}) + \Delta C_{p,m} \times \Delta T$$

$$\Delta_c H_m(298.15\text{K}) = \Delta_c H_m(299.45\text{K}) - \Delta C_{p,m} \times \Delta T$$

$$= [-5179.31 - 154.24 \times (299.45 - 298.15) \times 10^{-3}] \text{kJ} \cdot \text{mol}^{-1}$$

$$= -5179.51 \text{kJ} \cdot \text{mol}^{-1}$$

相对误差：$\dfrac{-5179.51 - (-5153.9)}{-5153.9} \times 100\% = 0.5\%$

实验五　平衡常数的测定

一、实验目的

1. 熟悉用等压法测定平衡压力的操作，掌握平衡总压的测定方法。

2. 测定不同温度下氨基甲酸铵的分解压力，进而计算相应温度下氨基甲酸铵分解反应的标准平衡常数 $K^\ominus$。

3. 了解温度对反应平衡常数的影响，掌握氨基甲酸铵分解反应热力学函数的计算方法。

二、实验原理

氨基甲酸铵（NH_2COONH_4）是合成尿素的中间产物，白色固体，很不稳定，加热易分解，其分解反应如下：

$$NH_2COONH_4(s) \rightleftharpoons 2NH_3(g) + CO_2(g)$$

该反应是可逆的多相反应，温度不变时若不将分解产物移走，则很容易达到平衡，其标准平衡常数可表示为

$$K^\ominus = \left[\frac{p(NH_3)}{p^\ominus}\right]^2 \left[\frac{p(CO_2)}{p^\ominus}\right] \tag{3-26}$$

式中，$p^\ominus = 100\text{kPa}$；$p(NH_3)$、$p(CO_2)$ 分别为 NH_3 及 CO_2 的平衡分压。因固体 NH_2COONH_4 的蒸气压很小，计算系统总压时可忽略不计。于是 $p(总) = p(NH_3) + p(CO_2)$。从化学反应计量式可得：

$$p(NH_3) = \frac{2}{3}p(总) \qquad p(CO_2) = \frac{1}{3}p(总) \tag{3-27}$$

代入式（3-26）得

$$K^\ominus = \left[\frac{2}{3} \times \frac{p(总)}{p^\ominus}\right]^2 \left[\frac{1}{3} \times \frac{p(总)}{p^\ominus}\right] = \frac{4}{27}\left[\frac{p(总)}{p^\ominus}\right]^3 \tag{3-28}$$

系统达到平衡后，测量系统总压力 p（总），即可计算出标准平衡常数 $K^\ominus$。

温度对标准平衡常数的影响表示为：

$$\frac{\mathrm{d}\ln K^\ominus}{\mathrm{d}T}=\frac{\Delta_\mathrm{r}H_\mathrm{m}^\ominus}{RT^2} \tag{3-29}$$

式中，T 为热力学温度，K；$\Delta_\mathrm{r}H_\mathrm{m}^\ominus$ 为反应的标准摩尔反应焓。在温度变化范围不大时，$\Delta_\mathrm{r}H_\mathrm{m}^\ominus$ 近似为常数，由式(3-29)积分得：

$$\ln K^\ominus=-\frac{\Delta_\mathrm{r}H_\mathrm{m}^\ominus}{RT}+C' \tag{3-30}$$

由于

$$\Delta_\mathrm{r}G_\mathrm{m}^\ominus=-RT\ln K^\ominus \tag{3-31}$$

以及

$$\Delta_\mathrm{r}G_\mathrm{m}^\ominus=\Delta_\mathrm{r}H_\mathrm{m}^\ominus-T\Delta_\mathrm{r}S_\mathrm{m}^\ominus \tag{3-32}$$

联立得

$$\ln K^\ominus=-\frac{\Delta_\mathrm{r}H_\mathrm{m}^\ominus}{RT}+\frac{\Delta_\mathrm{r}S_\mathrm{m}^\ominus}{R} \tag{3-33}$$

即

$$C'=\frac{\Delta_\mathrm{r}S_\mathrm{m}^\ominus}{R}$$

将 $\ln K^\ominus$ 对 $\frac{1}{T}$ 作图，应得一条直线，其斜率为 $-\dfrac{\Delta_\mathrm{r}H_\mathrm{m}^\ominus}{R}$，

截距为 $\dfrac{\Delta_\mathrm{r}S_\mathrm{m}^\ominus}{R}$，由此即可求得 $\Delta_\mathrm{r}H_\mathrm{m}^\ominus$、$\Delta_\mathrm{r}S_\mathrm{m}^\ominus$，如图 3-31 所示。

三、仪器和药品

仪器：平衡常数测定装置 1 套（图 3-32）。测定装置中有分别装有脱水 $CaCl_2$ 和干燥硅胶的干燥塔，用以脱除样品分解生成的 NH_3 及含有的水分，避免影响泵的性能。

药品：NH_2COONH_4（C.P.）。

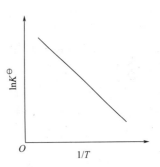

图 3-31 标准平衡常数与温度的关系示图

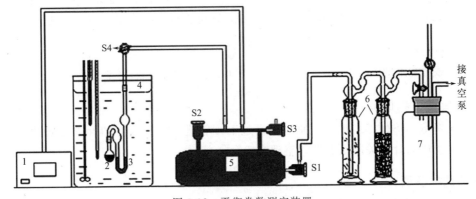

图 3-32 平衡常数测定装置

1—精密数字真空压力计；2—样品瓶；3—玻璃等压管（内装硅油）；4—恒温槽；

5—不锈钢储气罐；6—干燥塔；7—缓冲瓶

四、实验步骤

1. 恒温及系统气密性检查

将恒温槽温度调节到 (30.0 ± 0.1)℃。参照附录 1-1 真空技术中的"真空检漏"部分首

3-9 真空系统的使用及检漏操作视频

先对系统进行检漏。具体操作为：打开真空压力计（使用方法参见附录1-2），将 S3 打开，在完全通大气的情况下采零，记录此时的大气压。关闭 S3，打开 S1、S2 和 S4，使抽气系统中各管路相通，与大气隔绝，启动真空泵，抽气至真空压力计示数为−90kPa 以上。关闭 S1，通大气后关闭真空泵，观察压力计示数，若压力计示数保持 2～3min 无变化，则系统不漏气，可进行下面实验。若系统漏气，需从真空压力计部分开始，由近及远逐个排查管道、接口、阀门等部件。

2. 样品瓶及测压系统中空气的排除

重新启动真空泵抽气，打开 S1，保持真空压力计示数低于−90kPa 下抽气 15min。关闭不锈钢储气罐的旋塞 S1 和 S2，令罐内处于较高真空度，关闭真空泵。

3. 测定系统平衡压力

将样品瓶、等压管放入已恒温好的恒温槽内恒温。在恒温过程中，当等压管硅油液面中与样品瓶相连的一端液面低于另一端时，应缓慢而小心地旋转不锈钢储气罐的旋塞 S3 使空气通过 S3 内置的毛细管进入缓冲瓶中，当等压管两臂硅油液面处于同一水平面，立刻关闭旋塞 S3。由于样品不断分解，需多次重复此操作，直至等压管两端硅油液面 5min 内仍处于同一水平面，则认为分解反应已达平衡，读取此时真空压力计示数、恒温槽温度。若在接近平衡时，调节 S3 时进入的空气量稍多，等压管两端硅油液面无法相平，可小心旋转旋塞 S2，利用储气罐中较高的真空度调节硅油液面相平。注意：调节过程中切勿使空气穿过等压管硅油进入样品管中。

4. 空气排净的判断

保持恒温槽温度不变，使系统与真空泵相连抽气，待真空压力计示数低于−90kPa，继续抽气约 15min，再次排除空气。按步骤 2 和步骤 3 中操作再次测定此温度下系统的平衡压力，若两次测定结果小于 0.267kPa（2mmHg），则可进行下一个温度下平衡压力的测定。

5. 不同温度下平衡压力的测定

按 3 中操作依次测定 35.0℃、40.0℃、45.0℃、50.0℃下的平衡压力。

6. 实验完毕后整理

打开旋塞 S1、S2、S3 和 S4，使空气通过毛细管进入系统中，直至真空压力计示数为零，关闭真空压力计，关闭恒温槽，整理实验台。

五、实验注意事项

1. 真空压力计采零时，读取大气压数值，实验过程中不能关闭真空压力计或重新采零。

2. 调节硅油液面时，要缓慢而小心地调节空气进入量，切勿使空气穿过等压管的硅油柱进入样品瓶中，否则必须重新抽气。

3. NH_2COONH_4 的分解是吸热反应，反应热效应很大，温度对平衡常数的影响很大。实验中必须严格调节恒温槽温度，使其温度波动≤±0.1℃。

4. 在打开和关闭真空泵之前，应调节缓冲瓶的旋塞与大气相通，避免发生泵油倒吸。

5. 升温过程中要随时调节硅油液面齐平，减少样品瓶中气体通过硅油液封逸出，缩短达到平衡的时间。

六、数据记录与处理

1. 数据记录

室温: _____℃ 大气压: _____kPa

记录不同温度下 NH_2COONH_4 分解平衡时的精密真空数字压力计示数 p', 换算出平衡系统总压 $p(总)$, $p(总)=p(大气)+p'$。计算分解反应的标准平衡常数 $K^\ominus$, 并将结果填入表 3-19 中。

表 3-19   不同温度下标准平衡常数值

温度		压力计示数	平衡总压	$K^\ominus$	$(1/T)/K^{-1}$	$\ln K^\ominus$
$t/℃$	T/K	p'/kPa	$p(总)/kPa$			

2. 作 $\ln K^\ominus$-$\dfrac{1}{T}$ 关系图, 计算分解反应的 $\Delta_r H_m^\ominus$ 及 30℃时反应的 $\Delta_r S_m^\ominus$ 及 $\Delta_r G_m^\ominus$。

七、思考题

1. 如何检查真空系统是否漏气?

2. 为什么要将样品瓶及测压系统内的空气赶净? 如何判断空气已基本排净? 如有空气存在, 对实验结果有何影响?

3. 怎样判断分解反应已达平衡? 若所测数据未达平衡, 对实验结果有何影响?

4. 实验装置中的缓冲瓶及毛细管的作用是什么?

八、实验探讨与拓展

1. 等压管内密封液的绿色化改进

等压管内的密封液过去用水银。为了符合绿色环保的要求, 现在常采用蒸气压小且不与系统中任何物质发生化学反应的液体, 如邻苯二甲酸二壬酯、硅油等。本实验采用的是硅油。由于硅油的密度与汞的密度相差很大, 故平衡时等压管中两液面若有微小的高度差, 可忽略不计。

实验时如果硅油冲出等压管进入样品瓶, 覆盖在氨基甲酸铵固体粉末上会影响其分解。为避免硅油冲入样品瓶或缓冲瓶, 本实验对玻璃等压管进行了简单而巧妙的改进, 两端增加了一个类似防溅球的装置, 保证了实验的顺利开展, 如图 3-33。

2. 实验时排净样品瓶和测压系统内的空气

当系统内存在空气时, 平衡时系统的总压 $p'(总)=p(NH_3)+p(CO_2)+p(空气)$, 此数值大于系统内无空气时的总压力 $p(总)=p(NH_3)+p(CO_2)$, 由于 $K^\ominus=\dfrac{4}{27}\left[\dfrac{p(总)}{p^\ominus}\right]^3$,

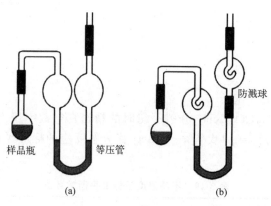

图 3-33 改进前（a）与改进后（b）的玻璃等压管

所以空气未排净时测得的 $K^{\ominus}$ 偏大。

保持恒温槽温度不变，重新抽气约 15min，再次排除空气。重复测定系统的平衡压力，若两次测定结果小于 0.267kPa（2mmHg），说明空气基本排净。

3. 反应未达平衡读取数据对结果的影响

分解反应已达平衡后才能测量系统的压力。若反应未达平衡，此时 p（总）偏小，测得的 $K^{\ominus}$ 偏小。

九、化学与哲学

浅谈化学平衡中的哲学思想（扫码阅读新形态媒体资料）。

3-10 浅谈化学平衡中的哲学思想

十、实验案例

室温：<u>28.5℃</u> 大气压：<u>100.92kPa</u>

不同温度下标准平衡常数值见表 3-20。

表 3-20 不同温度下标准平衡常数值

温度		压力计示数 /kPa	大气压/kPa	平衡总压 p（总）/kPa	$K^{\ominus}$	$(10^3/T)$ /K^{-1}	$\ln K^{\ominus}$
t/℃	T/K						
30.0	303.2	−84.2	100.92	16.7	6.90×10^{-4}	3.299	−7.279
30.0	303.2	−84.2	100.92	16.7	6.90×10^{-4}	3.299	−7.279
35.0	308.2	−77.3	100.92	23.6	1.95×10^{-3}	3.245	−6.240
40.0	313.2	−67.7	100.92	33.2	5.42×10^{-3}	3.193	−5.218
45.0	318.2	−55.1	100.92	45.8	1.42×10^{-2}	3.143	−4.255
50.0	323.2	−38.2	100.92	62.7	3.65×10^{-2}	3.095	−3.310

以 30.0℃ 数据为例，计算不同温度下 NH_2COONH_4 的分解总压 p（总）及分解反应的标准平衡常数 $K^{\ominus}$，并将结果填入表 3-20 中。

$$p（总压）= p（大气压）+ p（压力计）=(100.92 - 84.2)kPa = 16.7kPa$$

$$K^{\ominus} = \frac{4}{27}\left[\frac{p（总）}{p^{\ominus}}\right]^3 = \frac{4}{27} \times \left[\frac{16.7}{100}\right]^3 = 6.90 \times 10^{-4}$$

作 $\ln K^{\ominus}$-$\dfrac{1}{T}$ 关系图，如图 3-34 所示。

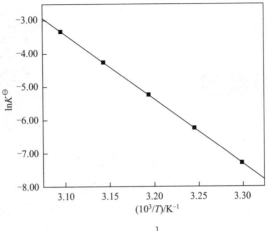

图 3-34 $\ln K^{\ominus}$-$\dfrac{1}{T}$ 关系图

得到线性拟合方程：$\ln K^{\ominus} = -\dfrac{\Delta_r H_m^{\ominus}}{RT} + \dfrac{\Delta_r S_m^{\ominus}}{R} = -\dfrac{1.944 \times 10^4}{T} + 56.86$

由斜率 $m = -\dfrac{\Delta_r H_m^{\ominus}}{R}$

得到 $\Delta_r H_m^{\ominus} = -mR = (1.944 \times 10^4 \times 8.318 \times 10^{-3}) \text{kJ} \cdot \text{mol}^{-1} = 161.6 \text{kJ} \cdot \text{mol}^{-1}$

由截距 $C' = \dfrac{\Delta_r S_m^{\ominus}}{R}$

得到 $\Delta_r S_m^{\ominus} = C'R = (56.86 \times 8.314) \text{J} \cdot \text{mol} \cdot \text{K}^{-1} = 472.7 \text{J} \cdot \text{mol} \cdot \text{K}^{-1}$

$\Delta_r G_m^{\ominus} = \Delta_r H_m^{\ominus} - T\Delta_r S_m^{\ominus} = [161.6 - (273.15 + 30.0) \times 472.7 \times 10^{-3}] \text{kJ} \cdot \text{mol}^{-1}$
$= 18.30 \text{kJ} \cdot \text{mol}^{-1}$

与文献值对比 $\Delta_r H_m^{\ominus}$ 值满足 $(159 \pm 8.4) \text{kJ} \cdot \text{mol}^{-1}$。

误差分析：

(1) 样品瓶中残存空气及水蒸气。

(2) 等压管两臂中硅油液面情况判断不准确。

(3) 未完全达到平衡。

(4) 药品纯度不够。

(5) 恒温水浴温度存在误差且各区域温度不均一。

(6) 大气压计、真空压力计未校正。

第四章
相平衡实验

　　1955 年，柳大纲先生（1904—1991，无机化学和物理化学家，中国盐湖化学的奠基人，中国科学院学部委员）已年过半百，但他从国民经济发展的大局出发，毅然放弃了长期从事的分子光谱和荧光材料方面的研究工作，选择了物化分析（相平衡）专业，转战大西北青藏高原，率先开展盐湖资源调查研究与开发利用工作。为了探寻农业发展急需的钾资源，1956 年至 1966 年，他几乎每年都亲自带队，从北京奔赴条件艰苦的青海柴达木盆地，进行盐湖资源大规模、深入的科学调查。他勘测研究了察尔汗盐湖区富藏的钾、镁资源，发现了柴旦盐湖区柱硼镁石资源以及柴达木盆地若干点的锂资源等，提出了从盐湖卤水分离制钾和直接提取硼锂资源的有效工艺。1963 年，根据柳大纲的积极倡议，国家科委设立盐湖专业组，并制定了"盐湖科技发展的十年规划"，提出三大化工厂的建设任务，其中的察尔汗钾肥厂成为我国钾肥工业的起点，多年来为我国农业生产作出了巨大贡献。柳大纲是我国赴青藏高原盐湖系统考察的第一位化学家。而当时的科研条件极为简陋，但柳大纲领导的化学所盐湖组始终坚守阵地，他曾先后多次亲赴一线，与其他同志一道啃干馍、喝凉水。正是在这样艰苦的条件下，以柳大纲为代表的盐湖事业先驱们高瞻远瞩，排除万难，坚持工作，圆满完成了各项任务，为中国盐湖事业奠基立业。

图 4-1　青海察尔汗盐湖及钾肥生产基地

　　而今，在一代又一代盐湖人的持续奋斗下，察尔汗已建成全国最大的钾肥生产基地，为保障我国现代农业的稳定发展和维护国家经济安全作出了卓越贡献。而柳大纲先生身上昂扬着的爱国奉献、开拓进取、艰苦创业的中华民族精神，和胸怀祖国、高瞻远瞩、顽强拼搏、科学求实的杰出科学家精神，也成为激励一代代盐湖科研工作者的宝贵精神财富。

实验六 ｜ 液体饱和蒸气压的测定

一、实验目的

1. 用动态法测定不同温度下乙醇的饱和蒸气压。

2. 了解真空泵的工作原理，初步掌握真空技术。

3. 通过实验加深对饱和蒸气压定义及气液两相平衡概念的理解。

4. 掌握纯液体饱和蒸气压随温度变化的函数关系——克劳修斯-克拉佩龙方程（简称克-克方程），并用克-克方程求乙醇在所测温度范围内的平均摩尔蒸发焓及正常沸点。

二、实验原理

在一定温度下，纯液体与其蒸气达到平衡时的压力，称为液体在该温度下的饱和蒸气压。在温度 T 及该温度的平衡压力下，蒸发 1mol 纯液体所需的热量，即为该温度下该纯液体的摩尔蒸发焓。

纯液体的饱和蒸气压随温度上升而增大。当液体饱和蒸气压等于外压时，液体沸腾，此温度即为该液体在该外压下的沸点。本实验就是利用这一点，通过测定不同外压及其对应的沸点间接测出该液体在不同温度下的饱和蒸气压。

在温度 $T(\text{K})$ 下，纯液体的饱和蒸气压随温度的变化率遵从克拉佩龙（Clapeyron）方程，公式如下：

$$\frac{\mathrm{d}p}{\mathrm{d}T}=\frac{\Delta_{\mathrm{vap}}H_{\mathrm{m}}^{*}}{T[V_{\mathrm{m}}^{*}(\mathrm{g})-V_{\mathrm{m}}^{*}(\mathrm{l})]} \tag{4-1}$$

式中，$\Delta_{\mathrm{vap}}H_{\mathrm{m}}^{*}$ 为纯液体摩尔蒸发焓；$V_{\mathrm{m}}^{*}(\mathrm{g})$，$V_{\mathrm{m}}^{*}(\mathrm{l})$ 分别为气体和液体的摩尔体积。若气体视为理想气体，则 $V_{\mathrm{m}}^{*}(\mathrm{g})=RT/p$，因 $V_{\mathrm{m}}^{*}(\mathrm{g})\gg V_{\mathrm{m}}^{*}(\mathrm{l})$，故 $V_{\mathrm{m}}^{*}(\mathrm{l})$ 可以忽略，于是上式变为：

$$\frac{\mathrm{d}\ln p}{\mathrm{d}T}=\frac{\Delta_{\mathrm{vap}}H_{\mathrm{m}}^{*}}{RT^{2}} \tag{4-2}$$

此即为克劳修斯-克拉佩龙方程。当温度间隔较小时，$\Delta_{\mathrm{vap}}H_{\mathrm{m}}^{*}$ 可看作常数，将式（4-2）进行积分，可得：

$$\ln(p/\mathrm{Pa})=-\frac{\Delta_{\mathrm{vap}}H_{\mathrm{m}}^{*}}{R}\times\frac{1}{T}+C \tag{4-3}$$

式中，C 为积分常数，量纲为 1。由式（4-3）可知，在一定温度范围内，以 $\ln(p/\mathrm{Pa})$ 对 $\frac{1}{T}$ 作图应得一条直线，其斜率 $m=-\Delta_{\mathrm{vap}}H_{\mathrm{m}}^{*}/R$。由此可得：

$$\Delta_{\mathrm{vap}}H_{\mathrm{m}}^{*}=-mR \tag{4-4}$$

同时，可由 $\ln(p/\mathrm{Pa})$-$\frac{1}{T}$ 图得到外压为 101.325kPa 时所对应的沸点，即正常沸点。

三、仪器和药品

仪器：饱和蒸气压测定装置 1 套（图 4-2），其中平衡管（A 管）中装入无水乙醇，A

管中装入乙醇高度约为管高的 2/3，B、C 管中装入乙醇高度约为管高的 1/2；旋片式真空油泵 1 台。

药品：无水乙醇（A.R.）。

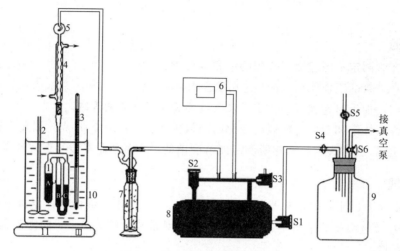

图 4-2　饱和蒸气压测定装置图

1—平衡管；2—搅拌器；3—1/10℃温度计；4—冷凝管；5—回流球；
6—数字真空压力计；7—干燥塔；8—不锈钢储气罐；9—缓冲瓶；10—水浴；11—电陶炉

四、实验步骤

1. 检漏

打开数字真空压力计，在系统与大气相通条件下将压力计置零并记录大气压。将旋塞 S1、S2、S4、S5 和 S6 打开，关闭 S3，使系统相通而与大气隔绝，启动真空泵后关闭 S5。当真空压力计示数下降至 −60kPa 左右时，关闭旋塞 S1 和 S4。随后打开 S5，关闭真空泵。若压力计示数在 3min 内无变化，表示系统不漏。若压力计示数变大，则表示漏气，需要检漏。真空系统检漏的原则是先检查离压力计最近部分的装置是否漏气，如证明不漏后再由近及远分段逐步检查，直至整个系统。发现漏气需要补漏直至整个系统不漏，方可进行下面实验。

2. 大气压下沸点的测定

令储气罐中储存一定的真空度，关闭不锈钢储气罐 8 上的旋塞 S1 和 S2，打开旋塞 S3，使系统与大气相通。通冷却水，开动搅拌，打开电陶炉加热水浴，直至水浴温度达 80℃ 左右，停止加热。此后系统温度开始降低，当平衡管 B、C 中液面相平时，立即记录下此时的温度（即当前大气压下的沸点）。而后迅速关闭旋塞 S3 打开旋塞 S2 使系统压力降低 5kPa 左右并重新加热，达 78℃ 时停止加热，缓慢打开 S3，再重复测定一次，若两次温度差小于 0.2℃ 就可以进行下面的实验。否则应再加热、测定温度，直至两次温度差值≤0.2℃ 为止。

3. 不同外压下乙醇沸点的测定

正常沸点测毕，迅速关闭旋塞 S3，小心打开旋塞 S2，使系统小幅度减压，当系统压力减小 5~7kPa 时，关闭旋塞 S2，此时液体再次沸腾。随着水浴温度缓慢下降，平衡管 B、C

中液面差不断缩小，当两液面处于同一水平面时，立即记录此时温度及压力计示数。然后再次打开旋塞 S2，重复上述操作，记录平衡管 B、C 中液面相平时的温度及压力计示数，测 7~8 组数据即可。

使用真空泵时，一定要注意开关真空泵前要令泵与大气相通，避免真空泵损坏及泵油倒吸。在减压时，若储气罐中的真空度不够，启动真空泵，先将缓冲瓶 9 减压，然后再打开不锈钢储气罐 8 的旋塞 S1，抽气片刻后，关闭 S1，再使真空泵与大气相通，关闭真空泵。

4. 实验仪器整理

实验完毕，打开旋塞 S2 和 S3 使空气进入系统。当压力计示数为零后，关闭真空压力计电源，关闭电动搅拌和冷却水。

五、实验注意事项

1. 真空压力计采零后，在实验过程中注意不要再次采零。

2. 使用真空泵时，要注意在开启或关闭泵前，先要令泵与大气相通，否则会损坏真空泵或使泵油发生倒吸。

3. 在减压测定中，当 B、C 两管中的液面齐平时，读数要迅速，读毕应立即打开活塞 S2 减压，防止空气倒灌。若发生倒灌现象，必须重新排除净 A、C 弯管中的空气。

4. 对系统减压时需小幅度旋转旋塞 S2，使系统压力缓慢变化，防止压力下降过多导致乙醇爆沸。

六、数据记录与处理

1. 记录数据

室温：_____℃　大气压：_____kPa　被测液体：_____

大气压下沸点测定数据和饱和蒸气压测定数据表格参见表 4-1 和表 4-2。

表 4-1　大气压下沸点测定数据

测量次数	大气压/kPa	沸点/℃
1		
2		
平均值		

表 4-2　饱和蒸气压测定数据

外压 p/kPa	沸点 t/℃	T/K	$(10^3/T)$/K^{-1}	$\ln(p$/kPa$)$

2. 数据处理

(1) 绘出饱和蒸气压-温度图。

(2) 绘出 $\ln(p$/kPa$)$-$(1/T)$ 图，利用此图求出乙醇的正常沸点，并与文献值比较，分析误差产生原因。

（3）从 $\ln(p/\text{kPa})$-$(1/T)$ 图中求出直线斜率，计算乙醇的平均摩尔蒸发焓，并与文献值比较，分析误差产生原因。

七、思考题

1. 平衡管 B、C 中的液体是什么？有何作用？

2. 为什么要将平衡管中 A、C 弯管内的空气赶净？如何判断管中空气已赶净？如有空气存在，对实验结果有何影响？

3. 本实验中的测试方法能否用于溶液蒸气压的测定？为什么？

4. 如何正确使用真空泵？真空泵开泵、停泵时为何要先通大气？

八、实验探讨与拓展

1. 饱和蒸气压测定方法简介

测定饱和蒸气压的方法通常有以下三种。

动态法是在不同的外压下，测定液体的沸点，从而得到该液体在不同温度下的饱和蒸气压。动态法的优点是对温度的控制要求不高，较适用于高沸点液体蒸气压的测定，对沸点低于 100℃ 的液体也可达到较好的准确度。本实验就是采用动态法，使系统逐渐减压，测定不同外压下乙醇的沸点。

静态法是把待测液体放在一个封闭体系中，在不同温度下测定液体的饱和蒸气压。此法一般适用于易挥发液体饱和蒸气压的测定，准确性较高。静态法适用于低蒸气压物质的测定，即使蒸气压只有 1.333kPa（10mmHg）左右也能准确测定。静态法有升温法和降温法两种。此处简单介绍升温法测定不同温度下液体的饱和蒸气压。测量前，先将 A、C 弯管中的空气抽净，然后从 B 管上方缓慢放入空气，直至平衡管 B、C 中液面相平，记录温度计读数和真空压力计示数。将温度依次升高，读取不同温度下的真空压力计示数，从而得到不同温度下的饱和蒸气压。

饱和气流法是在一定温度和压力下，使干燥的惰性气体缓慢通过被测物质，并为被测物质所饱和，然后测定气体中被测物质蒸气的含量，根据分压定律算出被测物质在此温度下的饱和蒸气压。饱和气流法的缺点是难以获得真正的饱和状态，使得实验值低于实际值。一般很少用于测量液体饱和蒸气压。

2. 本实验所得为测温范围内的平均摩尔蒸发焓，如何求取不同温度下的摩尔蒸发焓

本实验根据克劳修斯-克拉佩龙方程，测定不同温度下的饱和蒸气压，得出所测温度范围内的平均摩尔蒸发焓。

当温度变化范围不大时，$\Delta_{vap}H_m^*$ 可视为常数。但在精确处理时，必须考虑温度对 $\Delta_{vap}H_m^*$ 的影响。可利用克-克方程的微分式(4-2)，求得不同温度下的 $\Delta_{vap}H_m^*$，进一步归纳出摩尔蒸发焓与温度的关系式。

$$\Delta_{vap}H_m^* = \frac{\mathrm{d}\ln p}{\mathrm{d}T}RT^2 \tag{4-5}$$

将 $\ln(p/\text{Pa})$ 对 T 作图，用图解法（镜像法）可求 $\mathrm{d}\ln p/\mathrm{d}T$，即可求得该温度下的 $\Delta_{vap}H_m^*$。

3. 装置漏气和样品管中空气未排尽对实验的影响

实验时应确保装置不漏气，测试时应将 A、C 弯管间的空气排净。如果装置漏气，系统内部压力不断改变，系统内气-液两相就无法达到平衡，也就无法准确测定一定压力下的沸点。测量饱和蒸气压，应确保系统内只有液体的饱和蒸气。若 A、C 弯管中含有空气组分，测得的压力则为相应温度下液体饱和蒸气压与空气分压之和，所测沸点偏低，将给实验结果引入误差。大气压下重复测定沸点，若两次温度差小于 0.2℃，说明平衡管内的空气被赶净。

九、科学史话

热力学第二定律史话（扫码阅读新形态媒体资料）。

4-1 热力学第二
定律史话

十、实验案例

室温：28.5℃　　大气压：100.63kPa　　被测液体：无水乙醇

大气压下沸点测定数据和饱和蒸气压测定数据见表 4-3 和表 4-4。

表 4-3　大气压下沸点测定数据

测量次数	大气压/kPa	沸点/℃
1	100.60	77.80
2	100.65	78.00
平均值	100.63	77.90

表 4-4　饱和蒸气压测定数据

外压 p/kPa	沸点 t/℃	T/K	$(10^3/T)$/K^{-1}	$\ln(p$/kPa$)$
−4.8	76.75	349.90	2.8580	4.563
−10.8	75.15	348.30	2.8711	4.498
−15.0	74.00	347.15	2.8806	4.450
−19.9	72.55	345.70	2.8927	4.391
−25.0	71.00	344.15	2.9057	4.326
−30.1	69.35	342.50	2.9197	4.256
−35.2	67.60	340.75	2.9347	4.181
−40.7	65.60	338.75	2.9520	4.093
−44.4	64.05	337.20	2.9656	4.029
−49.4	62.00	335.15	2.9837	3.936

作出饱和蒸气压-温度图，如图 4-3 所示。

以 $\ln(p$/kPa$)$ 对 $(10^3/T)$ 作图，如图 4-4 所示，得到线性拟合方程：

$$\ln(p/\text{kPa})=-\frac{4.977\times10^3\,\text{K}}{T}+18.79 \qquad R^2=0.99998$$

当 $p=101325$Pa 时，$\ln101.325=-\dfrac{4.977\times10^3\,\text{K}}{T}+18.79$

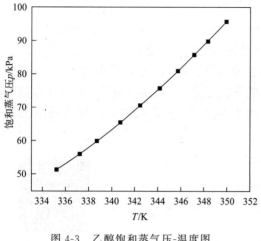

图 4-3　乙醇饱和蒸气压-温度图

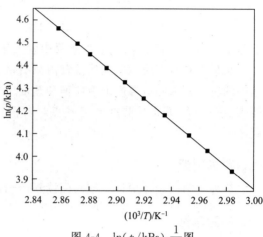

图 4-4　$\ln(p/\text{kPa})$-$\dfrac{1}{T}$ 图

由此计算乙醇的正常沸 $T=\dfrac{4.977\times10^{3}}{18.79-\ln101.325}\text{K}=351.19\text{K}$

乙醇正常沸点的文献值为 78.40℃，即 351.55K。

相对误差 $E_{\text{r}}=\dfrac{351.19-351.55}{351.55}\times100\%=-0.1\%$

$\ln(p/\text{kPa})$-$\dfrac{1}{T}$ 图中直线斜率 $m=-4.977\times10^{3}$，根据 $\Delta_{\text{vap}}H_{\text{m}}^{*}=-mR$ 可得

$$\Delta_{\text{vap}}H_{\text{m}}^{*}=(4.977\times10^{3}\times8.314)\text{kJ}\cdot\text{mol}^{-1}=41.38\text{kJ}\cdot\text{mol}^{-1}$$

查阅参考文献可知，在 20.0～78.3℃温度区间内乙醇的摩尔蒸发焓平均值为 41.60kJ/mol，相对误差 $E_{\text{r}}=\dfrac{41.38-41.60}{41.60}\times100\%=-0.5\%$。

实验七　二组分液相完全互溶系统的沸点-组成图

一、实验目的

1. 实验测定乙醇-正丙醇二组分系统气液平衡数据，绘出蒸馏曲线。
2. 掌握阿贝折射仪的原理及使用方法。

二、实验原理

相图是表达多相平衡体系的状态如何随着温度、压力、组成等强度性质而变化的几何图形。

在恒定压力下，二组分系统气液达到平衡时，表示液态混合物的沸点与平衡相组成关系的相图，称为温度（沸点）-组成图（T-x 图），也称为蒸馏曲线图。了解双液系的沸点-组成图对两种液体通过蒸馏或精馏手段进行分离具有很大的实用价值。

完全互溶双液系的蒸馏曲线类型大致可分为三类：①在 T-x 图上溶液的沸点总是介于

A、B两纯物质的沸点之间［图4-5(a)］，如苯与甲苯；②在 T-x 图上出现最高点，即具有最高恒沸点［图4-5(b)］，如卤化氢和水、丙酮与氯仿、硝酸与水等；③在 T-x 图上出现最低点，即具有最低恒沸点［图4-5(c)］，如苯与乙醇、水与醇等。对有恒沸点的溶液来说，恒沸点时气液两相组成相同（把该点组成的混合物称之为恒沸混合物），不能通过反复蒸馏而使双液系的两个组分完全分离，而只能获得某一纯组分和恒沸混合物。

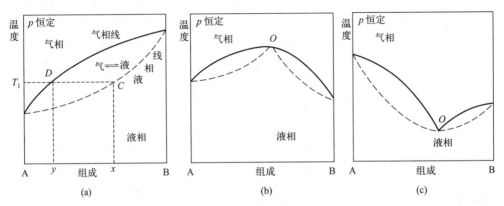

图4-5　完全互溶双液系的气-液平衡相图（外压恒定，沸点-组成图）

本实验是在一定压力下测定乙醇-正丙醇二组分系统沸点与组成平衡数据，并绘制该液体混合物蒸馏曲线。因二者为紧邻同系物的混合物，其蒸馏曲线形状如图4-5(a)所示。二组分气液系统达到平衡时，易挥发组分在平衡气相中的组成大于它在液相里的组成。要绘制蒸馏曲线必须在气液两相达平衡后，立即测定平衡系统温度（即沸点）及该温度下气、液两相的组成。如图4-5(a)所示，与沸点 T_1 对应的气相组成是气相线上的 D 点，其对应的组成是 y。液相组成是液相线上的 C 点，其对应组成为 x。测定整个浓度范围内不同组成混合物的气、液相的平衡组成和沸点后，就可以绘制出蒸馏曲线。

本实验采用测定折射率来确定乙醇-正丙醇混合物的组成。采用此法是因为乙醇与正丙醇的折射率相差较大，而且它们液态混合物的折射率与其浓度呈直线关系。实验时，可预先测定一定温度下一系列已知组成的二组分混合物的折射率，绘制出折射率-组成图，即工作曲线。然后测定该温度下待测样品的折射率，从工作曲线上找出所测折射率所对应的组成，即找到了待测溶液样品的组成。

物质的折射率和浓度、温度及入射光的波长有关。一般在恒定温度及一定波长光线（一般为钠光）的条件下测定。物质的折射率通常用 n_D^t 表示，意指温度 $t(℃)$ 时该物质对钠光的 D 线（$\lambda=5893\text{Å}$）的折射率。阿贝折射仪的构造、原理及使用维护方法见本书附录1-4。不同温度下水和乙醇的折射率可见附录2-5。

三、仪器和药品

仪器：沸点测定仪 1 套（如图 4-6 所示，一个带微型冷凝管的特制具支圆底烧瓶），100W 可调压电热套 1 台，1/10℃ 温度计 1 支，长短滴管各 6 支，阿贝折射仪（公用），超级恒温槽（公用）。

药品：已知组成的标准乙醇-正丙醇溶液（测工作曲线用），乙醇（A.R.），正丙醇（A.R.），不同组成的乙醇-正丙醇混合液（测沸点-组成图用）。

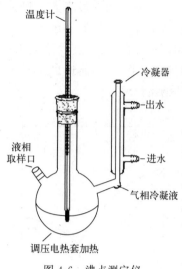

温度计

冷凝器

出水

进水

液相取样口

气相冷凝液

调压电热套加热

图 4-6　沸点测定仪

4-2　阿贝折射仪使用方法视频

四、实验步骤

1. 蒸馏曲线的测定

（1）仪器的连接与安装

打开超级恒温槽电源，调节恒温槽温度至指定温度。打开阿贝折射仪电源，阿贝折射仪的原理及使用维护方法见本书附录 1-4，实验过程中必须要注意全程使用同一台阿贝折射仪。按图 4-6 安装好仪器，注意将烧瓶固定在铁架台上，电热套放在升降台上，以方便控制加热强度及撤去热源。

（2）乙醇和正丙醇沸点的测定

向干燥的蒸馏瓶中倒入适量纯乙醇液体，液面约在支管口下 5～7mm。将温度计插入瓶中，使水银球一半位于液面下，一半在液面外。接通冷凝水（注意水流速度不要太大）。打开电热套电源，调节调压旋钮加热，当液体加热至沸腾后，调节电压及电热套下的升降台至冷凝液滴下速度稳定在每滴 1～2 秒。当沸腾温度恒定数分钟后，记下温度计示数，即为纯乙醇的沸点。关闭加热，待蒸馏瓶中液体稍冷后倒回原样品瓶中。用电热套敞口烘干蒸馏烧瓶。用同样方法测定纯正丙醇的沸点。

（3）混合样品沸点和组成的测定

向蒸馏瓶中倒入正丙醇组成约为 15% 的样品液，如（1）进行加热操作，当温度计示数数分钟不变时，气液平衡，记录温度示数。关闭加热电源，并迅速调低升降台。稍冷，用长滴管吸取气相冷凝液，测其折射率，再用另一支滴管取液相冷凝液，测其折射率。测定完毕后，用同样的方法依次测定组成约为 30%、45%、60%、75%、90% 正丙醇的样品液。注意在测定各样品时保持回流速度大致相同。

2. 工作曲线的测定

在加热待测样品的间隙，分别测定乙醇-正丙醇标准溶液的折射率，每个标准样品测试 3 次取平均值。注意在测定过程中及时盖好标准样品试剂瓶盖，防止标准样品浓度发生变化。

实验完毕后，及时关闭加热电源和冷凝水，整理实验台面。

五、实验注意事项

1. 使用阿贝折射仪时要注意保护棱镜。棱镜上不能触及硬物，每次测量前须先用丙酮数滴将折射仪棱镜镜面洗净，擦拭棱镜须用擦镜纸。

2. 本实验禁止使用明火，且需要在通风条件良好的环境中进行。

3. 测定折射率时操作应迅速，以防待测液蒸发组成改变。

六、数据记录与处理

1. 记录数据

恒温槽温度：_____℃　大气压：_____kPa

将实验数据分别填入表 4-5 和表 4-6 中。

表 4-5 乙醇-正丙醇标准溶液的组成及折射率

丙醇质量分数 w/%	0									100
n_D^t										

表 4-6 乙醇-正丙醇系统沸点、折射率及气、液两相组成

样品编号	沸点 t/℃	气相冷凝液		液相	
		n_D^t	丙醇质量分数/%	n_D^t	丙醇质量分数/%
纯乙醇		—	0.00	—	0.00
$w_{丙}$=15%样品					
⋮					
纯丙醇		—	100.00	—	100.00

2. 根据表 4-5 中的数据绘制工作曲线。

3. 根据表 4-6 中的数据绘制蒸馏曲线。

七、思考题

1. 本实验采用调压电热套加热有何优点？能否采用水浴加热或明火直接加热？

2. 测定混合物两相组成时，先取气相样还是先取液相样，为什么？

3. 作乙醇-正丙醇标准液的折射率-组成曲线的目的是什么？

4. 本实验中超级恒温槽的作用是什么？

八、实验探讨与拓展

1. 蒸馏曲线实验拓展——乙醇-正丙醇精馏实验

精馏是利用回流使液体混合物得到高纯度分离的一种蒸馏方法，是工业上应用最广的液体混合物的分离操作方法。在精馏过程中，利用混合物中各组分挥发能力的差异，通过液相和气相的回流，使气、液两相逆向多级接触，在热能驱动和相平衡关系的约束下，使得易挥发组分（轻组分）不断从液相往气相中转移，而难挥发组分却由气相向液相中迁移，使混合物得到不断分离。

典型的精馏设备是连续精馏装置（如图 4-7 所示简单精馏塔），包括精馏塔、再沸器、冷凝器等。精馏塔中的填料供气液两相接触进行相际传质，位于塔顶的冷

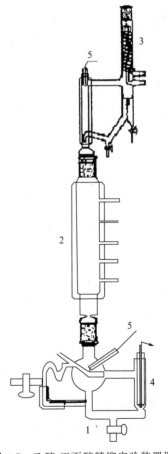

图 4-7 乙醇-正丙醇精馏实验装置图
1—再沸器；2—精馏塔（内装填料）；
3—冷凝器；4—加热器；5—感温器

凝器使蒸气得到部分冷凝，部分凝液作为回流液返回塔顶，其余馏出液是塔顶产品。位于塔底的再沸器使液体部分汽化，蒸气沿塔上升，余下的液体作为塔底产品。进料位置在塔的中部，进料中的液体和上塔段来的液体一起沿塔下降，进料中的蒸气和下塔段来的蒸气一起沿塔上升。在整个精馏塔中，气液两相逆流接触，进行相际传质。液相中的易挥发组分进入气相，气相中的难挥发组分转入液相。对不形成恒沸物的物系，只要设计和操作得当，馏出液将是高纯度的易挥发组分，塔底产物将是高纯度的难挥发组分。进料口以上的塔段，把上升蒸气中易挥发组分进一步提浓，称为精馏段；进料口以下的塔段，从下降液体中提取易挥发组分，称为提馏段。两段操作的结合，使液体混合物中的两个组分较完全地分离，生产出所需纯度的两种产品。其分离过程可通过原理图（图4-8）理解：在塔中加入组成为 X_M 的混合液，其平衡气相组成为 y_3，液相组成为 x_3；气相组分上升，遇到上一塔板下降的冷凝液，气液进行逆流接触，两相接触中，下降液中的易挥发（低沸点）组分不断地向蒸气中转移，组成变成 y_2，蒸气中的难挥发（高沸点）组分不断地向下降液中转移，蒸气愈接近塔顶，其易挥发组分浓度愈高（$y_3 \rightarrow y_2 \rightarrow y_2 \rightarrow B$），而下降液愈接近塔底，其难挥发组分则愈富集（$x_3 \rightarrow x_4 \rightarrow x_5 \rightarrow A$），达到组分分离的目的。由塔顶上升的蒸气进入冷凝器，冷凝的液体一部分作为回流液返回塔顶进入精馏塔中，其余部分则作为馏出液取出。塔底流出的液体，其中一部分送入再沸器，加热后，蒸气返回塔中，另一部分液体作为釜残液取出。

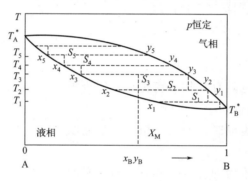

图 4-8　精馏原理图

实验时，可通过精馏塔的取样口注入含 75％丙醇的乙醇-正丙醇混合液，打开冷凝水、再沸器及精馏塔加热器，可先用大电压加热。观察感温器的显示窗口，可以看到再沸器和塔顶温度，根据这两个温度以及冷凝器中的回流液滴下速度，分别调节再沸器加热电压和塔身加热电压，调节出合适的回流比。2～3h 后，可用针头分别抽取塔身取样口的 5 个样品，测试其折射率，用小试管分别接出少量塔顶冷凝器的冷凝液和釜残液，测试其折射率，根据 7 个样品的折射率，在标准曲线上找到其组成，体会精馏塔的分离效果。

九、工匠精神与科学家精神

蒸馏与精馏（扫码阅读新形态媒体资料）。

4-3　蒸馏与精馏

十、实验案例

恒温槽温度：<u>25.0℃</u>　大气压：<u>101.23kPa</u>

1. 记录数据

实验数据见表 4-7 和表 4-8。

表 4-7 乙醇-正丙醇标准溶液的组成及折射率

丙醇质量分数 $w/\%$	n_D^t			
	1	2	3	平均值
0.00	1.3616	1.3616	1.3616	1.3616
10.00	1.3643	1.3642	1.3641	1.3642
20.00	1.3666	1.3667	1.3666	1.3666
30.00	1.3689	1.3690	1.3690	1.3690
40.00	1.3712	1.3712	1.3712	1.3712
50.00	1.3738	1.3736	1.3737	1.3737
60.00	1.3760	1.3759	1.3760	1.3760
70.00	1.3782	1.3782	1.3783	1.3782
80.00	1.3806	1.3806	1.3806	1.3806
90.00	1.3830	1.3830	1.3829	1.3830
100.00	1.3852	1.3852	1.3852	1.3852

表 4-8 乙醇-正丙醇系统沸点、折射率及气、液两相组成

样品编号	沸点 $t/℃$	气相冷凝液		液相	
		n_D^t	丙醇质量分数/%	n_D^t	丙醇质量分数/%
纯乙醇	78.65	—	0.00	—	0.00
$w_丙 = 15\%$	80.90	1.3634	5.75	1.3657	15.54
$w_丙 = 30\%$	83.75	1.3659	16.39	1.3699	33.42
$w_丙 = 45\%$	85.55	1.3686	27.88	1.3727	45.34
$w_丙 = 60\%$	87.50	1.3711	38.53	1.3760	59.60
$w_丙 = 75\%$	90.65	1.3753	56.62	1.3792	73.22
$w_丙 = 90\%$	94.20	1.3808	80.03	1.3823	86.21
纯丙醇	97.15	—	100.00	—	100.00

2. 根据表 4-7 中的数据绘制工作曲线（图 4-9）。

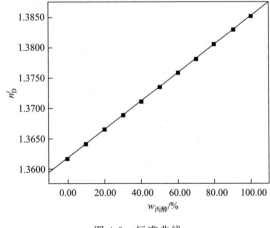

图 4-9 标准曲线

3. 根据表 4-8 中的数据绘制蒸馏曲线（图 4-10）。

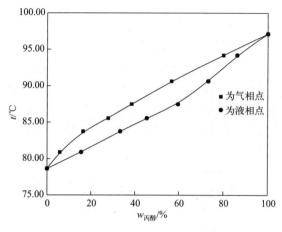

图 4-10　二组分系统沸点-组成图

实验八 ｜ 二组分凝聚系统相图

一、实验目的

1. 掌握热分析法（步冷曲线法）测绘 Pb-Sn 二组分凝聚系统相图的原理和方法。
2. 了解简单固液相图的特点，巩固相律等有关知识。

二、实验原理

相图是表示相平衡体系的存在状态与组成、温度、压力等因素变化的关系图。凝聚系统（仅由液相和固相构成的系统）受压力影响很小，通常不考虑压力对相平衡的影响，因此其相图为温度-组成图。

热分析法（步冷曲线法）是绘制凝聚系统相图的基本方法之一。其原理是根据熔融的系统在冷却过程中温度随时间的变化情况来判断系统有无相变的发生，从而确定系统的状态图。通常是将系统加热全部熔化，然后让其在一定的环境中缓慢冷却，记录冷却过程中不同时刻系统的温度数据，以时间为横坐标，温度为纵坐标，绘制出温度-时间变化曲线图，即步冷曲线（冷却曲线）。当熔融的系统均匀冷却时，如果系统不发生相变，则系统的温度随时间均匀降低，得到一条平滑的步冷曲线；若在冷却过程中系统发生了相变，由于相变过程伴随着放热效应，系统的冷却速率会减慢，系统的温度随时间变化的速率发生改变，步冷曲线上出现转折点或水平线段，转折点或水平线段对应的温度即相变温度。测绘出多条组成不同的系统的步冷曲线就可以绘制出相图。

图 4-11 是具有最低共熔点、固态部分互溶的 Pb-Sn 系统相图及步冷曲线图，步冷曲线图中的样品组成分别为纯 Pb，纯 Sn，含 Sn 30%、61.9%、80%（质量分数）。下面结合吉布斯相律对该图中的步冷曲线进行简单分析。

在固定压力不变的条件下，相律为 $F = C - P + 1$，其中，F 为自由度，C 为独立组分数，P 为相数。

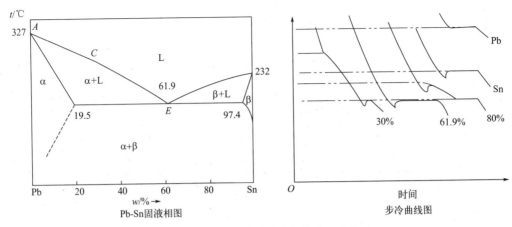

图 4-11　Pb-Sn 凝聚系统的相图及步冷曲线

对于纯组分样品，如纯 Pb 和纯 Sn，$C=1$，$F=2-P$。以纯 Pb 样品为例，在加热完全熔融后，让其缓慢冷却。在凝固点之上，系统中只有液态 Pb 一相，$P=1$，$F=1$，系统温度随时间均匀降低，步冷曲线为一平滑曲线；到凝固点时，开始析出固态，系统中存在固、液两相平衡，$P=2$，自由度为 0，纯 Pb 凝固时放出的相变热补偿了系统向环境散失的热，系统温度不变，步冷曲线呈水平线段（平台）；等体系全部凝固后，只有固态 Pb 一相，其冷却情况同全液态时近似，步冷曲线又呈一平滑曲线。

对于含 Sn 61.9% 的样品，也就是具有低共熔点（E 点）组成的样品，$C=2$，$F=3-P$，开始为金属液态溶液降温，步冷曲线为一平滑曲线；降低至低共熔点温度时，从液相中同时析出两种固相 α 和 β 相（Pb 与 Sn 形成的两种固态溶液，α 相含 Pb 较多，β 相含 Sn 较多），$P=3$，自由度为 0，系统温度不变，步冷曲线出现平台；在液相全部凝固后，系统中只存在 α 和 β 相，$P=2$，$F=1$，系统温度再次均匀降低。其步冷曲线的形状与纯组分样品的很相似。

对于含 Sn 19.5%~97.4% 的样品，如本实验中含 Sn 30% 和 80% 的样品，$C=2$，$F=3-P$，其步冷曲线上不仅出现平台，还会出现折点。以含 Sn 30% 样品为例，开始是金属液态溶液降温，步冷曲线为一平滑曲线；当温度降低到 C 点时，开始析出固相 α，此时系统内存在两相，$F=1$，温度会继续降低，但析出固相 α 时会放出潜热，系统降温的速率变缓，步冷曲线斜率变小，出现折点；在不断析出 α 的同时，液相组成会沿着 CE 线改变，当组成变为 E 点时，从液相中同时析出两种固相 α 和 β 相，自由度为 0，系统温度不变，步冷曲线出现平台；在液相全部凝固后，系统中只存在 α 和 β 相，系统温度再次均匀降低。

对于含 Sn 量小于 19.5% 和大于 97.4% 的样品，其冷却曲线理论上应有三个折点，第一个对应液态溶液中开始析出 α 或 β 相固溶体，第二个对应该固溶体完全析出，第三个对应一种固溶体中开始析出另一种固溶体。由于从一种固溶体中析出另一种固溶体时，放出的热很少，而且过程本身进行极慢，折点温度用本实验的方法测不出，需用淬火-微结构法测得。

三、仪器和药品

仪器：KWL-09 可控升降温电炉，SWKY-1 型数字控温仪（附带控温传感器 Ⅰ 和测温传感器 Ⅱ），不锈钢样品管 5 只，坩埚钳 1 把，劳保手套 1 副。

药品：Pb（A.R.），Sn（A.R.），石墨粉。

四、实验步骤

1. 样品的制备

将纯 Pb，纯 Sn，含 Sn 30％、61.9％、80％（质量分数）的 Pb-Sn 混合物各 100g 分别装入 5 只不锈钢样品管中，表面覆盖一层石墨粉以防金属高温氧化，盖好样品盖子。将样品管放在 KWL-09 可控升降温电炉的样品管架中。常压下，各样品相变温度参考值及样品标号可见表 4-9。

表 4-9 Pb-Sn 二组分系统相变温度参考值 　　　　　　　　　单位：℃

位置	Sn 质量分数				
	0（5 号）	30％（2 号）	61.9％（3 号）	80％（4 号）	100％（1 号）
平台	327	183	183	183	232
转折点		245			202

2. 冷却曲线测定

（1）仪器连接

如图 4-12 所示，用电源线将 KWL-09 可控升降温电炉与 SWKY-1 型数字控温仪连接，将可控升降温电炉的"冷风量调节"逆时针旋到最小。取两待测样品插入可控升降温电炉的加热炉口，分别将传感器 Ⅰ、Ⅱ 插入加热炉口 Ⅰ 和 Ⅱ 中的样品中，注意不要插错位置。其中传感器 Ⅰ 用以控制电炉加热和测试该样品的温度，传感器 Ⅱ 用以测试该样品的温度。

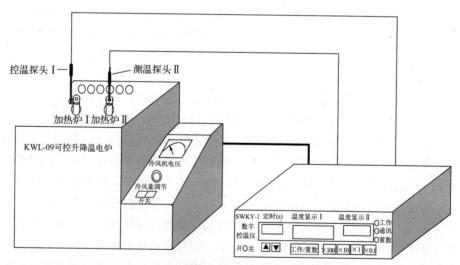

图 4-12　凝聚系统相图实验测定装置

（2）设定加热温度（以含 Sn 30％的样品为例）

打开数字控温仪的开关，按"工作/置数"键，控温仪处于置数状态（可控升降温电炉的加热电炉处于不工作状态）。依次按温度设置键的"×100"和"×10"键调节加热电炉的设定温度为 280℃，控温仪面板中央的温度显示屏 Ⅰ 将显示出设定加热温度。按定时调节键，将时间间隔设定为 10s，仪器中的蜂鸣器将每 10s 响一声提示计数。

（3）样品的测定

按"工作/置数"键将控温仪置于工作状态，加热电炉开始升温，加热至两个样品温度均达到设定温度，将控温仪设为"置数"状态，使电炉停止加热。依情况调节电炉"冷风量调节"旋钮，使降温速度控制在 6℃·min⁻¹ 为宜。

（4）数据记录

每隔 10s 记录一次样品温度。计时器设置为每 10s 提示一次，记录两个样品温度，可在温度低于样品末次相变温度 20~30℃时停止记录。样品测试完毕，待样品温度接近室温后，将样品管夹回样品管架中。

也可利用微机联机采集实验数据，实现步冷曲线和相图的自动绘制。

（5）其余样品测定

重复如上操作继续测定余下样品。其中 5 号样品单独测定。

（6）实验完毕

将电炉及控温仪的开关关闭并拔下电源，将所有样品按标号放回样品管架中。若利用微机采集实验数据，将控温仪设置于"置数"状态，直至最后一位同学采集完数据，方可关闭控温仪电源。

五、实验注意事项

1. 在用坩埚钳夹热的样品时，一定要夹住夹稳，以免烫伤。

2. 传感器 I 具有两个功能，控制电炉加热和测量加热炉 I 内样品的温度，传感器 II 的功能仅为测量加热炉 II 内样品的温度，切忌用错。

3. 不锈钢样品管无法直接判断样品完全熔融，可通过观测加热时样品的升温情况进行判断，当有相变时，系统升温变缓或温度保持不变，完全熔融后则温度上升较快。

4. 样品组成在测试过程中要保持不变，需防止高温氧化。因此 1~4 号样品和 5 号样品加热温度不同。

5. 凝聚系统相图是在常压下、系统处于相平衡状态下的状态图，系统冷却速度必须足够慢才可满足相平衡条件，由于实验时间有限，需适度掌握降温速率。

六、数据记录与处理

1. 数据记录

实验数据可填入表 4-10 中。

表 4-10　各样品（组成按质量分数）降温过程温度随时间变化情况

（时间间隔为 10s）

时间/s	温度/℃				
	纯 Sn	Sn 30%	Sn 61.9%	Sn 80%	纯 Pb
10					
20					
⋮					

2. 根据实验数据以时间为横坐标、温度为纵坐标绘出所有样品的步冷曲线，并在图中标出每条曲线上的折点或（和）平台温度。

3. 根据步冷曲线上得到的组成和相变温度，以组成为横坐标、温度为纵坐标绘出 Pb-Sn 二组分凝聚系统相图。绘制时，含 Sn 量小于 19.5％和大于 97.4％的部分可参见本实验原理绘制。

七、思考题

1. 为什么样品在加热时，温度不可过高或过低？

2. 不同组成的混合物其低共熔点是否一致？纯物质及低共熔点组成系统的冷却曲线和其余混合组成的冷却曲线有何显著不同？

3. 冷却曲线各段的斜率以及水平段的长短与哪些因素有关？

八、实验探讨与拓展

1. 出现过冷现象时相变温度的确定方法

在实际绘制步冷曲线时，由于过冷现象的存在，步冷曲线上可能会出现低谷。出现这种现象的原因是当开始析出少量固相时，系统释放出的热量不足以抵消外界冷却所吸收的热量。因此体系会进一步降低至相变温度以下，这样就会导致同时形成众多的微小结晶，温度回升。过冷现象的存在，会导致步冷曲线的水平线段变短，甚至难以确定转折点。当有过冷现象出现时，可以采用线性外推法来确定比较合理的相变温度。

2. 绘制凝固系统相图所用技术简介

具有低共熔点的 Pb-Sn 系统相图，是部分互溶固-液体系相图比较典型的案例。Pb-Sn 系统有 1 条三相共存线和 3 个两相区并且在两侧各有一个固溶区。其中含 Pb 量高的 α 固溶体部分常称为 α 区，含 Sn 量高的 β 固溶体部分则称为 β 区。以 Sn 含量为 30％的样品为例，当系统冷却到 C 点温度时，开始有固相开始析出，此时析出的固相应该为 α 固溶体。由相律可知，在不考虑压力因素的影响下，此时系统自由度为 1，温度仍然可以下降。随着含 Pb 量高的固溶体 α 的析出，那么液相中 Pb 的含量就会逐渐减少，当温度降至低共熔点温度时，液相组成达到低共熔组成，此时含 Sn 量高的 β 固溶体开始析出，系统变成了三相共存，自由度为 0，冷却曲线上出现平台。到液相全部析出成 α 和 β 两个固相，液相消失，自由度为 1，温度又开始均匀下降。

虽然测定不同组分的一系列步冷曲线就可以绘制相图，但很多情况下体系相变化所产生的热效应很小，表现在步冷曲线上拐点并不明显。此时可以采用更加灵敏的方法来测定，比如差热分析法（DTA）或差示扫描法（DSC）。

想要完整地测绘一个相图，除了采用热分析的方法外，常常还需要借助其他的技术。比如可以用 X 射线衍射方法、金相显微镜以及化学分析等手段来确定 α、β 两个固相以及固溶区线的存在。

九、科学史阅读

青铜器与《考工记》（扫码阅读新形态媒体资料）。

十、案例分析

室温：<u>17.0℃</u>　大气压：<u>101.20kPa</u>

4-4 青铜器与
《考工记》

1. 数据记录

记录的数据见表 4-11。

表 4-11 各样品（组成按质量分数）降温过程温度随时间变化情况

（时间间隔为 10s）

时间/s	温度/℃				
	纯 Sn	Sn 30%	Sn 61.9%	Sn 80%	纯 Pb
10	259.9	269.8	207.9	222.0	348.3
20	258.8	268.6	205.9	220.9	347.3
30	257.6	267.0	202.3	218.9	346.2
40	256.4	264.7	199.0	216.4	345.3
50	255.1	262.0	195.2	214.2	344.2
60	254.0	259.9	191.6	212.3	343.1
70	252.8	257.6	188.2	210.5	342.2
80	251.5	255.2	185.4	209.2	341.1
90	250.3	252.1	183.8	208.0	340.1
100	249.1	248.0	182.9	207.0	339.1
110	247.9	246.0	182.5	206.1	338.0
120	246.7	244.1	182.3	205.2	337.0
130	245.5	242.0	182.2	204.5	336.1
140	244.3	239.9	182.1	203.8	335.1
150	243.1	237.5	181.9	203.1	334.3
160	241.9	235.9	182.1	202.5	333.5
170	240.7	233.5	182.1	201.9	332.7
180	239.5	231.4	182.1	201.3	332.0
190	238.3	229.2	182.1	200.6	331.5
200	237.1	226.7	182.1	199.9	330.9
210	236.0	224.5	182.1	199.2	330.2
220	234.7	222.2	182.1	198.4	329.7
230	233.6	219.7	182.0	197.7	329.2
240	232.4	217.4	182.0	196.9	328.7
250	231.3	215.5	181.9	196.2	328.3
260	230.1	213.0	181.8	195.4	327.9
270	228.9	210.7	181.7	194.6	327.4
280	227.7	208.4	181.6	193.8	327.1
290	226.6	206.0	181.5	193.1	326.8
300	225.4	203.5	181.2	192.2	326.5
310	224.4	201.3	181.1	191.4	326.3
320	223.2	199.0	180.9	190.5	326.2

续表

时间/s	温度/℃				
	纯 Sn	Sn 30%	Sn 61.9%	Sn 80%	纯 Pb
330	222.0	196.5	180.8	189.6	326.2
340	219.9	194.3	180.5	188.8	326.2
350	222.4	191.9	180.3	188.0	326.1
360	226.8	189.7	180.1	187.0	326.1
370	229.1	187.5	179.8	186.2	326.1
380	230.3	185.3	179.5	185.3	326.1
390	231.0	183.1	179.1	184.4	326.0
400	231.4	180.8	178.1	183.7	326.0
410	231.6	179.0	177.5	183.1	325.9
420	231.7	176.9	176.4	182.8	325.9
430	231.8	175.5	174.4	182.7	325.8
440	231.8	175.1	171.9	182.5	325.7
450	231.8	177.3	169.1	182.4	325.6
460	231.8	178.5	166.0	182.4	325.6
470	231.8	179.5	163.0	182.3	325.4
480	231.8	180.1	160.1	182.2	325.3
490	231.8	180.5		182.1	325.2
500	231.8	180.7		182.1	324.9
510	231.8	180.8		182.0	324.8
520	231.8	180.8		181.8	324.5
530	231.8	180.7		181.7	324.3
540	231.7	180.5		181.6	324.0
550	231.6	180.3		181.4	323.6
560	231.5	180.1		181.3	323.3
570	231.5	179.7		181.1	322.9
580	231.4	179.2		180.9	322.4
590	231.3	178.5		180.8	322.0
600	231.2	177.4		180.5	321.5
610	231.1	175.6		180.2	320.8
620	230.9	173.7		180.0	320.2
630	230.7	171.5		179.6	319.4
640	230.5	169.4		179.1	318.5
650	230.3	167.3		178.6	317.5
660	230.1	165.1		178.1	316.0
670	229.8	163.1		177.5	314.1
680	229.6	161.1		176.9	312.3

续表

时间/s	温度/℃				
	纯 Sn	Sn 30%	Sn 61.9%	Sn 80%	纯 Pb
690	229.3			176.0	310.3
700	229.0			174.6	308.4
710	228.7			172.9	306.4
720	228.4			170.9	
730	228.0			168.8	
740	227.5			164.9	
750	227.0			162.7	
760	226.5			160.9	
770	225.8				
780	225.0				
790	223.8				
800	222.1				
810	220.1				
820	217.9				
830	215.5				
840	213.5				
850	211.3				
860	209.2				
870	207.2				
880	205.1				

2. 根据实验数据以时间为横坐标、温度为纵坐标绘出所有样品的步冷曲线，并在图中标出每条曲线上的折点或（和）平台温度。见图 4-13～图 4-17。

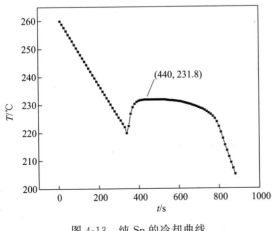

图 4-13　纯 Sn 的冷却曲线

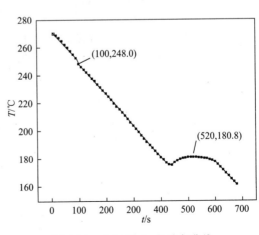

图 4-14　含 30% Sn 的冷却曲线

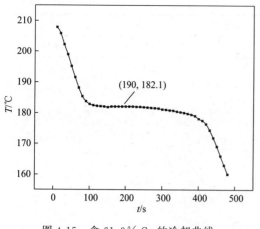

图 4-15　含 61.9％ Sn 的冷却曲线

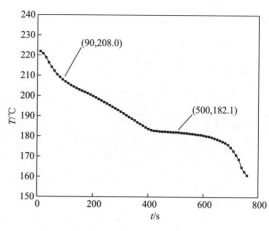

图 4-16　含 80％ Sn 的冷却曲线

由实验所测冷却曲线图可知，纯 Sn 冷却曲线的平台温度为 231.8℃；含 30％ Sn 的冷却曲线的平台温度为 180.8℃，转折点不明显，大致为 248.0℃；含 61.9％ Sn 的冷却曲线的平台温度为 182.1℃；含 80％ Sn 的冷却曲线的平台温度为 182.1℃，转折点为 208.0℃；纯 Pb 冷却曲线的平台温度为 326.1℃。

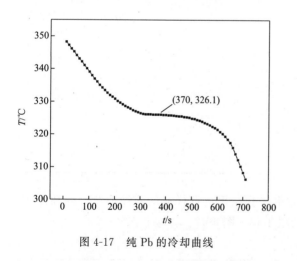

图 4-17　纯 Pb 的冷却曲线

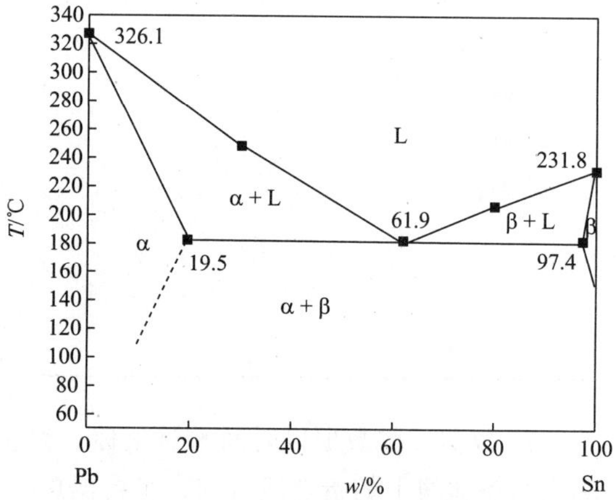

图 4-18　Sn-Pb 凝聚系统的相图

3. 根据步冷曲线上得到的组成和相变温度，以组成为横坐标、温度为纵坐标绘出 Pb-Sn 二组分凝聚系统相图，如图 4-18，绘制时含 Sn 量小于 19.5％和大于 97.4％的部分可参见本实验原理绘制。

第五章
电化学实验

在物理化学的众多分支中,电化学是以大工业为基础的学科。电化学在化工、冶金、机械、电子、航空、航天、轻工、仪表、医学、材料、能源、金属腐蚀与防护、环境科学等科技领域得到了广泛的应用。电化学技术不仅与国家战略核心技术密切相关,还与人们的日常生活息息相关。

2012年6月16日,中国首个宇宙实验室项目921-2计划的组成部分"神舟九号飞船",在发射12分钟后,在浩瀚太空中成功展开位于其两侧的一对美丽翅膀,这对翅膀就是太阳能光伏电池帆板,为其遨游太空并完成空间探测任务提供着不竭的动力。此外,神舟九号电源系统中还有镉镍蓄电池和高性能比新型银锌电池,共同构成神舟九号强大的"心脏"。

2011年,中国国产自主汽车品牌比亚迪首次参加了在比利时举办的欧洲世界客车展。在全球一线客车厂商中,只此一家带来了电动大巴。2013年,比亚迪纯电动大巴从荷兰开始登陆欧洲市场。2015年,比亚迪专为英国打造的全球首辆纯电动双层大巴在伦敦亮相,如图5-1,并于2016年投入运营。

图5-1 比亚迪专为英国打造的全球首辆纯电动双层大巴

实验九 | 弱酸解离常数的测定

一、实验目的

1. 用电导法测定醋酸在水溶液中的解离平衡常数。
2. 掌握电导率仪的测量原理和使用方法。

二、实验原理

一元弱酸弱碱的解离平衡常数 K 与解离度 α 有一定的关系。醋酸（HAc）溶液存在着如下解离平衡：

$$HAc(aq) \Longleftrightarrow H^+(aq) + Ac^-(aq)$$

起始浓度/$(mol \cdot L^{-1})$ c 0   0

平衡浓度/$(mol \cdot L^{-1})$ $c-c\alpha$ $c\alpha$ $c\alpha$

则
$$K = c\alpha^2/(1-\alpha) \tag{5-1}$$

由电化学理论可知，浓度为 c 的弱电解质稀溶液的解离度 α 等于该浓度下的摩尔电导率 Λ_m 和溶液无限稀释摩尔电导率 Λ_m^∞ 之比，即

$$\alpha = \frac{\Lambda_m}{\Lambda_m^\infty} \tag{5-2}$$

将式(5-2)代入式(5-1)得：

$$K = \frac{c\Lambda_m^2}{\Lambda_m^\infty(\Lambda_m^\infty - \Lambda_m)} \tag{5-3}$$

在式(5-3)中，c 为已知，Λ_m 可通过实验求得，Λ_m^∞ 可以应用离子独立运动定律计算得到。

$$\Lambda_m^\infty(HAc) = \Lambda_m^\infty(H^+) + \Lambda_m^\infty(Ac^-) \tag{5-4}$$

在 298.15K 时，$\Lambda_m^\infty(HAc) = 3.907 \times 10^{-2} \ S \cdot m^2 \cdot mol^{-1}$。

如何测定指定温度和浓度下溶液的摩尔电导率 Λ_m 呢？对此，可通过测定电导池里稀溶液的电导 G 或电导率 κ 来解决。此时有

$$G = \frac{1}{R} = \kappa\left(\frac{A}{l}\right) \tag{5-5}$$

式中，电导率 κ 的单位是 $S \cdot m^{-1}$；l 为测量的电导电极两极片间的间距，m；A 为电极片的截面积，m^2。对于一个固定的电导池，l 和 A 都是定值，故比值 l/A 为一常数，将之称为电池常数，记为 K_{cell}。此时式(5-5)可改写为

$$\kappa = \frac{K_{cell}}{R} \tag{5-6}$$

而
$$\Lambda_m = \frac{\kappa}{1000c} \tag{5-7}$$

式中，浓度 c 的单位是 $mol \cdot L^{-1}$，而摩尔电导率 Λ_m 的单位是 $S \cdot m^2 \cdot mol^{-1}$。

根据以上关系，只要用电导率仪在指定温度下测得不同浓度下的电导率 κ，就可以计算出摩尔电导率 Λ_m，再根据式(5-3)，即可计算出解离平衡常数 K（25℃一些弱酸、弱碱的解离常数可见附录2-6）。

三、仪器和药品

仪器：电导率仪，铂黑电导电极，水浴锅，温度计，100mL 容量瓶 5 个，移液管（10mL、25mL、50mL）各 1 只，50mL 烧杯 4 个。

药品：$0.1mol \cdot L^{-1}$ HAc 溶液，去离子水。

四、实验步骤

1. 不同浓度 HAc 溶液的配制

将 3 个洗净的 100mL 容量瓶编号为 2、3、4，依次用 50mL、25mL、10mL 移液管从 1 号瓶（1 号瓶中为实验室已配好的准确浓度的 HAc 溶液）中吸取准确浓度的 HAc 溶液，分别置于 2、3、4 号容量瓶中，然后用蒸馏水稀释至刻度，混合均匀。算出各瓶溶液的准确浓度，记录在表 5-1 中。

2. 不同浓度 HAc 溶液电导率的测定

将待测溶液倒入 50mL 烧杯中，然后将烧杯放入恒温水浴（水温为 25℃或 30℃），恒温 3～5min 后，搅拌溶液（玻璃棒使用前应用滤纸擦干），轻轻插入用待测溶液洗过的电导电极，使液面高于电极 1～3cm 进行测量，连续测定 2 次，取平均值。用同样的方法测出其他各容量瓶中溶液的电导率，将数据记录在表 5-1 中。测定结束后，拆下电极，用蒸馏水洗涤干净擦干，放回电极盒中。电导率仪和电极的使用方法详见附录 1-5。

注意：测定不同浓度 HAc 溶液的电导率时，应该按由稀到浓的顺序依次进行。

3. 电导水电导率的测定

将电导电极用电导水洗涤 3 次，放入已恒温的电导水中，恒温 2min 后，测电导水的电导率 2 次，取平均值。

五、实验注意事项

1. 实验中恒温槽的温度要控制在（25.0±0.1）℃或（30.0±0.1）℃，且测量必须在同一温度下进行。
2. 注意保护铂黑电极，铂黑面不能擦拭。
3. 每次测定前，都必须将电导电极洗涤干净，以免影响测定结果。
4. 电导率测定时，测定顺序按照溶液浓度由稀到浓的顺序进行。

六、数据记录与处理

1. 数据记录

HAc 溶液电导率的测定及数据处理见表 5-1。

2. 数据处理

将表 5-1 中测得的 HAc 溶液电导率 κ 代入式(5-7)中求出 Λ_m，通过式(5-2)求得 α，进而求出 HAc 溶液的解离平衡常数 K，并将结果汇总于表 5-1。

室温：_____℃ 电极常数：_____

表 5-1 HAc 溶液电导率的测定及数据处理

待测 HAc 溶液编号	待测 HAc 溶液浓度 $c/(mol \cdot L^{-1})$	醋酸电导率 $\kappa/(S \cdot m^{-1})$	摩尔电导率 Λ_m $/(S \cdot m^2 \cdot mol^{-1})$	解离度 α	解离平衡常数 K
1 号（原液）					
2 号					
3 号					
4 号					
水的电导率			平均值：		

注：实验测出的数值，其单位是 $\mu S \cdot cm^{-1}$，需要注意单位换算。

七、思考题

1. 什么叫溶液的电导、电导率和摩尔电导率？
2. 电解质溶液的电导与哪些因素有关？
3. 测定溶液的电导率时，为什么需按照溶液浓度由稀到浓的顺序进行？
4. HAc 溶液的解离平衡常数 K 值与浓度是否有关？

八、化学与哲学

酸碱理论的发展——否定之否定才是科学道路（扫码阅读新形态媒体资料）。

5-1 酸碱理论的发展——否定之否定才是科学道路

九、实验案例

以 25.0℃数据为例，测定不同浓度 HAc 溶液电导率，计算摩尔电导率、解离度及解离平衡常数，并将结果填入表 5-2 中。

室温：21.6℃ 大气压：100.62kPa

表 5-2 HAc 溶液电导率的测定及数据处理表

序号	待测 HAc 溶液浓度 $c/(mol \cdot L^{-1})$	醋酸电导率 $\kappa/(10^{-4} S \cdot m^{-1})$	摩尔电导率 Λ_m $/(10^{-4} S \cdot m^2 \cdot mol^{-1})$	解离度 α	解离平衡常数 $K \times 10^5$
1	0.100	493.6	4.936	0.0126	1.609
		491.2	4.912		
2	0.050	348.5	6.970	0.0178	1.587
		347.8	6.956		
3	0.025	243.3	9.732	0.0249	1.587
		242.8	9.712		
4	0.010	156.3	1.563	0.0399	1.662
		155.8	1.558		

已知：25℃时无限稀释的 HAc 水溶液的摩尔电导率为 3.907×10^{-2} S·m²·mol⁻¹。

误差分析：

① 仪器洗涤不干净。

② 数据读数不准确。

③ 计算的误差。

实验十 | 电导法测定难溶盐的溶解度

一、实验目的

1. 掌握电导法测定难溶盐溶解度的原理和方法。

2. 掌握电导率仪的使用方法。

二、实验原理

一些难溶盐（如 AgCl、BaSO₄、PbSO₄ 等）在水中的溶解度很小，无法用普通的滴定方法精确测定其溶解度，但可以通过测定电导率的方法获得。现以 PbSO₄ 为例说明。

在一定的温度下，PbSO₄ 饱和水溶液的电导率应等于 PbSO₄ 的电导率与 H₂O 的电导率的加和。对于一定浓度的强电解质溶液，H₂O 解离对溶液的电导率的贡献可以忽略。但对于浓度很小的 PbSO₄ 饱和溶液，水的解离对溶液电导率的贡献已不能忽略。因此，溶解了的 PbSO₄ 的电导率等于饱和溶液的电导率减去水的电导率。即

$$\kappa(PbSO_4) = \kappa(PbSO_4 \text{ 溶液}) - \kappa(H_2O) \tag{5-8}$$

由于 PbSO₄(s) 的溶解度很小，其饱和溶液的浓度仍然是很低的。而溶解了的 PbSO₄ 又是强电解质，一旦溶解即全部解离，因此可以认为 $\Lambda(PbSO_4) \approx \Lambda_m^\infty(PbSO_4)$，而 $\Lambda_m^\infty(PbSO_4)$ 的值可根据离子独立运动定律由无限稀释水溶液中离子的摩尔电导率相加而得，即

$$\Lambda(PbSO_4) \approx \Lambda_m^\infty(PbSO_4) = \Lambda_m^\infty(Pb^{2+}) + \Lambda_m^\infty(SO_4^{2-}) \tag{5-9}$$

同时，溶液浓度与电导率的关系可用下式表示：

$$c(PbSO_4) = \frac{\kappa(PbSO_4)}{1000\Lambda_m^\infty(PbSO_4)} \tag{5-10}$$

式中，电导率 κ 的单位为 S·m⁻¹；无限稀释摩尔电导率 Λ_m^∞ 的单位为 S·m²·mol⁻¹；溶液浓度 c 的单位为 mol·L⁻¹。

如果知道 PbSO₄ 的无限稀释摩尔电导率（一些离子在 25℃水溶液中的无限稀释摩尔电导率可见附录 2-7），即可根据式(5-10) 求得 PbSO₄ 饱和溶液的浓度 $c(PbSO_4)$ [习惯上称之为 PbSO₄(s) 的溶解度]，进而利用式(5-11) 计算难溶盐 PbSO₄ 的溶度积 K_{sp}。

$$K_{sp} = \frac{c(Pb^{2+})c(SO_4^{2-})}{(c^\ominus)^2} = \frac{c^2(PbSO_4)}{(c^\ominus)^2} \tag{5-11}$$

式中，$c^\ominus$ 为 1mol·L⁻¹。

三、仪器和药品

仪器：电子天平（0.1mg），超级恒温槽，电导率仪，铂黑电导电极，500mL 烧杯 1 只，250mL 锥形瓶 6 只，封闭式电炉。

药品：硫酸铅（A.R.），$0.01mol \cdot L^{-1}$ 的 KCl 标准溶液，蒸馏水（电导率小于 $1\mu S \cdot cm^{-1}$，电导水）。

四、实验步骤

1. 制备 $PbSO_4$ 饱和溶液

在电子天平上称取 1.0g 左右的硫酸铅固体放入烧杯中，加入 100mL 蒸馏水，在电炉上加热煮沸，保持沸腾 10min，随后倒出上层清液，再次加入 100mL 蒸馏水，重复上述操作。之后，在烧杯中加入 200mL 蒸馏水，煮沸 10min，然后静置冷却，得 $PbSO_4$ 饱和溶液。

2. 电极常数的标定

打开恒温槽电源，设定温度为 25℃，控温精度为 ±0.1℃。将 $0.01mol \cdot L^{-1}$ 的 KCl 标准溶液约 50mL 倒入一只锥形瓶中，盖好塞子，恒温 10min 以上。将电导电极从盛有蒸馏水的锥形瓶中取出，用滤纸仔细吸干附着的水，并小心转移到恒温好的 KCl 标准溶液中。按照仪器使用说明进行操作，标定电导电极常数（电导率仪及电极的使用说明参见附录 1-5，不同浓度 KCl 标准溶液的电导率可见附录 2-8）。标定完成后，仔细清洗电极 3 次以上，置于蒸馏水中保存。

3. $PbSO_4$ 溶液和纯水电导率的测定

将第一步制好的硫酸铅饱和溶液分成三份，测其电导率值，取平均值。具体操作为：取约 50mL $PbSO_4$ 饱和溶液的上清液倒入锥形瓶中，盖好塞子；取等量的配制饱和溶液所用的蒸馏水约 50mL 倒入另一锥形瓶中，盖好塞子。将两个锥形瓶均放入恒温槽中恒温 10min 以上。将电极转移到装有纯水的锥形瓶中，读取蒸馏水电导率值 κ（H_2O），每隔 1min 记录一次数据，直至有 3～5 组数据所测电导率值基本相等为止。随后将电极用少量 $PbSO_4$ 饱和溶液润洗 2～3 次，转移到恒温的 $PbSO_4$ 饱和溶液锥形瓶中，以同样的方法测定溶液的电导率 κ（$PbSO_4$ 溶液），记录电导率值直至有 3～5 组数据所测电导率值基本相等。

实验完毕，取出电极，仔细清洗后转移到蒸馏水瓶中保存。回收 $PbSO_4$ 溶液，洗涤仪器，关闭恒温槽及电导率仪电源，整理实验台并做好实验室卫生。

五、实验注意事项

1. 铂黑电导电极上的溶液不能擦，应用滤纸吸，以免破坏电极表面。

2. 测水及溶液的电导率前，电极务必要反复冲洗，特别是测水的电导率前。

3. 配制溶液需用电导水（电导率小于 $1\mu S \cdot cm^{-1}$）。其处理方法是，向蒸馏水中加入少量高锰酸钾，用硬质玻璃烧瓶进行蒸馏而得。

4. 制备饱和溶液时必须经三次煮沸，以除去可溶性杂质。

5. 温度对电导有较大影响，所以电导率测定时必须在恒温槽中恒温后方可测定。

六、结果记录与处理

1. 数据记录

实验温度：_____℃

将测得的电导率值记录在表 5-3 中。

表 5-3　PbSO₄ 溶液电导率测定数据记录表

次数	1	2	3	平均值
$\kappa_{H_2O}/(\mu S \cdot cm^{-1})$				
$\kappa_{PbSO_4溶液}/(\mu S \cdot cm^{-1})$				

2. 数据处理

（1）将测得的电导率值代入式（5-8）中求出 κ_{PbSO_4}。

（2）查附录 2-7，计算 25℃$\Lambda_m^\infty(PbSO_4)$，据式（5-10）和式（5-11）计算 PbSO₄ 溶液的浓度 $c(PbSO_4)$ 及溶度积 K_{sp}。

七、思考题

1. 若饱和溶液中可溶性杂质未完全去除，对所测电导率有何影响？
2. 电导电极不用时，应怎样保存？

八、拓展阅读

"绿水青山就是金山银山"（扫码阅读新形态媒体资料）。

5-2　"绿水青山就是山银山"

九、实验案例

测得的 PbSO₄ 溶液电导率数据见表 5-4。

室温：25.0℃

表 5-4　PbSO₄ 溶液电导率测定数据记录表

次数	1	2	3	平均值
$\kappa_{H_2O}/(\mu S \cdot cm^{-1})$	0.9865	0.9983	0.9921	0.9923
$\kappa_{PbSO_4溶液}/(\mu S \cdot cm^{-1})$	38.5892	38.5728	38.6126	38.5915

$$\kappa_{PbSO_4} = \kappa_{PbSO_4溶液} - \kappa_{H_2O} = (38.5915 - 0.9923)\mu S \cdot cm^{-1} = 37.5992 \mu S \cdot cm^{-1}$$

$$c(PbSO_4) = \frac{\kappa_{PbSO_4}}{1000\Lambda_{PbSO_4}^\infty}$$

$$= \frac{37.5992 \times 10^{-4} S \cdot m^{-1}}{3.02 \times 10^{-2} S \cdot m^2 \cdot mol^{-1}} = 1.245 \times 10^{-4} mol \cdot L^{-1}$$

$$K_{sp} = \frac{c(Pb^{2+})c(SO_4^{2-})}{(c^\ominus)^2} = \frac{c^2(PbSO_4)}{(c^\ominus)^2} = 1.55 \times 10^{-8}$$

25℃文献值：$K_{sp}(PbSO_4) = 1.6 \times 10^{-8}$

相对误差：$E_r = (1.55 \times 10^{-8} - 1.6 \times 10^{-8})/1.6 \times 10^{-8} \times 100\% = -3.1\%$。

实验十一 | 原电池热力学

一、实验目的

1. 掌握利用原电池电动势计算电化学反应热力学函数的原理和方法。
2. 掌握对消法测量原电池电动势的原理和方法。
3. 掌握电位差计和检流计的使用方法。
4. 计算原电池的标准电池电动势 $E^\ominus$ 及难溶盐 $PbSO_4$ 的溶度积 K_{sp}。

二、实验原理

1. 电化学反应 $\Delta_r G_m$、$\Delta_r S_m$ 及 $\Delta_r H_m$ 的计算

根据热力学第二定律，若化学反应系统在恒温、恒压、可逆条件下进行，且与环境之间存在非体积功交换时，有

$$\Delta_r G_m(T,p) = W_r' \tag{5-12}$$

当反应系统为原电池，其可逆放电并对环境所做的 W_r' 为电功时，式(5-12) 可写为

$$\Delta_r G_m(T,p) = -zFE \tag{5-13}$$

式中，z 表示反应进度为 1mol 时得失电子的物质的量；F 为法拉第常数；zF 为通过电路中的电量；E 为反应温度 T 下可逆电池的电动势。

该温度 T 下的摩尔反应熵为

$$\Delta_r S_m = zF\left(\frac{\partial E}{\partial T}\right)_p \tag{5-14}$$

摩尔反应焓为

$$\Delta_r H_m = \Delta_r G_m + T\Delta_r S_m = -zFE + zFT\left(\frac{\partial E}{\partial T}\right)_p \tag{5-15}$$

通过测定恒压下电池在不同温度下的电动势，作 E-T 关系图。进而从曲线的斜率即可求得某一温度下的电池温度系数 $\left(\frac{\partial E}{\partial T}\right)_p$，或通过所测数据回归出 E 与 T 关系式后，将 E 对 T 求导即可获得 $\left(\frac{\partial E}{\partial T}\right)_p$。

2. 计算实验电池在 25℃ 的标准电池电动势 $E^\ominus$ 和 $PbSO_4$ 的溶度积 K_{sp}

本实验将化学反应

$$Zn(s) + PbSO_4 \Longrightarrow Zn^{2+} + SO_4^{2-} + Pb(s)$$

设计成可逆原电池，电池表示为

$$Zn(Hg) \mid ZnSO_4(0.2mol \cdot L^{-1}) \mid PbSO_4(s) \mid Pb(Hg)$$

电池的阳极为锌电极，阴极为铅-硫酸铅电极，两电极公用 $ZnSO_4$ 溶液，因此这是一个无液体接界电势的单液电池。当电流 $I \to 0$ 时，电池反应可逆进行，两电极间电势差为电动势。

(1) 标准电池电动势 $E^\ominus$ 及标准电极电势 $E^\ominus[SO_4^{2-} \mid PbSO_4(s) \mid Pb]$ 的计算

根据能斯特方程，电动势与溶液离子的活度有如下关系：

$$E = E^{\ominus} - \frac{RT}{nF}\ln\prod_{B} a_B^{\nu_B} = E^{\ominus} - \frac{RT}{2F}\ln[a(\text{Zn}^{2+})a(\text{SO}_4^{2-})] \tag{5-16}$$

式中，阴、阳离子活度 a_-、a_+ 与平均离子活度 $a_\pm$、平均离子活度因子 $r_\pm$、平均离子质量摩尔浓度 $b_\pm$ 的关系，即

$$a_\pm^{\nu} = a_+^{\nu_+} a_-^{\nu_-} \quad \text{及} \quad a_\pm = \gamma_\pm \frac{b_\pm}{b^{\ominus}} \tag{5-17}$$

将式(5-17)代入式(5-16)得

$$E = E^{\ominus}[\text{SO}_4^{2-} \mid \text{PbSO}_4(s) \mid \text{Pb}] - E^{\ominus}[\text{Zn}^{2+} \mid \text{Zn}] - \frac{RT}{F}\ln[\gamma_\pm b_\pm / b^{\ominus}] \tag{5-18}$$

ZnSO_4 为 2-2 型电解质，$b(\text{Zn}^{2+}) = b(\text{SO}_4^{2-})$，$b_\pm = [b(\text{Zn}^{2+})b(\text{SO}_4^{2-})]^{\frac{1}{2}} = b$。已知 25℃下，$0.2\text{mol·L}^{-1}$ ZnSO_4 水溶液的 $\gamma_\pm = 0.104$，$E^{\ominus}[\text{Zn}^{2+} \mid \text{Zn}] = -0.7628\text{V}$（25℃水溶液中一些电极的标准电极电势可见附录 2-9）。测出 25℃电池电动势 E，利用式(5-18)，即可求出 25℃时的 $E^{\ominus}[\text{SO}_4^{2-} \mid \text{PbSO}_4(s) \mid \text{Pb}]$ 及实验电池的标准电池电动势 $E^{\ominus}$。

(2) PbSO_4 溶度积 K_{sp} 的计算

PbSO_4 为难溶盐，其溶度积即为下列反应的平衡常数 K_a。

$$\text{PbSO}_4(s) \Longrightarrow \text{Pb}^{2+} + \text{SO}_4^{2-}$$

$$K_{sp} = K_a = a(\text{Pb}^{2+})a(\text{SO}_4^{2-}) \tag{5-19}$$

将上述反应设计为如下原电池

$$(\text{Hg})\text{Pb}(s) \mid \text{Pb}^{2+} \parallel \text{SO}_4^{2-} \mid \text{PbSO}_4 \mid \text{Pb}(\text{Hg})$$

该电池反应达到平衡时，$E = 0$。此时由能斯特方程得

$$E^{\ominus} = E^{\ominus}[\text{SO}_4^{2-} \mid \text{PbSO}_4(s) \mid \text{Pb}] - E^{\ominus}[\text{Pb}^{2+} \mid \text{Pb}] = \frac{RT}{2F}\ln K_{sp} \tag{5-20}$$

已知 25℃时 $E^{\ominus}[\text{Pb}^{2+} \mid \text{Pb}] = -0.1205\text{V}$，利用上述获得的 $E^{\ominus}[\text{SO}_4^{2-} \mid \text{PbSO}_4(s) \mid \text{Pb}]$ 及式(5-20)即可计算出 PbSO_4 的溶度积 K_{sp}。

3. 对消法测量电动势的原理

电池电动势是当电池回路中电流趋于零时电池两极间的电势差。因此，测定电池电动势必须在通过电路的电流无限接近于零的条件下进行，为此需采用波根多夫对消法（又称补偿法）进行测定，其原理如图 5-2 所示。

图 5-2 中 E_W 为工作电池电动势，E_N 为标准电池电动势，E_X 为待测电池电动势，G 为检流计，AB 为标准电阻。工作电池与电阻 AB 构成一回路，在该回路中有稳定电流通过，因而在电阻 AB 上产生均匀的电压降。而待测电池的正极经检流计 G 与电阻 A 端（工作电池正极）相连，负极则连接到电阻 AB 的滑动接点 C 上。这样就给待测电池外加了一个方向相反的电势差；该电势差随着 C 点位置不同而不同。当滑动 C 点使检流计中通过的电流为 0 时，说明线段 AC 的电势差 E_{AC} 恰好与待测电池电动势 E_X 相等，即

$$E_{AC} = E_X = IR_{AC} \tag{5-21}$$

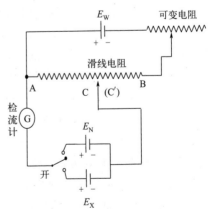

图 5-2　对消法测量电动势原理图

若已知单位长度标准电阻 AB 的电阻值 R_{AC} 以及流过电阻 AB 的电流强度 I，就可据式 (5-21) 求出 E_X 的值。实验中若能保持电流强度 I 为一定值，则可由电阻的长度直接得出 E_X 的值。

电位差计就是依据对消法制造出的测量电动势的仪器，其详细构造及使用方法见附录 1-6。

三、仪器和药品

仪器：UJ-25 型电位差计 1 台，检流计（10^{-9}A）1 台，恒温槽 1 套，标准电池 1 个，干电池（1.5V）2 个，待测原电池 1 个（213 型铂电极作导电电极）。

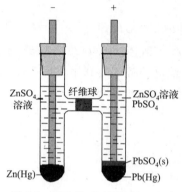

待测原电池的制备：在 H 形管的连接部位放入纤维球。依照一定比例将 Zn 或 Pb 与 Hg 制成 Zn-Hg 齐或者 Pb-Hg 齐，分别放入 H 形管中的两端。在 Zn-Hg 齐一侧放入 0.2mol·L^{-1} ZnSO$_4$ 溶液，在 Pb-Hg 齐一边放入 0.2mol·L^{-1} ZnSO$_4$ 和 PbSO$_4$ 粉末的混合溶液（PbSO$_4$ 固体悬浮在 0.2mol·L^{-1} ZnSO$_4$ 溶液中）。在 H 管两端各插入一根 213 型铂电极作导电电极。原电池制好后要放置一段时间使其电动势稳定。在使用过程中不要翻动或摇动，以防互混。制备电池所用药品均为分析纯。原电池结构如图 5-3 所示。

图 5-3　原电池 Zn(Hg)|ZnSO$_4$|PbSO$_4$(s)|Pb(Hg) 的构造图

四、实验步骤

1. 温度的调节

将恒温槽温度设定为 25℃，控温精度为 0.1℃，把待测原电池放入恒温槽中恒温 15min。

2. 25℃待测原电池电动势的测定

① 连接线路。按电位差计面板上的标记，依次用导线将工作电池、标准电池、待测电池及检流计与电位差计相连，检查线路连接无误。

② "标准化" 操作。读取室温，根据公式(5-22)进行该温度下标准电池电动势的计算，并据此对标准电池进行温度补偿。之后将电位差计的测定档旋钮旋至"标准"档，依次调节电位差计面板上的"粗""中""细""微"旋钮，至按下电位差计面板左下方的电路接通按键"粗"和"细"时，检流计光标不偏离中心零点，即完成"标准化"操作。若调节时，检流计光标偏移程度剧烈，可按下电路接通按键"粗"上方的"短路"键。

③ 测定待测电池电动势。将电位差计的测定档旋钮旋至"待测"档，由大到小依次调节电位差计面板上的六个不同数量级的电动势测量旋钮，直至按下电位差计面板左下方的电路接通按键"粗"和"细"时，检流计光标不偏离中心零点，读取电位差计表盘上电池电动势值并记录。此后，

5-3　原电池测定线路连接视频

5-4　原电池标准化操作视频

5-5　电池电动势测定视频

每隔 5min 测电动势一次，直至电动势数值稳定（小数点后第五位基本不变）时，该数值即待测电池的电动势值，将其记录在表 5-5 中。

电位差计原理及操作方法详见附录 1-6。

$$E_N/V = 1.01860 - 4.06 \times 10^{-5}(t/℃-20) - 9.5 \times 10^{-7}(t/℃-20)^2 \qquad (5-22)$$

3. 不同温度下原电池电动势的测定

调节恒温槽，令槽温升至 30℃。重复上述步骤 2 的操作，测定在 30℃下原电池的电动势。然后再继续升温 5℃进行电动势的测定，依次完成 5~6 个温度下的电动势测定，并记录在表 5-5 中。

4. 实验整理

测定完毕，将原电池取出垂直放置在桌面上，整理仪器，恢复到实验前的状态。

五、实验注意事项

1. 使用标准电池及待测电池时要轻拿轻放，不可摇动、倾斜、躺倒或倒转，以防电池内物质互混而使电动势发生变化。

2. 在"标准化"或测定未知电动势时，电路接通按键"粗"和"细"只能瞬时按下，防止产生电极极化。

3. 用导线连接电池与电位差计时，注意不要将正负极接反。

4. 确保待测电池充分恒温。

5. 每次测量待测电池电动势前均需进行标准化操作。

六、数据记录与处理

1. 数据记录

室温：_____℃ 大气压：_____kPa

将不同温度下标准电池电动势 E_N 和待测电池电动势记录在表 5-5 中。

表 5-5 不同温度下原电池的电动势测量值

温度 $t/℃$	E_N/V	E_1/V	E_2/V	E/V

2. 电池的热力学计算

将所测得的电动势和温度数据进行拟合，作 E-T 图，由曲线求取待测电池的温度系数 $\left(\dfrac{\partial E}{\partial T}\right)_p$，并计算电池反应的 $\Delta_r G_m$、$\Delta_r S_m$ 及 $\Delta_r H_m$（以一个温度为例示意计算过程），将所有温度下计算的结果填入表 5-6。

表 5-6　不同温度下原电池的电动势及电化学反应的热力学函数变化值

$t/℃$	T/K	E/V	$\left(\dfrac{\partial E}{\partial T}\right)_p /(V \cdot K^{-1})$	$\Delta_r G_m / (J \cdot mol^{-1})$	$\Delta_r S_m / (J \cdot K^{-1} \cdot mol^{-1})$	$\Delta_r H_m / (J \cdot mol^{-1})$

3. 由 E-T 图求取 25℃时待测电池电动势，计算电极电势 $E^{\ominus}\left[SO_4^{2-} \mid PbSO_4(s) \mid Pb\right]$。

4. 设计电池求 $PbSO_4$ 的溶度积 K_{sp}，并与文献值进行比较（微溶化合物的溶度积可见附录 2-10）。

七、思考题

1. 在测量电池电动势时，为什么要采用对消法进行测量而不能使用伏特计？

2. 在测量电动势过程中，若检流计指针总向一侧偏转，可能是什么原因造成的？

3. 在测量电动势之前为何要标准化？如何进行标准化操作？

4. 利用电池电动势还可以计算哪些物理量？

八、实验探讨与拓展

1. 可逆电池电动势的测量条件及其在物理化学研究工作中的实际意义

应用热力学方法来研究电池时，不仅要求电池反应必须可逆，还要求电池中进行的其他过程也是可逆的，如溶液间无扩散、无液体接界电势等。本实验采用的待测电池是一个单液电池，该电池的电动势能准确测定，无液体接界电势的问题。但单液电池的种类很少，大多数电池都是双液电池，存在液体接界电势。此情况下常用正负离子迁移速度比较接近的盐类制成盐桥来降低液体接界电势的影响。常用的盐桥有琼脂-饱和 KCl 盐桥、NH_4NO_3 盐桥和 KNO_3 盐桥等。要准确测定电池电动势，还要求电池在充放电时通过的电流必须无限小，以使电池在接近平衡状态下工作，使用对消法测量可使电池体系中无电流或极小电流通过。

可逆电池电动势的测量在物理化学研究工作中具有重要的实际意义。它不仅揭示了化学能转化为电能的限度，为改善电池性能提供理论依据，更重要的是它可以通过 $\Delta G = -zFE$ 这一联系，将电化学和热力学理论两大板块的知识紧密地联系起来，为解决化学热力学问题提供了电化学的方法和手段。如平衡常数、解离常数、溶液的 pH 值、溶度积、电解质活度及活度系数、络合常数以及热力学函数的改变量等，均可通过电池电动势的测定求得。

2. 实验中电池的阳极没有采用锌棒，而是使用 Zn-Hg 齐作为电极的原因

这是由于锌棒中含有其他金属杂质，当它们同置于溶液中时会形成微电池。而锌的电极电势较低（$-0.7627V$），从而使得锌被溶解，而氢离子在杂质金属上形成 H_2 析出。为此，实验中对锌棒进行了汞齐化处理，以实现待测电池电动势的准确测定。本实验采用电解法制备 Zn-Hg 齐。且由于氢在汞上析出的超电势较大，因而在 Zn-Hg 齐表面不再有氢气析出。

九、电化学能源与现代科技

"天问一号"火星车的能量源泉（扫码阅读新形态媒体资料）。

5-6　"天问一号"火星车的能量源泉

十、实验案例

室温：<u>21.6℃</u>　大气压：<u>101.30kPa</u>

不同温度下原电池的电动势测量值见表 5-7。

表 5-7　不同温度下原电池的电动势测量值

温度 $t/℃$	E_N/V	E_1/V	E_2/V	E/V
25.0	1.01853	0.511530	0.511526	0.511528
30.0	1.01853	0.509162	0.509157	0.509160
35.0	1.01853	0.505630	0.505624	0.505627
40.0	1.01853	0.501966	0.501955	0.501961
45.0	1.01853	0.498479	0.498404	0.498442
50.0	1.01853	0.494895	0.494999	0.494947

将所测得的电动势对温度作 E-T 图，如图 5-4 所示。

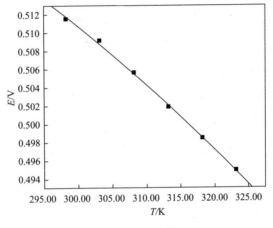

图 5-4　E-T 图

得到拟合方程：$E/V = -3.985 \times 10^{-6}(T/K)^2 + 1.8 \times 10^{-3}(T/K) + 0.3301$

由 E-T 曲线求取待测电池的温度系数 $\left(\dfrac{\partial E}{\partial T}\right)_p /(V \cdot K^{-1}) = -7.970 \times 10^{-6}(T/K) + 1.8 \times 10^{-3}$

① 根据公式计算电池反应的 $\Delta_r G_m$、$\Delta_r S_m$ 及 $\Delta_r H_m$（以 298.2K 为例示意计算过程），将结果填入表 5-8 中。

当 $T = 298.2K$ 时，

$$\left(\frac{\partial E}{\partial T}\right)_p = (-7.970 \times 10^{-6} \times 298.2 + 1.8 \times 10^{-3}) V \cdot K^{-1} = -5.767 \times 10^{-4} V \cdot K^{-1}$$

$$\Delta_r G_m = -zFE = (-2 \times 96500 \times 0.511528) J \cdot mol^{-1} = -9.8725 \times 10^4 J \cdot mol^{-1}$$

$$\Delta_r S_m = zF\left(\frac{\partial E}{\partial T}\right)_p = [2 \times 96500 \times (-5.767 \times 10^{-4})] J \cdot K^{-1} \cdot mol^{-1}$$

$$= -1.113 \times 10^2 J \cdot K^{-1} \cdot mol^{-1}$$

$$\Delta_r H_m = -zFE + zFT\left(\frac{\partial E}{\partial T}\right)_p$$

$$= \Delta_r G_m + T\Delta_r S_m$$

$$= [-9.8725\times10^4 + 298.2\times(-1.113\times10^2)]J\cdot mol^{-1} = -1.319\times10^5 J\cdot mol^{-1}$$

表 5-8　不同温度下原电池的电动势及电化学反应的热力学函数变化值

$t/^\circ C$	T/K	E/V	$\left(\frac{\partial E}{\partial T}\right)_p /(V\cdot K^{-1})$	$\Delta_r G_m / (J\cdot mol^{-1})$	$\Delta_r S_m / (J\cdot K^{-1}\cdot mol^{-1})$	$\Delta_r H_m / (J\cdot mol^{-1})$
25.0	298.2	0.511528	-5.767×10^{-4}	-9.8725×10^4	-1.113×10^2	-1.319×10^5
30.0	303.2	0.509160	-6.165×10^{-4}	-9.8268×10^4	-1.190×10^2	-1.343×10^5
35.0	308.2	0.505627	-6.564×10^{-4}	-9.7586×10^4	-1.267×10^2	-1.366×10^5
40.0	313.2	0.501961	-6.962×10^{-4}	-9.6878×10^4	-1.344×10^2	-1.390×10^5
45.0	318.2	0.498442	-7.361×10^{-4}	-9.6199×10^4	-1.421×10^2	-1.414×10^5
50.0	323.2	0.494947	-7.759×10^{-4}	-9.5525×10^4	-1.497×10^2	-1.439×10^5

② 计算 25.0℃时 $E^\ominus[SO_4^{2-}|PbSO_4(s)|Pb]$。

$$E = E^\ominus[SO_4^{2-}|PbSO_4(s)|Pb] - E^\ominus[Zn^{2+}|Zn] - \frac{RT}{F}\ln[\gamma_\pm(b_\pm/b^\ominus)]$$

$ZnSO_4$ 为 2-2 型电解质，$b(Zn^{2+}) = b(SO_4^{2-})$，$b_\pm = [b(Zn^{2+})b(SO_4^{2-})]^{1/2} = b$。已知 25℃下，$0.2mol\cdot L^{-1}$ $ZnSO_4$ 水溶液的 $\gamma_\pm = 0.104$，$E^\ominus[Zn^{2+}|Zn] = -0.7628V$，所以

$$E^\ominus[SO_4^{2-}|PbSO_4(s)|Pb] = E + E^\ominus[Zn^{2+}|Zn] + \frac{RT}{F}\ln[\gamma_\pm(b_\pm/b^\ominus)]$$

$$= \left[0.511528 + (-0.7628) + \frac{8.314\times298.2}{96500}\times\ln(0.104\times0.2)\right]V$$

$$= -0.3508V$$

③ 计算 $PbSO_4$ 的溶度积 K_{sp}。

$PbSO_4$ 为难溶盐，其溶度积即为下列反应的平衡常数 K_a。

$$PbSO_4(s) \Longleftrightarrow Pb^{2+} + SO_4^{2-}$$

$$K_{sp} = K_a = a(Pb^{2+})a(SO_4^{2-})$$

将上述反应设计为可逆原电池时，电池可表示为

$$(Hg)Pb(s)|Pb^{2+}\parallel SO_4^{2-}|PbSO_4|Pb(Hg)$$

恒温、恒压下电池平衡时，则 $E = E^\ominus - \frac{RT}{zF}\ln K_{sp} = 0$

查附录 2-9 可知 25.0℃时 $E^\ominus[Pb^{2+}|Pb] = -0.1205 V$，可得：

$$\frac{RT}{2F}\ln K_{sp} = E^\ominus[SO_4^{2-}|PbSO_4(s)|Pb] - E^\ominus[Pb^{2+}|Pb]$$

$$\ln K_{sp} = \frac{2F}{RT}\{E^\ominus[SO_4^{2-}|PbSO_4(s)|Pb] - E^\ominus[Pb^{2+}|Pb]\}$$

$$= \frac{2\times96500}{8.314\times298.2}\times(-0.3508+0.1205)$$

$$= -17.93$$

$$K_{sp} = e^{-17.93} = 1.63 \times 10^{-8}$$

$PbSO_4$ 溶度积的文献值为 1.6×10^{-8}。

相对误差 $E_r = \dfrac{1.63 \times 10^{-8} - 1.6 \times 10^{-8}}{1.6 \times 10^{-8}} \times 100\% = 1.9\%$。

实验十二 金属的钝化行为和极化曲线的测定

一、实验目的

1. 了解金属钝化行为的原理和测量方法。
2. 掌握用电化学工作站测定金属极化曲线的方法。
3. 了解环境介质对金属钝化行为的影响。

二、实验原理

1. 金属的钝化

金属的阳极过程是指金属作为反应物在一定的外电势下发生的阳极溶解过程，如下式所示：

$$M \longrightarrow M^{n+} + ne^-$$

此过程只有在电极电势高于其热力学平衡电势时才能发生，并将两电极电势之差的绝对值称为超电势。在超电势不大时，阳极的溶解速度随着阳极电势的变正而逐渐增大，这是正常的阳极溶出。但当阳极溶解速度随阳极电势的变正而达到最大值后，阳极的溶解速度反而随阳极电势的进一步增高而大幅度降低，这种现象称为金属的钝化现象。目前关于金属的钝化主要有三种理论。其中，氧化膜理论认为在钝化状态下，金属表面形成了具有保护性的致密氧化物膜而导致溶解速度急剧下降。吸附理论则认为由于阳极表面吸附了氧形成氧吸附层或含氧化合物吸附层，因而抑制了腐蚀。而连续模型理论则认为在阳极表面开始发生了氧的吸附，随后金属从基底迁移至氧吸附膜中发展成为无定形的金属-氧基结构。

金属的钝化过程主要受如下几个因素影响。

（1）溶液的组成：溶液中存在的 H^+、卤素离子以及某些具有氧化性的阴离子，对金属的钝化现象起着颇为显著的影响。在中性溶液中，金属一般比较容易钝化，而在酸性或某些碱性溶液中则要困难得多。该现象与阳极产物的溶解度有关。卤素离子，特别是 Cl^- 的存在，不仅可以明显地阻止金属的钝化过程，还可使已经钝化了的金属重新活化，使其阳极溶解速度重新增大。这源于 Cl^- 的存在破坏了金属表面钝化膜的完整性。此外，当溶液中存在某些具有氧化性的阴离子（如 $Cr_2O_7^{2-}$）时，则可以促进金属的钝化。溶液中的溶解氧则可以降低金属表面钝化膜遭受破坏的危险。

（2）金属的化学组成和结构：各种纯金属的钝化性能不尽相同，以铁、镍、铬三种金属为例，铬最容易钝化，镍次之，铁较差些。因此添加铬、镍可以提高钢铁的钝化能力及改善钝化膜的稳定性。

（3）外界因素（如温度、搅拌等）：一般来说，温度升高、搅拌加剧均可以推迟或防止钝化过程的发生，这与离子的扩散有关。

2. 极化现象与极化曲线

为了探索电极过程机理及影响电极过程的各种因素，须对电极过程进行研究，其中极化曲线的测定是重要方法之一。在平衡电极电势下，电极上没有电流通过，电极反应都处于平衡态，因此电极反应是可逆的。但当电极上有电流通过时，电极的平衡状态将遭到破坏，电极电势将偏离平衡值，电极反应处于不可逆状态。而且，随着电极上电流密度的增加，电极反应的不可逆程度也随之增大。这种在外加电流作用下，电极电位发生变化的现象称为电极的极化，将电极电势与电流（电流密度）的关系曲线称为极化曲线。根据极化曲线的形状可以分析电极极化的程度，从而判断电极反应过程的难易。极化曲线的测定及分析是揭示金属腐蚀机理和探讨控制腐蚀措施的基本方法之一。

下面以铁的极化曲线（图 5-5）为例进行分析。

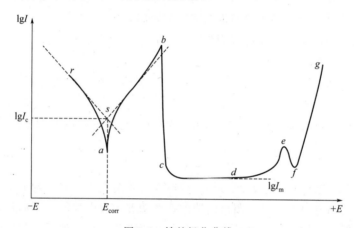

图 5-5　铁的极化曲线

rab 区域：*ra* 为阴极极化曲线，当对电极进行阴极极化时，铁的电化学氧化过程被抑制，电化学过程以析 H_2 为主；*ab* 为阳极极化曲线，当对电极进行阳极极化时，电化学过程以铁的溶解为主。在一定的极化电位范围内，阳极极化与阴极极化过程均以活化极化为主，此时电极超电势和电流之间的关系均符合塔菲尔方程，而且两条塔菲尔直线的交点 *s* 点所对应的纵坐标为自腐蚀电流对数 $\lg I_c$，横坐标为自腐蚀电位 E_{corr}。并且将从点 *a* 到点 *b* 的电位范围称为金属活化区（活性溶解区），此区域内 *ab* 曲线显示的是金属铁的正常阳极溶解过程。

bcd 区域：当阳极电极电势继续增大时，阳极极化进一步加强，此时铁电极上的极化电流缓慢增大至 *b* 点对应的电流 I_b，相应的电极电势为 E_b。一旦极化电极电势稍高于 E_b，电流就会直线下降至一个非常小的值 I_m。此后电极电势电位继续增加时，电流则维持基本稳定。这时，*bc* 线对应由活化态到钝化态的转变过程，称为过渡钝化区，相应地，*b* 点对应的电位 E_b 称为致钝电势，其对应电流 I_b 称为致钝电流。而将从 *c* 点到 *d* 点的电势范围称为钝化区，此时对应的电流 I_m 称为维持钝化电流。此钝化状态主要是由于铁的表面形成了致密的氧化膜，极大地阻碍了铁的溶解。

defg 区域：*d* 到 *g* 的电势范围称为过钝化区。在此区域内，阳极电流又重新随着电极电势的增大而增大，表现为金属的溶解速度又开始增大。这种在一定电极电势下钝化了的金属又重新溶解的现象称为过钝化，而电流密度重新增大的原因可能是产生了高价离子（如

def 段，二价铁变成三价铁溶入溶液），或者达到了氧的析出电位而析出氧气（如 fg 段）。

3. 极化曲线的测定方法

极化曲线的测定方法通常有恒电流法与恒电位法。

恒电流法就是控制研究电极上的电流密度依次恒定在不同的数值下，同时测定相应的稳定电极电势值，由此得到极化曲线。采用恒电流法测定极化曲线时，当给定电流后，电极电势往往不能立即达到稳态。而且对于不同的体系，电极电势趋于稳态所需要的时间也不相同。因此，恒电流法所得到的阳极极化曲线只能近似估计被测电极的临界钝化电势和高价金属及氧的析出电势。此外，由于在同一电流密度下可能对应多个不同的电极电势，因此使用恒电流法可能不能完整地测定可钝化金属完整的阳极极化曲线。相比之下，恒电位法是将研究电极电势依次恒定在不同的数值上，测量对应于各电位下的电流，因而可测定出可钝化金属完整的阳极极化曲线。

极化曲线的测量应尽可能在接近体系稳态时进行，此时被研究体系的极化电流、电极电势、电极表面状态等基本上不随时间而改变。在实际测量中，恒电位法常用的测量方法有以下两种。

静态法：将电极电势恒定在某一数值，测定相应的稳定电流值。如此逐点地测量一系列电极电势下的稳定电流值，从而获得完整的极化曲线。对某些体系，达到稳态可能需要很长时间，为节省时间，提高测量重现性，人们往往自行规定每次电极电势恒定的时间。

动态法：该法是控制电极电势以较慢的速度连续地改变（扫描），并测量对应电极电势下的瞬时电流值，然后以瞬时电流与对应的电极电势作图来获得整个极化曲线。

本实验采用动态法，利用电化学工作站测定不同电极电势下所对应的电流值，从而得到极化曲线。

极化曲线的测定需要同时测量研究电极上流过的电流和电极电势，因此一般采用三电极体系（如图 5-6 所示）。被研究的电极称为研究电极或工作电极。辅助电极是与工作电极构成电流回路的电极，也叫对电极，只用来通过电流以实现工作电极的极化，因此其电极面积通常比研究电极的电极面积大，以降低辅助电极的极化。而参比电极可与工作电极组成测量回路，是测量工作电极的电极电势的参照标准。因此，参比电极应是一个电极电势已知，且稳定性和重现性均良好的可逆电极。

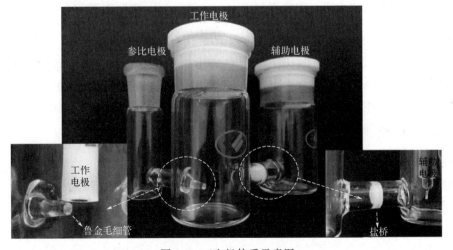

图 5-6 三电极体系示意图

三、仪器和药品

实验仪器：LK2010 电化学工作站（天津兰力科，使用方法详见附录 1-7），铁电极（工作电极，直径为 4mm），213 型铂电极（辅助电极），饱和甘汞电极（参比电极），抛光布，抛光粉，擦镜纸，100mL 烧杯，100mL 容量瓶，10mL 移液管。

药品：邻苯二甲酸氢钾溶液（pH＝4.0），0.15mol·L^{-1} KCl 溶液和 0.005mol·L^{-1} KCl 溶液，0.1mol·L^{-1} 重铬酸钾溶液和 0.005mol·L^{-1} 重铬酸钾溶液（均使用邻苯二甲酸氢钾溶液配制）。所用试剂均为分析纯。

四、实验步骤

1. 电极的处理

5-7 电极处理及极化曲线测定方法视频

将少许抛光粉置于抛光布上，滴加 1～2 滴蒸馏水，以"8"字形水平方式打磨铁电极表面，直至电极表面光亮无痕。然后用蒸馏水将电极冲洗干净，并用擦镜纸擦干。

2. 极化曲线的测定

打开电化学工作站电源，预热 10min，打开 IMP2014 软件。向三室电解池中加入 1/2 池高的邻苯二甲酸氢钾电解液，插入电极并连接好电池回路（绿色线连接工作电极，红色线连接辅助电极，黄色线连接参比电极）。调整好电极位置，即可开始实验。选择电势伏安方法选项下的塔菲尔曲线，设置相关参数（平衡时间为 2s，电势范围为 －1500mV 到 2500mV，扫描速度为 10mV/s，灵敏度 1mA/V，不放大测量倍数，数据分辨率 1000，禁止扣除基线）后，点击开始实验按钮，观察极化曲线实时变化情况。测量结束后，将数据用 Origin 作图。

3. 钝化曲线的测定

重新打磨电极，然后选择电势伏安方法选项下的慢速线性扫描伏安法，设置相关参数（平衡时间为 2s，电势范围为 －500mV 到 2000mV，扫描速度为 10000，灵敏度 1mA/V，不放大测量倍数，数据分辨率 100，禁止扣除基线），然后点击开始实验按钮，观察钝化曲线实时变化情况。测量结束后，将数据用 Excel 或者 Origin 软件作图。

4. KCl 溶液或重铬酸钾溶液中铁电极极化曲线和钝化曲线的测定

任选 KCl 溶液和重铬酸钾溶液中一种，随后用邻苯二甲酸氢钾溶液将该浓溶液稀释至任意浓度，使用电化学工作站测定铁电极在该溶液中的极化曲线和钝化曲线。注意每次更换电解液时需要依次使用蒸馏水、缓冲溶液、待测溶液少量多次地将三室电解池充分润洗，并用蒸馏水将辅助电极和参比电极洗净，用擦镜纸擦干。

五、实验注意事项

1. 每次测量前，工作电极需用抛光布打磨至光亮无痕，并清洗干净。

2. 保证电极接触良好，原则上鲁金毛细管管口应尽量靠近工作电极表面，以减少溶液欧姆降对测量的影响。但是考虑到电场因素及传质过程，一般规定距离为鲁金毛细管尖端口直径的 2～3 倍。此外，每次测量时鲁金毛细管与工作电极间的距离应尽量保持一致。

3. 更换溶液时，三电极和三室电解池均应充分清洗，以免交叉污染。

六、数据记录与处理

1. 绘制塔菲尔曲线（电流对数-电势曲线），分别找出铁在三种电解液中的自腐蚀电流、自腐蚀电流密度、自腐蚀电势。

2. 绘制钝化曲线（电势-电流曲线），讨论所得实验结果及曲线的意义，以邻苯二甲酸氢钾钝化曲线为例，指出钝化曲线中的金属活化区、过渡钝化区、稳定钝化区、过钝化区，并标出致钝电势、致钝电流及维持钝化电流。

3. 比较三条钝化区曲线，讨论氯离子和重铬酸根离子对铁钝化过程的影响。

七、思考题

1. 恒电位法和恒电流法是测定极化曲线的两种常用方法，试比较这两种方法的异同之处。本实验采用的是哪种方法？

2. 如果要对某体系进行阳极保护，首先必须明确哪些参数？

3. 做好本实验的关键是什么？

八、实验探讨与拓展

1. 测定极化曲线的两种常用方法——恒电位法和恒电流法

恒电位法和恒电流法是测定极化曲线的两种常用方法，恒电流法是恒定电流测定相应的电极电势，恒电位法是恒定电位测定相应的电流。对于阴极极化来说，两种方法测定的曲线相同；但对于阳极极化来说，由于电流和电位不具有一一对应的关系，因而得到的曲线不同。

测定阳极钝化曲线不能用恒电流法，而要用恒电位法。用恒电位法可以得到完整的极化曲线，用恒电流法只能得到 $abef$ 曲线，即得到活化区以及过钝化区的一部分，得不到完整的极化曲线。

2. 测量极化曲线时采用三电极体系的优点

测量极化曲线时，常常采用三电极体系。这是由于两电极体系中有电流通过时，将产生溶液电压降和对电极的极化，因此工作电极的电极电势难以准确测定，由此引入了参比电极。参比电极有着非常稳定的电极电势，且无电流经过参比电极，因而不会引起电极的极化，从而工作电极的电极电势可以借助参比电极的电极电势来得到。同时，电流可由工作电极-辅助电极回路得到。当体系中没有电流通过时，工作电极的电极电势可以借助对电极的电极电势直接准确测定，此时则可以采用双电极体系。由此可知，如果体系中没有电流通过，可以用双电极体系测量极化曲线；一旦有电流通过时，需要采用三电极体系，以同时测得工作电极的电位和电流。

九、科技成就及先进技术

先进防腐蚀技术为港珠澳大桥保驾护航（扫码阅读新形态媒体资料）。

5-8 先进防腐蚀技术为港珠澳大桥保驾护航

十、实验案例

室温：<u>19.0℃</u>　大气压：<u>102.25kPa</u>

1. 绘制塔菲尔曲线（电流对数-电势曲线），如图 5-7～图 5-9，分别找出铁在三种电解液中的自腐蚀电流、自腐蚀电流密度、自腐蚀电势。

以铁在邻苯二甲酸氢钾缓冲溶液中的塔菲尔曲线为例（图 5-7）：

作 ra 与 ab 的切线相交于点 s，该点对应的纵坐标为自腐蚀电流对数 $\lg I_c = -2.173$，横坐标为自腐蚀电势 $E_c = -715\text{mV}$，铁电极直径为 4mm，经计算可知，自腐蚀电流为 0.1138mA，自腐蚀电流密度为 $9.061\text{A} \cdot \text{m}^{-2}$。

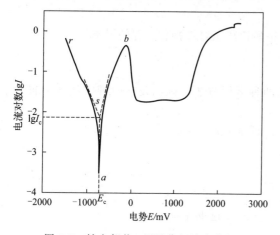

图 5-7　铁在邻苯二甲酸氢钾溶液中的
塔菲尔曲线

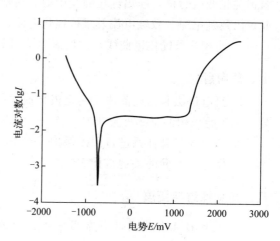

图 5-8　铁在 $0.005\text{mol} \cdot \text{L}^{-1}$ 重铬酸钾溶液中的
塔菲尔曲线

2. 绘制钝化曲线，讨论所得实验结果及曲线的意义，以邻苯二甲酸氢钾钝化曲线为例，指出钝化曲线中的金属活化区、过渡钝化区、稳定钝化区、过钝化区，并标出致钝电势、致钝电流及维持钝化电流。

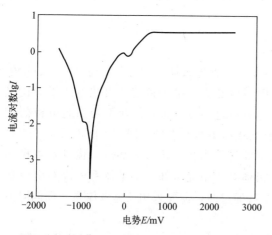

图 5-9　铁在 $0.005\text{mol} \cdot \text{L}^{-1}$ 氯化钾溶液中的
塔菲尔曲线

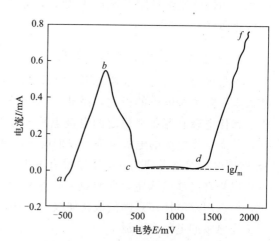

图 5-10　铁在邻苯二甲酸氢钾溶液中的
钝化曲线

如图 5-10，从点 a 到点 b 的电位范围称为金属活化区；从点 b 到点 c 称为过渡钝化区；从点 c 到点 d 称为稳定钝化区；从点 d 到点 f 称为过钝化区。b 点对应的电位称为致钝电势，其对应的电流称为致钝电流；cd 段对应的电流称为维持钝化电流。

3. 比较三条钝化区曲线，讨论氯离子和重铬酸根离子对铁钝化过程的影响，如图 5-11。

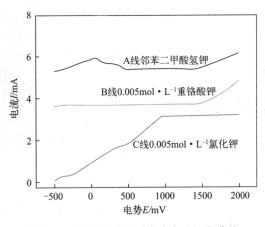

图 5-11　铁在三种不同溶液中的钝化曲线

如图 5-11 所示，以铁在邻苯二甲酸氢钾缓冲溶液中的钝化曲线为标准分析氯离子和重铬酸根离子对铁钝化行为的影响。比较 A 线和 B 线可知，$Cr_2O_7^{2-}$ 促进铁电极提前发生了钝化，即钝化电位变小，说明具有氧化性的 $Cr_2O_7^{2-}$ 可以促进金属的钝化；比较 A 线和 C 线可知，Cl^- 延缓铁电极发生钝化，即钝化电位增大，且无明显的钝化现象，说明 Cl^- 可以阻止金属的钝化过程，且已经钝化了的金属也容易被它活化。

第六章
动力学实验

2017 年 7 月 4 日的《自然-物理学》上报道，中国科学技术大学潘建伟教授及其研究团队，首次在实验上直接观测到超低温度下弱束缚分子与自由原子间发生的态态化学反应（图 6-1），实现了可控态态反应动力学的探测，从而将化学反应动力学的实验研究推进到量子水平。这一工作得到了《自然-物理》审稿人的高度评价："探测超冷化学反应的产物是目前该领域的重大研究目标，本工作向这个目标迈出了第一步""该工作是超冷化学领域的一个重要的里程碑，将引起化学和物理研究者的广泛兴趣"。

图 6-1　超低温下弱束缚分子和自由原子之间发生的态态化学反应

实验十三　蔗糖水解反应速率常数的测定

一、实验目的

1. 测定蔗糖水解反应速率常数和半衰期。
2. 了解该反应的反应物浓度与旋光度之间的关系。
3. 了解旋光仪的基本原理，掌握旋光仪的正确使用方法。

二、实验原理

蔗糖是从甘蔗内提取的一种纯有机化合物，也是和生活关系最密切的一种天然碳水化合物，它是由 D-(−)-果糖和 D-(＋)-葡萄糖通过半缩酮和半缩醛的羟基相结合而生成的。蔗糖经酸性水解后，产生一分子葡萄糖和一分子果糖，其反应为：

$$C_{12}H_{22}O_{11} + H_2O \xrightarrow{H^+} C_6H_{12}O_6 + C_6H_{12}O_6$$

（蔗糖）　　　　　（葡萄糖）　（果糖）

该反应是一个二级反应，在纯水中此反应的速率极慢，通常需要在 H^+ 催化作用下进行。由于反应时水大量存在，尽管有部分水分子参与反应，仍可近似地认为整个反应过程中水的浓度是恒定的，而且 H^+ 是催化剂，其浓度也保持不变。因此蔗糖转化反应可看作准一级反应。

一级反应的速率方程可由下式表示：

$$-\frac{dc}{dt} = kc \tag{6-1}$$

式中，c 为时间 t 时的反应物浓度；k 为反应速率常数。积分可得：

$$\ln c = -kt + \ln c_0 \tag{6-2}$$

式中，c_0 为反应开始时反应物浓度。

一级反应的半衰期为：

$$t_{1/2} = \frac{\ln 2}{k} = \frac{0.693}{k} \tag{6-3}$$

从上式中不难看出，在不同时间测定反应物的相应浓度，可以求出反应速率常数 k。然而反应是在不断进行，要快速分析出反应物的浓度较困难。但是，蔗糖及其转化产物，都具有旋光性，而且它们的旋光能力不同，故可以利用体系在反应进程中旋光度的变化来度量反应进程。

测量物质旋光度所用的仪器称为旋光仪。溶液的旋光度与溶液中所含旋光物质的旋光能力、溶剂性质、溶液浓度、样品管长度及温度等均有关系。当其他条件均固定时，旋光度 α 与反应物浓度 c 呈线性关系，即：

$$\alpha = Kc \tag{6-4}$$

式中，比例常数 K 与物质旋光能力、溶剂性质、样品管长度、温度等有关。

物质的旋光能力用比旋光度来度量，比旋光度用式(6-5)表示：

$$[\alpha]_D^{20} = \frac{\alpha \times 100}{lc_A} \tag{6-5}$$

式中，20 表示实验温度；D 是指用纳灯光源 D 线的波长；α 为测得的旋光度；l 为样品管长度；c_A 为溶液浓度。

作为反应物的蔗糖是右旋性物质，其比旋光度 $[\alpha]_D^{20} = 66.6°$；生成物中葡萄糖也是右旋性物质，其比旋光度 $[\alpha]_D^{20} = 52.5°$，但果糖是左旋性物质，其比旋光度 $[\alpha]_D^{20} = -91.9°$。由于生成物中果糖的左旋性比葡萄糖右旋性大，所以生成物呈左旋性质。因此，随着水解反应的进行，体系的右旋角不断减小，最后经过零点变成左旋。旋光度与浓度成正比，并且溶液的旋光度为各组成的旋光度之和。若反应时间为 0、t、∞ 时溶液的旋光度分别用 α_0、α_t、α_∞ 表示，则

$$\alpha_0 = K_1 c_0 \quad (t=0，蔗糖尚未水解) \tag{6-6}$$

$$\alpha_\infty = K_2 c_0 \quad (t=\infty，蔗糖已完全水解) \tag{6-7}$$

当时间为 t 时，蔗糖浓度为 c_A，此时旋光度为：

$$\alpha_t = K_1 c_A + K_2(c_0 - c_A) \tag{6-8}$$

联立式(6-6)~式(6-8)可得：

$$c_0 = \frac{\alpha_0 - \alpha_\infty}{K_1 - K_2} = K'(\alpha_0 - \alpha_\infty) \tag{6-9}$$

$$c_A = \frac{\alpha_t - \alpha_\infty}{K_1 - K_2} = K'(\alpha_t - \alpha_\infty) \tag{6-10}$$

将式(6-9)、式(6-10)代入速率方程即得：

$$\ln(\alpha_t - \alpha_\infty) = -kt + \ln(\alpha_0 - \alpha_\infty) \tag{6-11}$$

以 $\ln(\alpha_t - \alpha_\infty)$ 对 t 作图可得一直线，从直线的斜率可求得反应速率常数 k，进一步也可求算出 $t_{1/2}$。

三、仪器和药品

仪器：旋光仪（原理及使用方法详见附录 1-8），旋光管，恒温槽，电子天平，量筒，烧杯，擦镜纸，滤纸。

药品：蔗糖（A.R.），3mol·L^{-1} HCl 溶液。

四、实验步骤

1. 旋光仪零点的校正

用蒸馏水校正仪器的零点：蒸馏水为非旋光性物质，可用来校正仪器的零点（即 $\alpha = 0$ 时，仪器对应的刻度）。洗净旋光管，将旋光管一端盖子打开并盛满蒸馏水，使液体成一凸出的液面，然后从旁边推上玻璃片，以免管内存有空气泡（有较大气泡时应重装），再旋上套盖，使玻璃片紧贴旋光管，勿使漏水。但必须注意，旋紧套盖时，不能用力过猛，以免压碎玻璃片，用滤纸擦干旋光管，再用擦镜纸将旋光管两端的玻璃片擦干净。放入旋光仪，打开电源，预热 5~10min，钠灯发光正常。调目镜聚焦，使视野清晰；调检偏镜至三分视野暗度相等为止（零度视场），记下旋光仪上的读数 α，记录仪器零点。读数注意 0°以下的实际旋光度（读数−180）。读数三次取平均值，即为零点，用来校正仪器的系统误差。

2. 溶液的配制

在小烧杯中称取 5.0g 蔗糖，用量筒加入 25mL 蒸馏水配成溶液，用玻璃棒搅拌使其完全溶解（若溶液混浊则需过滤）。

3. 蔗糖水解过程中旋光度 α_t 的测定

用量筒量取 25mL HCl 溶液，将 HCl 溶液迅速倒入蔗糖溶液中，使之充分混合。当 HCl 溶液倒入一半时按下秒表开始计时（注意：秒表一经启动，勿停直至实验完毕），以此标志反应开始。迅速用反应混合液将旋光管洗涤三次后，将反应混合液装满旋光管，擦净后放入旋光仪，测定规定时间的旋光度。按数据处理表格中给定时间读数记录。剩余的混合液加盖并置于 50~60℃恒温槽中加快反应速率，但温度不能超过 60℃。

4. α_∞ 的测定

将步骤 3 剩余的混合液从恒温槽中取出并使溶液冷却至室温，按上述操作方法装入旋光管中，测定其旋光度值即为 α_∞。

五、实验注意事项

1. 装样品时，旋光管旋至不漏液体即可，不要用力过大，以免压碎玻璃片。

2. 由于反应液的酸度很大，因此旋光管一定要擦干净后才能放入旋光仪内，以免酸液腐蚀旋光仪，实验结束后必须洗净旋光管。

3. 旋光仪中的钠光灯不宜长时间开启，测量半小时后应关闭，以免损坏。

4. 在测定 α_∞ 时，通过加热使反应速率加快，但加热温度不要超过 60℃。

六、数据记录和处理

1. 将反应过程所测得的旋光度 α_t 和时间 t 列入表 6-1 中。

2. 作 $\ln(\alpha_t - \alpha_\infty)$-$t$ 图，由直线斜率求出反应速率常数 k，并计算反应的半衰期 $t_{1/2}$。

表 6-1　蔗糖反应液所测时间与旋光度原始数据

实验温度：_____　α_∞：_____

t/min	2	5	8	11	14	17	20	25	30	35	40	50	60
α_t													
$\alpha_t - \alpha_\infty$													
$\ln(\alpha_t - \alpha_\infty)$													

七、思考题

1. 在实验过程中，用蒸馏水来校正旋光仪的零点，但进行数据处理时并不需要校正零点，为什么？

2. 在混合蔗糖溶液时，将 HCl 溶液加到蔗糖溶液中，可否将蔗糖加到 HCl 溶液中？

3. 一级反应有哪些特征？蔗糖水解反应与哪些因素有关？

4. α_∞ 的测量过程中，为什么剩余反应混合液加热温度不宜超过 60℃？

八、化学家故事

路易斯·巴斯德分离手性酒石酸盐（扫码阅读新形态媒体资料）。

6-1　路易斯·巴斯德分离手性酒石酸盐

九、实验案例

蔗糖反应液所测时间与旋光度原始数据见表 6-2。

表 6-2　蔗糖反应液所测时间与旋光度原始数据

实验温度：21.3℃　α_∞：-2.28

序号	t/min	α_t	$\alpha_t - \alpha_\infty$	$\ln(\alpha_t - \alpha_\infty)$
1	2	13.92	16.2	2.785
2	5	13.51	15.79	2.759
3	8	12.92	15.2	2.721
4	11	12.16	14.44	2.670
5	14	11.54	13.82	2.626
6	17	10.83	13.11	2.573

续表

序号	t/min	α_t	$\alpha_t - \alpha_\infty$	$\ln(\alpha_t - \alpha_\infty)$
7	20	10.44	12.72	2.543
8	25	9.53	11.81	2.469
9	30	8.64	10.92	2.391
10	35	7.92	10.2	2.322
11	40	7.14	9.42	2.243
12	50	6.07	8.35	2.122
13	60	4.83	7.11	1.962

以 t 为横坐标、$\ln(\alpha_t - \alpha_\infty)$ 为纵坐标作 $\ln(\alpha_t - \alpha_\infty)$-$t$ 图，如图 6-2 所示。拟合后直线方程为：

$$\ln(\alpha_t - \alpha_\infty) = -0.0143t + 2.8254, R^2 = 0.9991$$

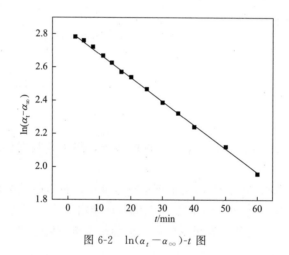

图 6-2　$\ln(\alpha_t - \alpha_\infty)$-$t$ 图

由图 6-2 知，曲线斜率为 -0.0143，则该反应的速率常数 $k = 0.0143$；
半衰期为：$t_{1/2} = \ln2/k = 0.693/k = (0.693/0.0143)\text{min} = 48.47\text{min}$。

实验十四　过氧化氢催化分解反应动力学

一、实验目的

1. 测定 KI 催化 H_2O_2 分解反应的速率常数和半衰期。

2. 掌握一级反应动力学特征，考察 H_2O_2 与 KI 浓度对反应速率常数的影响。

3. 掌握图解法确定反应速率常数。

二、实验原理

过氧化氢不稳定，但在常温、没有催化剂存在时，分解缓慢，其分解反应方程式为

$$H_2O_2 \longrightarrow H_2O + \frac{1}{2}O_2 \uparrow \tag{6-12}$$

当催化剂（如 KI）存在时，分解加速。在 KI 作用下反应步骤为

$$H_2O_2 + KI \longrightarrow KIO + H_2O(慢) \tag{6-13}$$

$$KIO \longrightarrow \frac{1}{2}O_2 \uparrow + KI(快) \tag{6-14}$$

由以上机理可知，KI 与 H_2O_2 生成的中间产物改变了反应途径，降低了反应活化能而使反应加速。反应过程中 KI 不断再生，其浓度保持不变。根据文献报道，反应式(6-13) 的反应速率远小于反应式(6-14) 的反应速率，故反应式(6-13) 为整个分解反应的速率控制步骤，而总反应速率等于反应式(6-13) 的反应速率，故 H_2O_2 分解反应速率方程可表示为

$$-\frac{dc(H_2O_2)}{dt} = k'c(KI)c(H_2O_2) \tag{6-15}$$

式中，c 表示各物质浓度，$mol \cdot L^{-1}$；t 为反应时间；k' 为反应速率常数，其值与温度、催化剂等有关。

由于反应过程中 KI 的浓度不变，故与 k' 合并之后仍然为常数，用 k 表示，$k = k'c(KI)$。则式(6-15) 可简化为

$$-\frac{dc(H_2O_2)}{dt} = kc(H_2O_2) \tag{6-16}$$

式中，k 为表观反应速率常数，量纲为 [时间]$^{-1}$。

由式(6-16) 看出，反应速率与反应物浓度的一次方成正比，故 H_2O_2 催化分解反应为一级反应，且其表观反应速率常数 k 将随温度和 KI 浓度变化而变化。

将式(6-16) 积分得

$$\ln \frac{c_t}{c_0} = -kt \tag{6-17}$$

式中，c_0 为 H_2O_2 的初始浓度；c_t 为 t 时刻 H_2O_2 的浓度。

以 $\ln c_t$ 对 t 作图可得一直线，其斜率为反应速率常数 k 的负值。

半衰期是指反应掉起始浓度一半时所需的时间，用 $t_{1/2}$ 表示。对于一级反应，反应的半衰期

$$t_{1/2} = \frac{\ln 2}{k} = \frac{0.693}{k} \tag{6-18}$$

即温度一定时，一级反应的半衰期与表观反应速率常数 k 成反比，与反应物的起始浓度无关。

在恒温恒压下，H_2O_2 分解的浓度与放出的 O_2 体积 V_t 成正比。因此采用物理法测定某时刻 t 放出的 O_2 体积 V_t 即可得到该时刻 H_2O_2 浓度 c_t。令 V_∞ 表示 H_2O_2 全部分解放出的 O_2 体积，V_t 表示 H_2O_2 在 t 时刻分解放出的 O_2 体积，则

$$c_0 \propto V_\infty \text{ 或 } c_0 = fV_\infty$$

$$c_t \propto (V_\infty - V_t) \text{ 或 } c_t = f(V_\infty - V_t)$$

将以上关系式代入式(6-17)，经整理得

$$\ln(V_\infty - V_t) = -kt + \ln V_\infty \tag{6-19}$$

以 $\ln(V_\infty - V_t)$ 对 t 作图，由直线斜率可求得表观反应速率常数 k。

V_∞ 的求取有两种方法：一是加热法，即当实验 V_t 测定结束后，用提高温度的方法令反应加速进行，直到 H_2O_2 完全分解时读出其体积；本实验采用的是化学分析法，在酸性溶液中由 $KMnO_4$ 标准溶液滴定 H_2O_2 溶液，由滴定所用的 $KMnO_4$ 标准溶液的体积和浓度以及滴定时所用 H_2O_2 溶液体积，便可算出 H_2O_2 溶液的初始浓度。其反应方程式如下：

$$5H_2O_2 + 2KMnO_4 + 3H_2SO_4 =\!=\!= 2MnSO_4 + K_2SO_4 + 8H_2O + 5O_2\uparrow \tag{6-20}$$

再根据式（6-12）可知，完全分解所产生的 O_2 的物质的量 $n(O_2)$ 为

$$n(O_2) = \frac{c(H_2O_2)V(H_2O_2)}{2} \tag{6-21}$$

若将 O_2 视为理想气体，则 V_∞ 可用下式求出：

$$V_\infty = \frac{c(H_2O_2)V(H_2O_2)}{2} \times \frac{RT}{p - p^*} \tag{6-22}$$

式中，p 为大气压，Pa；p^* 为室温下水的饱和蒸气压（不同温度下水的饱和蒸气压数据可参见附录 2-11），Pa；T 为室温，K。

三、仪器和药品

仪器：超级恒温槽 1 台，电磁搅拌器 1 台（带磁子），反应管（$\Phi = 3 \sim 3.5$cm，高 $10.5 \sim 11$cm）3 根，夹套瓶（$\Phi \approx 4$cm，高 $9.5 \sim 10$cm）1 个，秒表 1 块，锥形瓶（250mL）2 个，容量瓶（100mL）1 个，烧杯（带刻度 100mL）1 个，量筒（10mL）1 个，洗瓶 1 个，酸式滴定管（50mL）1 个，移液管（10mL）5 支（公用），洗耳球。仪器装置示意图如图 6-3。

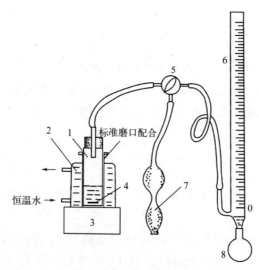

图 6-3　过氧化氢分解实验装置示意图

1—反应管；2—夹套瓶；3，4—电磁搅拌器及磁子；5—三通旋塞；

6—皂膜流量管；7—橡皮打气球；8—橡胶帽

药品：H_2O_2 溶液（3%），KI 溶液（0.1000mol·L^{-1}、0.0500mol·L^{-1}），$KMnO_4$ 标准溶液（0.020 ～ 0.025mol·L^{-1}），3mol·L^{-1} H_2SO_4 溶液。

四、实验步骤

1. 恒温

打开超级恒温水浴，调节恒温水浴温度在 25℃。

2. 润湿皂膜流量计

按图 6-3 安装仪器，旋转旋塞 5 使打气球 7 只与流量管 6 相通，缓缓向流量管 6 中鼓气，不断形成皂膜沿管 6 自下至上全部润湿，切勿使管壁挂有残留皂膜。注意实验过程中若流量管壁呈干燥状，则需再次润湿管壁。

6-2 润湿皂膜流量计操作视频

6-3 过氧化氢反应系统气密性检查视频

3. 检漏

将流量管充分润湿后，检查系统气密性。塞紧反应管上的塞子，先用打气球 7 向反应管 1 中鼓足空气，旋转旋塞 5 至打气球 7 仅与流量管 6 相通，在管 6 下端形成一稳定皂膜。旋转旋塞 5 至反应管 1 与流量计 6 相通，观察皂膜位置变化情况。若皂膜位置不变，说明不漏气，可进行下面实验；若皂膜位置下滑，说明漏气，需要排查堵漏。

4. V_t 的测量

首先在流量管 6 下端预先鼓出一个稳定的皂膜，并使皂膜上升至 0 刻度以上，旋转活塞 5 至关闭位置。

反应条件一：用移液管将 10mL 0.1000mol·L^{-1}KI 溶液装入干燥反应管 1 中，放入磁子，开动搅拌预热 5min 后，停止搅拌。然后加入 10mL 3% H$_2$O$_2$ 溶液，旋紧胶塞，并立即开动秒表作为反应起始时间。开动搅拌同时旋转活塞 5 使反应管 1 与流量管 6 连通与 7 断开，反应生成的 O$_2$(g) 进入流量管推动皂膜上升，体积每增加 5mL 记录一次时间，直至气体体积上升到 40mL，结束第一组实验。

反应条件二：干燥反应管中加入 10mL 0.1000mol·L^{-1}KI 溶液和 5mL 蒸馏水，经预热后，加入 5mL 3% H$_2$O$_2$ 溶液。

反应条件三：干燥反应管中加入 10mL 0.0500mol·L^{-1}KI 溶液，经预热后，加入 10mL 3% H$_2$O$_2$ 溶液。

5. H$_2$O$_2$ 溶液浓度的标定

用移液管准确移取 10mL 3% H$_2$O$_2$ 溶液于 100mL 容量瓶中，加水稀释至刻度，混匀。移取 10mL 此溶液于 250mL 锥形瓶中，用量筒加入 5mL 3mol·L^{-1} H$_2$SO$_4$ 溶液，用 0.020～0.025mol·L^{-1}KMnO$_4$ 标准溶液滴至淡红色为止。重复取样滴定一次，在误差允许范围内，取两次平均值。同时记录大气压和室温。

6. 实验结束

将反应管等玻璃仪器洗净，整理实验台面，打扫实验室卫生。

五、实验注意事项

1. 实验过程中保持皂膜流量管自下至上充分润湿，切勿使管壁挂有残留皂膜。
2. 保证系统不漏气。

3. 加入 H_2O_2 时要停止搅拌，防止 H_2O_2 加速分解。

4. 实验过程中控制搅拌速度一致。

六、数据记录与处理

1. 数据记录

室温：_____℃　大气压：_____kPa

水的饱和蒸气压 $p^* =$ _____Pa

$KMnO_4$ 标准溶液浓度_____$mol·L^{-1}$

$KMnO_4$ 溶液滴定体积数：$V_1 =$ _____mL　$V_2 =$ _____mL　$\overline{V} =$ _____mL

H_2O_2 分解温度：_____℃

将 H_2O_2 分解氧气体积及时间数据记录在表 6-3 中。

表 6-3　H_2O_2 分解氧气体积及时间

$c(KI)/(mol·L^{-1})$	0.1000		0.0500
$V(H_2O_2)/mL$	H_2O_2 _____	H_2O_2 _____ H_2O _____	H_2O_2 _____
$V_t(O_2)/mL$	时间/s		
	t_1	t_2	t_3

2. 数据处理

（1）计算 H_2O_2 溶液的初始浓度 c_0。

（2）计算 V_∞ 的数值。

（3）将 $\ln(V_\infty - V_t)$ 及对应时间 t 的数据列于表 6-4 中。作 $\ln(V_\infty - V_t)$-t 图，由直线斜率求表观反应速率常数 k_1、k_2、k_3 及相应的半衰期 $t_{1/2}$。

表 6-4　$\ln(V_\infty - V_t)$ 及对应时间 t

$\ln(V_\infty - V_t)$	时间/s		$\ln(V_\infty - V_t)$	时间 t_2/s
	t_1	t_3		

七、思考题

1. 反应速率常数与哪些因素有关？

2. 从理论上看，本实验在同一温度下 k_1、k_2、k_3 三者之间有何关系？根据实验结果，实验测得的 k 值与 KI 浓度的关系又如何？

3. 若在开始测定 V_t 时，已经先放掉一部分氧气，对实验结果有无影响？为什么？

八、实验探讨与拓展

1. 一级反应速率常数测定数据处理方法介绍——Guggenheim 法

在测定 H_2O_2 分解速率常数实验中要将 $\ln(V_\infty - V_t)$ 对 t 作图。因此需要通过一些方法得到 H_2O_2 完全分解生成的氧气体积 V_∞，例如采用 $KMnO_4$ 标定 H_2O_2 浓度，进而计算 V_∞；由实验数据做 V_t-t 图，外推得到 V_∞；通过提高温度使 H_2O_2 完全分解，得到 V_∞。V_∞ 测量占用课时且易引入测量误差。Guggenheim 法的使用，省略了 V_∞ 的测量，又避免了测量误差。

由一级反应速率方程式（6-17）可知，若某一物理量 X 与反应物浓度成正比，则用物理量代替浓度的一级反应速率方程为

$$\ln[(X_0 - X_\infty)/(X_t - X_\infty)] = kt \tag{6-23}$$

式中，X_0、X_t、X_∞ 分别是反应起始、t 时刻和反应进行完全时体系选定的物理量值。将式（6-23）改写为

$$(X_t - X_\infty) = (X_0 - X_\infty)e^{-kt} \tag{6-24}$$

设 τ 为一固定时间间隔，在 $t + \tau$ 时

$$(X_{t+\tau} - X_\infty) = (X_0 - X_\infty)e^{-k(t+\tau)} \tag{6-25}$$

联立式（6-24）和式（6-25）得到

$$(X_t - X_{t+\tau}) = (X_0 - X_\infty)e^{-kt}(1 - e^{-k\tau}) \tag{6-26}$$

将式（6-26）两侧取对数得

$$\ln(X_t - X_{t+\tau}) = \ln[(X_0 - X_\infty)(1 - e^{-k\tau})] - kt \tag{6-27}$$

保持时间间隔 τ 不变，式（6-27）等号右侧第一项为常数，因此以 $\ln(X_t - X_{t+\tau})$ 对时间 t 作图，由直线斜率即可求得反应速率常数 k。

2. 过氧化氢催化分解反应级数测定方法简介

初始速率方程可表示为

$$r_{初} = -\frac{\Delta[H_2O_2]}{2\Delta t} = k[\text{catalyst}]^\alpha[H_2O_2]^\beta = k'[H_2O_2]^\beta \tag{6-28}$$

式中，α、β 分别是催化剂和 H_2O_2 的反应级数；$[\text{catalyst}]$ 和 $[H_2O_2]$ 均为初始浓度；k 是反应速率常数，$(\text{mol} \cdot \text{L}^{-1})^{(1-\alpha-\beta)} \cdot \text{s}^{-1}$；$k' = k[\text{catalyst}]^\alpha$，为表观速率常数，$(\text{mol} \cdot \text{L}^{-1})^{(1-\beta)} \cdot \text{s}^{-1}$。

以 $\ln r_{初}$ 对 $\ln[H_2O_2]$ 作图，由直线斜率得到过氧化氢的反应级数。准确测量反应开始极短时间内过氧化氢浓度变化 $\Delta[H_2O_2]$ 是获得反应级数的关键。

（1）使用紫外分光光度法，直接测定过氧化氢浓度变化。在酸性介质中，过氧化氢与钼酸铵离子形成浅黄色络合物，利用该络合物在波长 330nm 附近存在特征吸收峰，根据 Lambert-Beer 定律，测定该络合物的吸光度得到过氧化氢溶液浓度。

（2）通过测定反应计时开始 Δt 内所产生的 O_2 的体积 $V(O_2)$，依据化学计量关系计算过氧化氢浓度变化 $\Delta[H_2O_2]$。

$$\Delta[H_2O_2] = \frac{2(p - p^*)V(O_2)}{RTV_s} \tag{6-29}$$

式中，p 为大气压，Pa；p^* 为室温下水的饱和蒸气压，Pa；T 为环境温度，K；$V(O_2)$ 为 Δt 内所产生 O_2 的体积，mL；V_s 为反应溶液的总体积，mL；R 为摩尔气体常数，J·mol^{-1}·K^{-1}。则初始反应速率为

$$r_{初} = -\frac{\Delta[H_2O_2]}{2\Delta t} = \frac{(p-p^*)V(O_2)}{RTV_s} \tag{6-30}$$

将式（6-28）两侧取对数后

$$\ln r_{初} = \ln\left(-\frac{\Delta[H_2O_2]}{2\Delta t}\right) = \ln k' + \beta\ln[H_2O_2] \tag{6-31}$$

固定催化剂浓度不变，取一系列不同初始浓度的过氧化氢，以 $\ln r_{初}$ 对 $\ln[H_2O_2]$ 作图，由直线斜率得到过氧化氢的反应级数。

6-4 纳米酶——酶
家族的新成员

九、拓展阅读

纳米酶——酶家族的新成员（扫码阅读新形态媒体资料）。

十、实验案例

室温：14.8℃　大气压：102.21kPa

水的饱和蒸气压 $p^* = 1683.1$Pa

$KMnO_4$ 标准溶液浓度 0.0227mol·L^{-1}

$KMnO_4$ 溶液滴定体积数：$V_1 = 20.70$mL　$V_2 = 20.90$mL　$\overline{V} = 20.80$mL

H_2O_2 分解温度：25.0℃

H_2O_2 分解氧气体积及时间数据见表6-5。

表6-5　H_2O_2 分解氧气体积及时间

$c(KI)/(mol·L^{-1})$	0.1000		0.0500
$V(H_2O_2)/mL$	H_2O_2 10	H_2O_2 5 / H_2O 5	H_2O_2 10
$V_t(O_2)/mL$	时间/s		
	t_1	t_2	t_3
5	47.70	64.28	85.61
10	84.38	134.57	161.84
15	121.57	208.18	235.38
20	157.89	285.90	309.67
25	195.54	370.03	384.97
30	233.21	426.96	461.01
35	271.20	563.14	537.39
40	311.29	679.71	615.40

1. 计算 H_2O_2 溶液的起始浓度 c_0。

滴定所用 $KMnO_4$ 的体积 $\overline{V} = \frac{V_1+V_2}{2} = \frac{20.70+20.90}{2}$mL $= 20.80$mL

根据 $5H_2O_2 + 2KMnO_4 + 3H_2SO_4 =\!\!=\!\!= 2MnSO_4 + K_2SO_4 + 8H_2O + 5O_2\uparrow$ 可知

$$\frac{V(H_2O_2)c(H_2O_2)}{V(KMnO_4)c(KMnO_4)} = \frac{5}{2}$$

$$c(H_2O_2) = \frac{5V(KMnO_4)c(KMnO_4)}{2V(H_2O_2)} = \frac{5 \times 0.0227 \times 20.80}{2 \times 10.00} \text{mol} \cdot L^{-1} = 0.118 \text{mol} \cdot L^{-1}$$

H_2O_2 溶液的起始浓度 $c_0 = 10c(H_2O_2) = (10 \times 0.118) \text{mol} \cdot L^{-1} = 1.18 \text{mol} \cdot L^{-1}$

2. 计算 V_∞ 的数值。

室温 14.8℃下，水的饱和蒸气压为 1683.1Pa。

$$n(O_2) = \frac{c_0(H_2O_2)V(H_2O_2)}{2}$$

$V(H_2O_2) = 10\text{mL}$ 时，

$$V_{\infty 1} = \frac{c_0(H_2O_2)V(H_2O_2)}{2} \times \frac{RT}{p - p^*} = \frac{1.18 \times 0.01 \times 8.314 \times (273.15 + 14.8)}{2 \times (102.21 \times 1000 - 1683.1)} \text{mL}$$

$$= 140.5 \text{mL}$$

$V(H_2O_2) = 5\text{mL}$ 时，

$$V_{\infty 2} = \frac{1}{2}V_{\infty 1} = \frac{140.5}{2}\text{mL} = 70.3 \text{mL}$$

3. 将 $\ln(V_\infty - V_t)$ 及对应时间 t 的数据列于表 6-6，并作 $\ln(V_\infty - V_t)$-t 图（图 6-4）。

表 6-6　$\ln(V_\infty - V_t)$ 及对应时间 t

$\ln(V_\infty - V_t)$	时间/s		$\ln(V_\infty - V_t)$	时间 t_2/s
	t_1	t_3		
4.91	47.70	85.61	4.18	64.28
4.87	84.38	161.84	4.10	134.57
4.83	121.57	235.38	4.01	208.18
4.79	157.89	309.67	3.92	285.90
4.75	195.54	384.97	3.81	370.03
4.71	233.21	461.01	3.70	462.96
4.66	271.20	537.39	3.56	563.14
4.61	311.29	615.40	3.41	679.71

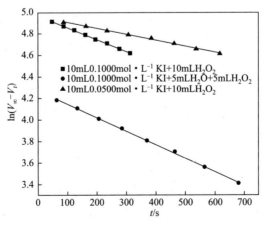

图 6-4　$\ln(V_\infty - V_t)$-t 图

以反应条件一为例，计算其表观反应速率常数、反应速率常数及半衰期，并将结果填入表 6-7。反应条件一下，将 $\ln(V_\infty - V_t)$ 对 t 作图，得到线性拟合方程 $\ln(V_\infty - V_t) = -0.0011\,t + 4.97$，直线斜率为 -0.0011。

故，KI 催化 H_2O_2 分解表观反应速率常数 $k_1 = 0.0011s^{-1}$；

速率常数 $k_1' = k_1/c(KI) = (0.0011/0.05)L \cdot mol^{-1} \cdot s^{-1} = 0.022L \cdot mol^{-1} \cdot s^{-1}$；

半衰期 $t_{1/2} = \ln2/k_1 = 0.693/k_1 = (0.693/0.0011)s = 630.00s$。

表 6-7 反应速率常数及半衰期数据

序号	k/s^{-1}	$k'/(L \cdot mol^{-1} \cdot s^{-1})$	$t_{1/2}/s$
1	0.0011	0.022	630.00
2	0.0013	0.026	533.08
3	0.00056	0.023	1237.50

实验所求速率常数与文献值基本一致。

误差分析：

(1) 实验通过滴定得到 V_∞，滴定过程可能产生误差。

(2) 溶液体积量取、O_2 体积读取过程中存在误差。

实验十五 乙酸乙酯皂化反应速率常数和活化能的测定

一、实验目的

1. 了解电导法测定化学反应速率的原理。

2. 用电导法测定乙酸乙酯皂化反应的速率常数和活化能。

3. 了解二级反应特征，掌握图解法求反应速率常数。

4. 掌握电导率仪的使用方法。

二、实验原理

乙酸乙酯与碱的反应称为皂化反应，是一个典型的二级反应，其反应式为

$$CH_3COOC_2H_5 + NaOH \longrightarrow CH_3COONa + C_2H_5OH$$

$t=0$ 时 c_0 c_0 0 0

$t=t$ 时 $c_0 - c_x$ $c_0 - c_x$ c_x c_x

$t=\infty$ 时 0 0 $c_x \rightarrow c_0$ $c_x \rightarrow c_0$

若反应物的起始浓度均为 c_0，在时间 t 时生成物的浓度为 c_x，则反应速率方程为

$$\frac{dc_x}{dt} = k(c_0 - c_x)^2 \tag{6-32}$$

式中，c_0 为反应物的起始浓度；t 为反应时间；k 为反应速率常数，其值决定于温度，量纲为 $[时间]^{-1} \cdot [浓度]^{-1}$。

将式(6-32) 积分得

$$\frac{c_x}{c_0(c_0-c_x)}=kt \tag{6-33}$$

皂化反应在稀溶液中进行，且 CH_3COONa 全部电离，则参加导电的离子有 Na^+、OH^-、CH_3COO^-，Na^+ 反应前后不变，OH^- 的迁移率远远大于 CH_3COO^-。随着反应进行，OH^- 不断减少，CH_3COO^- 不断增加，溶液的电导变化与反应物浓度变化相对应。因此本实验采用电导法测量皂化反应进程中不同时刻反应溶液的电导率，进而可求算出反应速率常数 k。在测量时，使用同一个电导池测量，则可保证溶液的电导率与其电导成正比关系。

$t=0$ 时，溶液电导完全来源于浓度为 c_0 的反应物 NaOH，此时的电导率与反应物 NaOH 的浓度 c_0 成正比，可表达为

$$\kappa_0=K(NaOH)c_0 \tag{6-34}$$

$t=\infty$ 时，认为反应进行到底，即 OH^- 完全被 CH_3COO^- 代替，此时溶液的电导来源于浓度为 c_0 的 CH_3COONa，故当用同一电导池测量时，有

$$\kappa_\infty=K(NaOAc)c_0 \tag{6-35}$$

$t=t$ 时，所测得的电导应是浓度为 (c_0-c_x) 的 NaOH 与浓度为 c_x 的 CH_3COONa 共同贡献的结果，用同一电导池测量有

$$\kappa_t=K(NaOH)(c_0-c_x)-K(NaOAc)c_x \tag{6-36}$$

由式(6-34)～式(6-36)联解可得

$$c_x=\left(\frac{\kappa_0-\kappa_t}{\kappa_0-\kappa_\infty}\right)c_0 \tag{6-37}$$

将式(6-37)代入式(6-33)得

$$\frac{1}{c_0}\left(\frac{\kappa_0-\kappa_t}{\kappa_t-\kappa_\infty}\right)=kt \tag{6-38}$$

将式(6-38)等号左边分子上减去 κ_∞，再加上一个 κ_∞，经整理后可变为

$$\frac{1}{\kappa_t-\kappa_\infty}=\frac{kc_0}{\kappa_0-\kappa_\infty}t+\frac{1}{\kappa_0-\kappa_\infty} \tag{6-39}$$

由式(6-39)可知，以 $\dfrac{1}{\kappa_t-\kappa_\infty}$ 对 t 作图，应得一直线，直线斜率为 $m=\dfrac{kc_0}{\kappa_0-\kappa_\infty}$，截距 $b=\dfrac{1}{\kappa_0-\kappa_\infty}$，故速率常数为

$$k=\frac{m}{\dfrac{c_0}{(\kappa_0-\kappa_\infty)}}=\frac{m}{c_0b} \tag{6-40}$$

实验时，用同一个电导池分别测得反应体系在一系列时刻对应下的 κ_0、κ_t 和 κ_∞，即可求得在该温度下皂化反应的速率常数 k。

反应速率常数 k 与温度 T 的关系一般符合阿伦尼乌斯方程，即

$$\ln k=-\frac{E_a}{RT}+B \tag{6-41}$$

或

$$\ln\frac{k_2}{k_1}=-\frac{E_a}{R}\left(\frac{1}{T_2}-\frac{1}{T_1}\right) \tag{6-42}$$

式中，B 为积分常数；E_a 为阿伦尼乌斯活化能。

分别测得不同温度下的反应速率常数 k，以 $\ln k$ 对（$1/T$）作图可得一直线，由直线斜率便可求出反应的活化能 E_a。

三、仪器和药品

仪器：恒温槽 1 套，DDS-11 型电导率仪 1 台（附铂电极 1 支），秒表 1 块，100mL 锥形瓶 4 个（作反应瓶用），50mL 移液管 1 支（公用），微量注射器（100μL）1 支，蒸馏水洗瓶 1 个。

药品：0.0100mol·L^{-1} NaOH 溶液，0.0100mol·L^{-1} CH$_3$COONa 溶液，乙酸乙酯（A.R.）。

四、实验步骤

① 调节恒温槽温度为 25℃，控温精度为 ±0.1℃。开启并调节电导率仪备用（使用及校正方法详见附录 1-5）。

② 记录室温，根据乙酸乙酯密度计算公式(6-43)计算密度，并由此密度值计算出与 100mL 0.0100mol·L^{-1} NaOH 溶液中所含 NaOH 物质的量相等的乙酸乙酯的体积。

乙酸乙酯的密度 ρ 与温度关系式：

$$\rho/\text{kg·m}^{-3} = 924.54 - 1.168 \times (t/℃) - 1.95 \times 10^{-3}(t/℃)^2 \tag{6-43}$$

其中，t 为乙酸乙酯存放温度，℃。乙酸乙酯的摩尔质量为 8.811×10^{-2}kg·mol^{-1}。

③ 25℃ 皂化反应 κ_0、κ_t 和 κ_∞ 的测定。用移液管移取 100.00mL 0.0100mol·L^{-1} NaOH 溶液放入干燥的锥形瓶中，在另一个干燥锥形瓶中倒入适量（以淹没过电极 1cm 为宜）0.0100mol·L^{-1} CH$_3$COONa 溶液。将校正好的电极擦干后插入装有 NaOH 溶液的锥形瓶内。将两只锥形瓶固定在恒温槽内的多孔板上进行恒温。恒温 20min 后，测量 NaOH 溶液的电导率 κ_0。

用微量注射器吸取所算体积的乙酸乙酯，迅速注入已恒温的 NaOH 溶液锥形瓶中，塞紧电极，同时开动秒表记录反应开始时间，并立即摇动锥形瓶使溶液混合均匀，然后每隔 1min 测定一次溶液电导率 κ_t，记录 8～9 个数据即可停止。

清洗电极，用蒸馏水校准后擦干，测定同温度下的 CH$_3$COONa 溶液的电导率，即 κ_∞。

④ 30℃ 及 35℃ 皂化反应 κ_0、κ_t 和 κ_∞ 的测定。调节恒温槽温度，按照同样方法测定 30℃ 及 35℃ 皂化反应 κ_0、κ_t 和 κ_∞。

⑤ 实验完毕，关闭仪器电源，清洗电极并保存在蒸馏水瓶中，清洗锥形瓶，打扫卫生。

五、实验注意事项

1. 由于温度对反应速率影响较大，必须精确调整好恒温槽温度，并要保证反应溶液恒温充分。

2. 每次使用铂电极前，须先用蒸馏水冲洗干净后再用滤纸吸干水分。实验中，电极应全部浸入溶液中。实验结束后，应将铂电极保存在盛有蒸馏水的锥形瓶中。

3. 锥形瓶在恒温过程中，一定要加塞盖严，以防 NaOH 溶液吸收空气中的 CO$_2$ 而使其浓度变化。

4. 加入乙酸乙酯的量要与 NaOH 物质的量相等。加入 NaOH 溶液后，应立即开始计时，之后需迅速将溶液摇匀反应。

六、数据记录与处理

1. 数据记录

室温：_____℃　大气压：_____kPa　NaOH 浓度 c_0：_____mol·L^{-1}

乙酸乙酯密度：_____kg·m^{-3}　乙酸乙酯体积：_____μL

将实验记录的电导率值填入表 6-8 中。

表 6-8　不同温度下不同时刻 t 所对应的电导率实验值

t/min	$\kappa_t/(\text{mS·cm}^{-1})$			$(\kappa_t-\kappa_\infty)/(\text{mS·cm}^{-1})$			$[1/(\kappa_t-\kappa_\infty)]/(\text{mS}^{-1}\text{·cm})$		
	25℃	30℃	35℃	25℃	30℃	35℃	25℃	30℃	35℃
0									
1									
2									
3									
4									
5									
6									
7									
8									
9									
10									
∞									

2. 数据处理

（1）根据式(6-39)，以 $\dfrac{1}{\kappa_t-\kappa_\infty}$ 对 t 作图，由直线斜率 m 求 k，并比较截距 b 与实测 b_0 的偏差。

（2）根据式(6-41)，以 $\ln k$ 对 $(1/T)$ 作图，求反应表观活化能 E_a。

七、思考题

1. 为什么实验所用溶液浓度必须足够稀？

2. 确定反应级数的方法有哪些？根据实验结果讨论二级反应特征。

3. 一同学用 50mL 移液管移取 100mL 的 NaOH 溶液时，实际上移取了一次便进行实验，并按本实验原理处理数据。其所得值与移取 100mL 进行实验所得的 k 值是否相同？

八、实验探讨与拓展

1. 反应物乙酸乙酯与 NaOH 溶液起始浓度不同时，反应速率常数 k 值的计算

若乙酸乙酯与 NaOH 溶液的起始浓度不等，则应具体推导 k 的表达式。

令乙酸乙酯溶液起始浓度等于 a，NaOH 溶液起始浓度等于 b，t 时生成物浓度为 x，则反应的动力学方程式为

$$\frac{\mathrm{d}c_x}{\mathrm{d}t} = k(a-x)(b-x) \tag{6-44}$$

当 $a \neq b$ 时，将上式积分得：

$$\ln \frac{b(a-x)}{a(b-x)} = k(a-b)t \tag{6-45}$$

（1）当 $a > b$ 时

$$CH_3COOC_2H_5 + NaOH \longrightarrow CH_3COONa + C_2H_5OH$$

$t=0$ 时 a b 0 0

$t=t$ 时 $a-x$ $b-x$ x x

$t=\infty$ 时 $a-b$ 0 b b

则：
$$\kappa_0 = K(NaOH)b$$
$$\kappa_t = K(NaOH)(b-x) + K(NaOAc)x$$
$$\kappa_\infty = K(NaOAc)b$$

联解可得
$$x = \left(\frac{\kappa_t - \kappa_0}{\kappa_\infty - \kappa_0}\right)b$$

代入式(6-45) 得
$$\ln\left(\frac{a-b}{b} \times \frac{\kappa_0 - \kappa_\infty}{\kappa_t - \kappa_\infty} + 1\right) = k(a-b)t + \ln\frac{a}{b} \tag{6-46}$$

κ_∞ 的测定：配制 b 浓度的 NaAc 和 b 浓度的 CH_3CH_2OH 混合溶液，在相同条件下测其电导率。

（2）当 $a < b$ 时

$$CH_3COOC_2H_5 + NaOH \longrightarrow CH_3COONa + C_2H_5OH$$

$t=0$ 时 a b 0 0

$t=t$ 时 $a-x$ $b-x$ x x

$t=\infty$ 时 0 $b-a$ a a

则：
$$\kappa_0 = K(NaOH)b$$
$$\kappa_t = K(NaOH)(b-x) + K(NaOAc)x$$
$$\kappa_\infty = K(NaOAc)(b-a) + K(NaOAc)a$$

联解可得
$$x = \left(\frac{\kappa_t - \kappa_0}{\kappa_\infty - \kappa_0}\right)a$$

代入式(6-45) 得

$$\ln\left(\frac{b-a}{a} \times \frac{\kappa_0 - \kappa_\infty}{\kappa_t - \kappa_\infty} + 1\right) = k(b-a)t + \ln\frac{b}{a} \tag{6-47}$$

κ_∞ 的测定：配制 $(b-a)$ 浓度的 NaOH 和 a 浓度的 NaAc 混合溶液，在与反应相同条件下测其电导率。

即通式表示
$$\ln\left(\frac{|a-b|}{m} \times \frac{\kappa_0 - \kappa_\infty}{\kappa_t - \kappa_\infty} + 1\right) = k|a-b|t + \left|\ln\frac{a}{b}\right| \tag{6-48}$$

m 为 a、b 中较小者，由式(6-48) 可知，若以 $\ln\left(\dfrac{|a-b|}{m} \times \dfrac{\kappa_0 - \kappa_\infty}{\kappa_t - \kappa_\infty} + 1\right)$ 对 t 作图，应得一直线，直线斜率为 $n = k|a-b|$，故速率常数

$$k = \frac{n}{|a-b|} \tag{6-49}$$

实验时，用同一个电导率仪分别测得反应体系的 κ_0、κ_t 和 κ_∞，即可求得在该温度下皂化反应的速率常数 k。从得到的动力学方程可以看出，二级反应的速率常数与初始浓度有关。当 a、b 相等时，速率常数与初始浓度成反比。

2. 利用 pH 法测量乙酸乙酯皂化反应速率常数

在乙酸乙酯皂化反应动力学研究中，随着反应进行，溶液中 OH^- 的浓度逐渐降低，可用 OH^- 浓度的变化来表示反应中的浓度变化。因此除了应用电导法，还可以利用 pH 计测定反应体系的 OH^- 变化，从而测得乙酸乙酯皂化反应的速率常数。

设 $t=t$ 和 $t=\infty$ 时，体系的 OH^- 浓度分别为 $\left[OH^-\right]_t$ 和 $\left[OH^-\right]_\infty$，a、b 分别表示 $CH_3COOC_2H_5$ 和 $NaOH$ 的初始浓度，则 $A^* = \ln \dfrac{\left[OH^-\right]_t}{\left[OH^-\right]_t - \left[OH^-\right]_\infty} = \left[OH^-\right]_\infty kt + \ln \dfrac{a}{b}$，当浓度较小时，根据 pH 值的定义，得 $pH = 14 + \lg[OH^-]$。

通过测定 $t=t$ 和 $t=\infty$ 时体系的 pH 值，求得 A^*。以 A^* 对 t 作图，由直线斜率得到速率常数 k。

九、学科前沿

超冷化学（扫码阅读新形态媒体资料）。

6-5　超冷化学

十、实验案例

室温：<u>25.0℃</u>　大气压：<u>101.3kPa</u>　NaOH 浓度 c_0：<u>0.0101mol·L^{-1}</u>

不同温度下不同时刻 t 所对应的电导率实验值见表 6-9。

表 6-9　不同温度下不同时刻 t 所对应的电导率实验值

t/min	κ_t/(mS·cm^{-1})		$(\kappa_t - \kappa_\infty)$/(mS·cm^{-1})		$[1/(\kappa_t - \kappa_\infty)]$/(mS^{-1}·cm)	
	30℃	35℃	30℃	35℃	30℃	35℃
0	2.63	2.86				
1	2.52	2.68	1.58	1.65	0.63	0.61
2	2.39	2.51	1.45	1.48	0.69	0.68
3	2.28	2.37	1.34	1.34	0.75	0.75
4	2.20	2.27	1.26	1.24	0.79	0.81
5	2.11	2.17	1.17	1.14	0.85	0.88
6	2.04	2.09	1.10	1.06	0.91	0.94
7	1.98	2.03	1.04	1.00	0.96	1.00
8	1.92	1.96	0.98	0.93	1.02	1.08
9	1.87	1.91	0.93	0.88	1.08	1.14
10	1.83	1.86	0.89	0.83	1.12	1.20
∞	0.94	1.03				

25.0℃时，乙酸乙酯的密度：

$$\rho/\text{kg·m}^{-3} = 924.54 - 1.168 \times (t/℃) - 1.95 \times 10^{-3}(t/℃)^2$$

$$= 924.54 - 1.168 \times 25.0 - 1.95 \times 10^{-3} \times 25.0^2 = 8.94 \times 10^2$$

乙酸乙酯的体积 $V = \dfrac{m}{\rho} = \dfrac{0.0101 \times 0.1 \times 8.811 \times 10^{-2}}{8.94 \times 10^2} \text{m}^3 = 99.5 \mu\text{L}$

以 $\dfrac{1}{\kappa_t - \kappa_\infty}$ 对 t 作图，如图 6-5 所示。

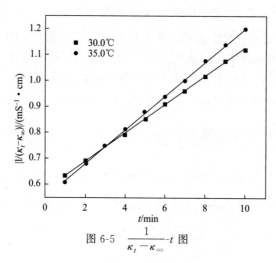

图 6-5　$\dfrac{1}{\kappa_t - \kappa_\infty}$-$t$ 图

30.0℃条件下，以 $\dfrac{1}{\kappa_t - \kappa_\infty}$ 对 t 作图，得到线性拟合方程：

$$\frac{1}{\kappa_t - \kappa_\infty} = 0.0548t + 0.579, \quad R^2 = 0.9997$$

直线斜率 $m = \dfrac{kc_0}{\kappa_0 - \kappa_\infty} = 0.0548$，

$$k = \frac{m}{\dfrac{c_0}{(\kappa_0 - \kappa_\infty)}} = \frac{m}{c_0 b} = \frac{0.0548}{0.0101 \times 0.579} \text{mol}^{-1} \cdot \text{L} \cdot \text{min}^{-1} = 9.37 \text{mol}^{-1} \cdot \text{L} \cdot \text{min}^{-1}$$

30.0℃文献值 $k = 8.83 \text{mol}^{-1} \cdot \text{L} \cdot \text{min}^{-1}$，

相对误差 $E_r = \dfrac{9.37 - 8.83}{8.83} \times 100\% = 6.12\%$

$b = 0.579$，实测 $b_0 = \dfrac{1}{\kappa_0 - \kappa_\infty} = \dfrac{1}{2.63 - 0.94} = 0.592$

截距 b 与实测 b_0 的偏差 $\alpha = \dfrac{b - b_0}{b_0} = \dfrac{0.579 - 0.592}{0.592} \times 100\% = -2.20\%$

35.0℃条件下，以 $\dfrac{1}{\kappa_t - \kappa_\infty}$ 对 t 作图，得到拟合直线方程：

$$\frac{1}{\kappa_t - \kappa_\infty} = 0.0661t + 0.544, \quad R^2 = 0.9997$$

直线斜率 $m = \dfrac{kc_0}{\kappa_0 - \kappa_\infty} = 0.0661$，

$$k = \frac{m}{\dfrac{c_0}{(\kappa_0 - \kappa_\infty)}} = \frac{m}{c_0 b} = \frac{0.0661}{0.0101 \times 0.544} \text{mol}^{-1} \cdot \text{L} \cdot \text{min}^{-1} = 12.03 \text{mol}^{-1} \cdot \text{L} \cdot \text{min}^{-1}$$

35.0℃文献值 $k = 12.11 \text{mol}^{-1} \cdot \text{L} \cdot \text{min}^{-1}$，

相对误差 $E_r = \dfrac{12.03 - 12.11}{12.11} \times 100\% = -0.66\%$

$b = 0.544$，实测 $b_0 = \dfrac{1}{\kappa_0 - \kappa_\infty} = \dfrac{1}{2.86 - 1.03} = 0.546$

截距 b 与实测 b_0 的偏差 $\alpha = \dfrac{b - b_0}{b_0} = \dfrac{0.544 - 0.546}{0.546} \times 100\% = -0.37\%$

以 $\ln k$ 对 $(1/T)$ 作图，如图 6-6 所示，得到线性方程 $\ln k = -\dfrac{4.67 \times 10^3}{T} + 17.64$

所以 $E_a = 4.67 \times 10^3 R = 4.67 \times 10^3 \times 8.314 \text{J} \cdot \text{mol}^{-1} = 38.82 \text{kJ} \cdot \text{mol}^{-1}$

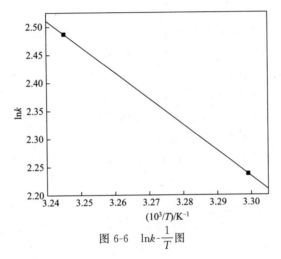

图 6-6　$\ln k \text{-} \dfrac{1}{T}$ 图

根据阿伦尼乌斯方程

$$\ln \frac{k_2}{k_1} = -\frac{E_a}{R}\left(\frac{1}{T_2} - \frac{1}{T_1}\right)$$

$$E_a = R \times \ln \frac{k_2}{k_1} \Big/ \left(\frac{1}{T_1} - \frac{1}{T_2}\right) = \left[8.314 \times \ln \frac{12.03}{9.37} \Big/ \left(\frac{1}{303.2} - \frac{1}{308.2}\right)\right] \text{J} \cdot \text{mol}^{-1} = 38.83 \text{kJ} \cdot \text{mol}^{-1}$$

误差分析：

（1）由公式 $k = \dfrac{1}{t c_0}\left(\dfrac{\kappa_0 - \kappa_t}{\kappa_t - \kappa_\infty}\right)$ 可知，实验测定的反应速率常数 k 与 κ_0、κ_t 和 κ_∞ 的测量值以及电导率仪读数精确度有关。

（2）记录反应开始时间可能较实际反应开始时间要晚，以致反应物的实际浓度与相应的反应时间不能完全对应，以 $\dfrac{1}{\kappa_t - \kappa_\infty}$ 对 t 作图时，会使直线截距变小，$k = \dfrac{m}{c_0 b}$ 变大。

（3）反应物 $CH_3COOC_2H_5$ 和 $NaOH$ 的移取量不准，初始浓度不严格相同。

（4）恒温不充分。

第七章
表面与胶体实验

"我们的国家那么大，需要解决的问题那么多，我不能只挑我最熟悉的问题去研究，而应当把面放宽些"，这是我国著名的化学家、新中国胶体化学发展的主要奠基人傅鹰教授关于科研选题的态度，也是他的做法。由于表面活性剂在工农业生产中有许多重要的应用，因此多年来他领导的教研室一直把相关研究作为一个重要的研究方向。科研要为国家服务！

在新中国成立初期，百业待兴，1950年傅鹰教授欣然偕夫人有机化学家张锦教授回国，先后在北京大学工学院、清华大学、北京石油学院工作。1954年到北京大学化学系主持建立了胶体化学教研室，并担任主任，为新中国胶体化学的发展奠定了基础。

实验十六 | 最大泡压法测定溶液的表面张力

一、实验目的

1. 掌握最大泡压法测定溶液表面张力的原理及操作。
2. 了解表面张力、表面功、表面吉布斯函数、表面吸附的概念及相互关系。
3. 测定不同浓度正丁醇水溶液的表面张力，计算表面吸附量及正丁醇分子的横截面积。

二、实验原理

液体表面层中的分子与体相中的分子所受的作用力不同。液体内部的分子所受周围分子的吸引力是平衡的，而处于液体表面层中的分子所受液体内部分子对其的吸引力大于液面外部气体分子对它的吸引力，故受到的合力指向液体内部。这种作用力使液体表面有自动缩小的趋势。这种使液面收缩的单位长度上的力称为表面张力（γ，单位为 $N \cdot m^{-1}$）。液体的表面张力是液体的重要性质之一，与温度、压力和浓度及共存的另一相的组成有关。

从热力学角度看，液体表面层分子比内部分子具有更高的平均势能，即表面吉布斯自由能（表面吉布斯函数）。通常把增加单位面积时系统的吉布斯函数的增量称为单位表面吉布斯函数（单位为 $J \cdot m^{-2}$）。它等于恒温恒压下增加单位面积表面，系统从外界得到的可逆的非体积功，即单位表面功（单位为 $J \cdot m^{-2}$）。表面张力与单位表面吉布斯函数、单位表面功虽为不同的物理量，但其量值与量纲均相同（式7-1）。

$$\gamma = \left(\frac{\partial G}{\partial A_S} \right)_{T,p} = \frac{\delta W_r'}{dA_S}$$

(7-1)

恒温恒压下，系统表面吉布斯函数减小的过程为自发过程。纯液体降低表面吉布斯函数的唯一途径是尽可能缩小其表面积。溶质能使溶剂的表面张力发生改变，故溶液还可以通过调节溶质在表面层的浓度来降低表面吉布斯函数。

当在一定温度下溶质加入纯液体中形成溶液时，溶液的表面张力较纯液体会发生改变，同时会出现溶质在溶液表面层浓度与溶液本体浓度不同的现象。此现象称为溶液的表面吸附。单位面积的表面层中所含溶质物质的量与等量溶剂在溶液本体中所含溶质物质的量的差值称为溶质的表面过剩吸附量。在一定的温度、压力下，溶质的表面过剩吸附量与溶液的表面张力、溶液浓度间的关系可用吉布斯吸附等温式表示：

$$\Gamma_B = -\frac{c_B}{RT} \times \frac{\mathrm{d}\gamma}{\mathrm{d}c_B} \tag{7-2}$$

式中，Γ_B 为溶质 B 在表面层的过剩吸附量，$mol \cdot m^{-2}$；c_B 为溶质 B 在溶液本体中的平衡浓度，$mol \cdot L^{-1}$；γ 为溶液的表面张力，$N \cdot m^{-1}$；T 为热力学温度，K。

若 $\frac{\mathrm{d}\gamma}{\mathrm{d}c_B} > 0$，则 $\Gamma_B < 0$，为负吸附，说明加入溶质使溶液表面张力升高，溶液表面层中溶质浓度小于溶液本体浓度，此类物质称为表面惰性物质，如无机盐、蔗糖等，如图 7-1 中（Ⅰ）所示吸附类型。若 $\frac{\mathrm{d}\gamma}{\mathrm{d}c_B} < 0$，则 $\Gamma_B > 0$，为正吸附，说明加入溶质使溶液表面张力降低，溶液表面层中溶质浓度大于溶液本体浓度，此类物质称为表面活性物质，如图 7-1 中（Ⅱ）和（Ⅲ），低级脂肪酸、脂肪醇、醛的水溶液等均属于这种类型。其中能显著降低表面张力的物质［图 7-1 中（Ⅲ）］，被称作表面活性剂。

在一定温度、压力下，测定不同浓度溶液的表面张力，做出 γ-c 曲线。在曲线上任选一点做切线，此切线的斜率就是该点对应浓度下的（$\mathrm{d}\gamma/\mathrm{d}c_B$）值（图 7-2）；或对实验曲线进行非线性拟合，得到表面张力与浓度的关系方程 $\gamma = f(c)$，γ 对 c 求导可得不同浓度 c_B 下（$\mathrm{d}\gamma/\mathrm{d}c_B$）值，代入吸附等温式可计算 Γ_B。

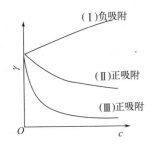

图 7-1 溶液表面的吸附类型

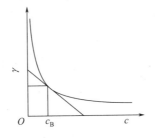

图 7-2 图解求表面张力对浓度的变化率

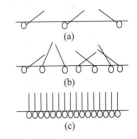

图 7-3 表面活性物质分子在溶液表面的排列情况示意图

表面活性物质具有显著的不对称结构，一般由亲水的极性部分（如—OH，—COOH，—$CONH_2$ 等）和憎水的非极性部分（碳链或环等）构成。表面活性物质分子在溶液表面的排列情况因浓度而异：当浓度极小时，溶质分子平躺在溶液表面，如图 7-3(a)；随着浓度的增大，溶质分子由平躺变为倾斜，其极性部分朝向溶液内部，非极性部分朝向空气，如图 7-3(b)；当浓度增加到一定程度，表面活性物质分子排满所有表面，形成单分子饱和吸附层，如图 7-3(c)。

一定温度下，表面活性物质的平衡吸附量 Γ_B 与浓度 c_B 的关系可用朗缪尔单分子层吸附等温式表示：

$$\Gamma_B = \Gamma_m \frac{Kc_B}{1+Kc_B} \tag{7-3}$$

式中，K 为经验常数，与溶质的表面活性大小有关。Γ_m 为饱和吸附量，可近似认为在单位表面上定向排列呈单分子层吸附时溶质的物质的量。

式(7-3)可变形为

$$\frac{c_B}{\Gamma_B} = \frac{c_B}{\Gamma_m} + \frac{1}{K\Gamma_m} \tag{7-4}$$

若以 (c_B/Γ_B) 对 c_B 作图得一直线，斜率的倒数就是 Γ_m。

在饱和吸附情况下，可以计算溶质分子的横截面积 a_m：

$$a_m = \frac{1}{\Gamma_m L} \tag{7-5}$$

式中，L 为阿伏伽德罗常数。

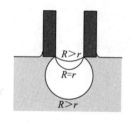

图 7-4　气泡的形成过程
R—气泡的曲率半径；
r—毛细管半径

本实验采用最大泡压法测量正丁醇水溶液的表面张力，所依据的原理如下（如图 7-4）：将毛细管端口刚好与溶液表面垂直相切，此时液体沿毛细管上升一定高度。缓慢向毛细管内加压，管内压力将管中液体压至毛细管口并形成气泡，开始时气泡曲率半径很大，随着气泡的增大，曲率半径逐渐变小，当气泡的曲率半径与毛细管口半径刚好相等时，气泡为半球状，曲率半径达最小值，而后又逐渐变大。根据拉普拉斯方程可知，当气泡的曲率半径恰好等于毛细管半径时，气泡所承受的压差也达到最大：

$$\Delta p_{max} = p_内 - p_外 = \frac{2\gamma}{r} \tag{7-6}$$

式中，Δp_{max} 为气泡内外最大压力差，可通过数字式微压差测量仪测得；r 为毛细管半径，可通过已知表面张力的物质来标定（常用纯水作为参照物质，水在不同温度下的表面张力可参见附录 2-12）。因此，测得 Δp_{max} 和 r，即可由式(7-6)计算溶液的表面张力。此后，继续向毛细管内增加压力，气泡的曲率半径随之变大，此时气泡表面膜所能承受的附加压力变小，使得毛细管中的气泡破裂或逸出管口。

三、仪器和药品

仪器：恒温水浴 1 套，增压装置 1 套，数字式微压差测量仪 1 台，具支试管及 0.1mL 的移液管（用作毛细管，内径为 0.15～0.2mm）各 1 支。

药品：蒸馏水，浓度分别为 0.05、0.10、0.15、0.20、0.25、0.30mol·L^{-1} 正丁醇溶液（A.R.）。

四、实验步骤

1. 恒温及实验装置的组装

调节恒温水浴至指定温度，打开微压差测量仪电源开关，预热 5min 后，在通大气的情况下将读数置零。将毛细管及样品管用蒸馏水清洗干净。在样品管中加入适量蒸馏水，调节毛细管的下端面恰好与液面垂直相切。如图 7-5 所示，连接实验装置，并检查气密性。记录恒温水浴温度值。

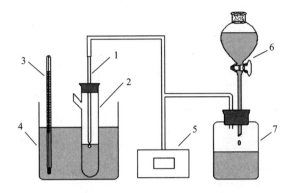

图 7-5　最大泡压法装置示意图

1—毛细管；2—具支试管；3—温度计；4—恒温水浴；5—数字式微压差仪；

6—滴液漏斗；7—加压瓶

2. 水的 Δp_{max} 的测定

恒温 10min 后，旋转分液漏斗的旋塞控制滴液速度，缓慢增压，使毛细管下端气泡逐个逸出。读取微压差测量仪的最大压力差。连续记录三次取平均值，即纯水的 Δp_{max}（H_2O）。

3. 不同正丁醇溶液 Δp_{max} 的测定

按上述方法，由稀到浓的顺序依次测定不同浓度的正丁醇水溶液的最大压差值 Δp_{max}。每次测量前需用少量待测液润洗毛细管及样品管三次，以保证毛细管内外溶液浓度一致。

实验结束，清洗样品管和毛细管，关闭电源，整理实验台。

五、实验注意事项

1. 仪器系统不能漏气。

2. 测量前毛细管一定要清洗干净，管中不能有多段液柱出现，否则微压差测量仪会出现不正常的偏大示数。

3. 毛细管端口应平整，测量时毛细管应垂直放置且与测定溶液的液面恰好相切。

4. 测定正丁醇溶液表面张力时应按从稀到浓的顺序依次进行。每次测量前要用待测液润洗毛细管及具支试管。

5. 控制滴液漏斗的滴液速度，尽可能使气泡呈单泡均匀间断逸出，以利于读数的准确性。

六、数据记录与处理

1. 数据记录

实验温度：_____℃　大气压：_____ kPa　$\gamma(H_2O)$：_____ N·m^{-1}

正丁醇水溶液表面张力测定的实验数据可填入表 7-1 中。

表 7-1　正丁醇水溶液表面张力测定的实验数据

正丁醇溶液浓度 /(mol·L^{-1})	微压差测量仪示数 Δp_{max}/Pa				γ/(N·m^{-1})①	Γ/(mol·m^{-2})	$\left(\dfrac{c}{\Gamma}\right)$/(m^2·dm^{-3})
	1	2	3	平均值			
纯水							

① 表示正丁醇溶液的表面张力可用公式 $\gamma(c_B)=\gamma(H_2O)\times\Delta p_{max}(c_B)/\Delta p_{max}(H_2O)$ 计算。

2. 数据处理

(1) 以浓度 c 为横坐标、表面张力 γ 为纵坐标作 γ-c 图。

(2) 求得不同浓度 c_B 下 $(d\gamma/dc_B)$ 值，计算出各浓度对应的 Γ 值并作出 Γ-c 图。

(3) 以浓度 c 为横坐标、(c/Γ) 为纵坐标作 (c/Γ)-c 图得一直线，由直线的斜率求出饱和吸附量 Γ_m，求出正丁醇分子的横截面积 a_m。

七、思考题

1. 用最大泡压法测溶液的表面张力利用的是什么公式？实验中如何求得不同浓度正丁醇溶液的表面张力？

2. 如一同学在实验过程中不小心将毛细管打破，换用另一同学的毛细管继续进行实验，是否可以？为什么？

3. 对同一试样进行测定时，每次脱出气泡一个或连串两个所读结果是否相同，为什么？

4. 实验中的具支试管的支管为什么不能被液体封堵？

5. 如果将毛细管下端面插入被测液体内，将给所测液体表面张力带来什么影响？

八、实验探讨与拓展

1. 毛细管插入所测液体中对实验结果的影响

毛细管端口应处于刚好与接触溶液表面垂直相切的位置来得到准确的 Δp_{max} 值。在气泡形成的过程中，由于表面张力的作用，附加压力总是指向液面的曲率中心，使气泡内的压力 $p_{内}$ 比气泡外的压力 $p_{外}$ 高，定义 $\Delta p=p_{内}-p_{外}$。假设毛细管半径为 r，则毛细管端口刚好与溶液表面垂直相切时 $\Delta p_{max}=p_{内}-p_{外}=\dfrac{2\gamma}{r}$。如果毛细管插入一定深度 h，还要考虑插入这段深度的液体产生的静压力 ρgh，使测得 Δp_{max} 值偏大。如果测纯水时插入一定深度，则计算出毛细管半径偏小，测量待测溶液时毛细管端口刚好与溶液表面垂直相切，此时测得的待测液体的表面张力将偏小；如果测纯水时毛细管端口刚好与溶液表面垂直相切，而测溶液时插入一定深度，测得待测溶液表面张力将偏大。

2. 气泡溢出速度过快对实验的影响

实验过程中控制滴液的速度，尽量使气泡一个一个地生成。如果气泡溢出速度太快，或两三个气泡一起溢出，$\Delta p_{\max}$ 读数不稳定。而且，气泡溢出速度太快，表面活性物质来不及在气泡表面达到吸附平衡，使测得的表面张力偏大。

3. 液体表面张力测定方法简介

液体表面张力测定方法有最大气泡压力法、毛细管上升法、Du Noüy 吊环法、Wilhelmy 吊片法、滴重法和滴体积法等。

最大气泡压力法。所用设备简单，操作方便，可以测量静态和动态的表面张力。气泡不断生成可能会扰动液面平衡，改变液体表面温度，因此要控制气泡形成速度，实际操作中常用的是单泡法。最大气泡压力法不能用来测液-液界面张力。

毛细管上升法。将毛细管插入液体中，液体将沿毛细管上升至一定高度，毛细管内外液体将达到平衡状态。液体上升的高度与表面张力值有关。此时，液面对液体所施加的向上的拉力与液体向下的力相等，则表面张力为：

$$\gamma = \frac{\Delta\rho g h r}{2\cos\theta} \tag{7-7}$$

式中，γ 为表面张力；$\Delta\rho$ 为测量液体与气体（空气和蒸气）的密度差；r 为毛细管半径；h 为毛细管中液面上升的高度；g 为重力加速度；θ 为液体与管壁的接触角。毛细管上升法操作简单，实验结果精确度高，是表面张力测定的重要方法。应用此法要求液体与毛细管的接触角最好为零。精确测量时，需要对毛细管内液面上升高度 h 进行校正。

Du Noüy 吊环法。测试时先将一个圆环（如铂丝环）浸入液面，然后再慢慢将圆环向上拉起，环与液面会形成一个膜。测量环被刚刚拉离表面时所需的最大拉力 F。此最大拉力由液体表面张力、环的内径及环的外径所决定。

$$\gamma = \frac{F}{\pi(D_1 + D_2)} \tag{7-8}$$

式中，D_1 圆环的外径；D_2 圆环的内径。本法设备简单，比较常用，要求接触角为零，环必须保持水平。

Wilhelmy 吊片法。将铂片、云母片或显微镜盖玻片等薄片插入液体，测定当薄片的底边平行液面并刚好接触液面时的拉力 F，由此可计算出表面张力。计算公式为：

$$F - G = 2\gamma l \cos\theta \tag{7-9}$$

式中，F 为薄片与液面拉脱时的最大拉力；G 为薄片的重力；l 为薄片的宽度，薄片与液体接触的周长近似为 $2l$；θ 为薄片与液体的接触角。由于接触角 θ 难以测准，一般预先加工使薄片表面粗糙，并处理得非常洁净，使薄片被液体润湿，接触角 θ 为零。此法设备简单，操作方便，不需要密度数据，直观可靠，不需要做任何校正，不仅可用于测定气-液表面张力，也可用于测定液-液界面张力。

滴重法和滴体积法。滴重法基本原理为待测液体通过毛细管端口缓慢地形成液滴落入容器内，待收集至足够数量的液体时称量，根据总滴数算出每滴液滴的平均质量，就可求出表面张力 γ。计算公式：

$$\gamma = \frac{mg}{2\pi R} \tag{7-10}$$

式中，m 为液滴的质量；g 为重力加速度；R 为毛细管的滴头半径。由于液滴下落不完整，所得液滴的实际质量要比计算值小得多，需要引入校正因子进行校正。滴体积法是在滴重法的基础上发展起来的。直接测量滴液体积，根据相关公式就可计算出液体的表面张力。

九、我国古代科学故事

古人对表面现象和表面活性剂的认识和利用（扫码阅读新形态媒体资料）。

7-1 古人对表面现象和表面活性剂的认识和利用

十、实验案例

实验温度：<u>18.0℃</u>　大气压：<u>101.02kPa</u>　$\gamma(H_2O)$：<u>0.07305N·m^{-1}</u>

1. 数据记录

不同浓度正丁醇水溶液的表面张力及表面吸附实验数据见表 7-2。

表 7-2　不同浓度正丁醇水溶液的表面张力及表面吸附实验数据

正丁醇溶液浓度 /(mol·L^{-1})	微压差测量仪示数 Δp_{max}/Pa				γ/(N·m^{-1})[①]	$\Gamma \times 10^6$ /(mol·m^{-2})	$(c/\Gamma) \times 10^{-4}$ /(m^2·dm^{-3})
	1	2	3	平均值			
纯水	740	738	739	739	0.07305	0	
0.05	639	639	638	639	0.06317	3.152	1.586
0.10	576	575	574	575	0.05684	4.355	2.296
0.15	526	526	525	526	0.05199	4.990	3.006
0.20	488	486	486	487	0.04814	5.380	3.717
0.25	458	459	457	458	0.04527	5.648	4.426
0.30	440	439	439	439	0.04340	5.855	5.124

① 表示正丁醇溶液的表面张力可用公式 $\gamma(c_B) = \gamma(H_2O) \times \Delta p_{max}(c_B)/\Delta p_{max}(H_2O)$ 计算。

2. 数据处理

（1）正丁醇溶液的表面张力通过 $\gamma(c_B) = \gamma(H_2O) \times \Delta p_{max}(c_B)/\Delta p_{max}(H_2O)$ 计算，其中 18.0℃ 水的表面张力查表知为 0.07305N·m^{-1}。计算的数据填入表 7-2。

以浓度 c 为横坐标、表面张力 γ 为纵坐标作 γ-c 图（图 7-6）。

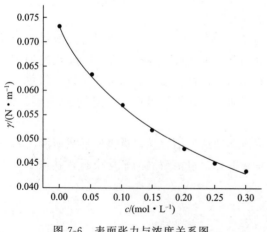

图 7-6　表面张力与浓度关系图

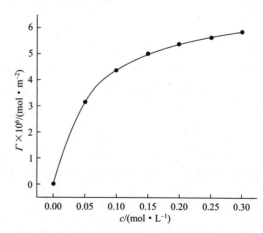

图 7-7　平衡吸附量 Γ 与浓度 c 的关系

（2）按照实验原理中叙述的方法，利用希什科夫斯基经验公式 $\gamma = \gamma_0 - b\lg(1+c/a)$（式中 c 为溶液浓度，b，a 是参数），对实验数据进行非线性拟合求得表面张力随浓度变化

的曲线方程 $\gamma/(\mathrm{N \cdot m^{-1}})=0.07312-0.01705\lg[1+16.20869c/(\mathrm{mol \cdot L^{-1}})]$。对该方程求导即可得到不同浓度 c_B 下 $(\mathrm{d}\gamma/\mathrm{d}c_B)$ 值，最后代入吸附等温式可计算出各浓度对应的 Γ 值，并作出 Γ-c 图（图7-7）。

（3）以浓度 c 为横坐标、(c/Γ) 为纵坐标作 (c/Γ)-c 图得一直线（图7-8），拟合此直线的方程为：$y=14165x+8804$，该直线斜率的倒数即饱和吸附量 Γ_m 为 $7.06 \times 10^{-6}\,\mathrm{mol \cdot m^{-2}}$。

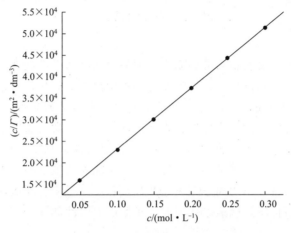

图7-8 c/Γ 与浓度 c 的关系

$$a_m = \frac{1}{\Gamma_m L} = \frac{1}{7.06 \times 10^{-6} \times 6.022 \times 10^{23}}\,\mathrm{m^2} = 2.35 \times 10^{-19}\,\mathrm{m^2}$$

计算得正丁醇分子的横截面积 a_m 为 $0.235\,\mathrm{nm^2}$。

实验十七 | 表面活性剂的类型鉴别及临界胶束浓度的测定

一、实验目的

1. 掌握不同类型表面活性剂的鉴别方法。
2. 了解表面活性剂的特性及胶束形成原理。
3. 用电导法测定十二烷基硫酸钠的临界胶束浓度。

二、实验原理

1. 表面活性剂的类型及鉴别

表面活性剂是指加入少量就能显著降低溶液表面张力的一类"两亲性"分子。通常表面活性剂分子同时含有亲水的极性基团和憎水的非极性碳链或环。表面活性剂可以从用途、物理性质、化学性质或化学结构等方面进行分类，最常用的是按化学结构来分类，大体上可以分为离子型和非离子型两类。当表面活性剂溶于水时，凡能解离生成离子的称为离子型表面活性剂；凡在水中不能解离的，称为非离子型表面活性剂。离子型表面活性剂按其在水溶液中解离后具有表面活性作用部分的电性，还可以进一步分类，具体分类如图7-9所示。

不同的表面活性剂有不同的性质，可以利用不同的方法将它们鉴别开来。常用的鉴别方

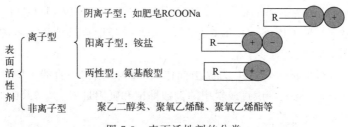

图 7-9　表面活性剂的分类

法有染料法和浊点法。

与表面活性剂相似，染料也可分为阳离子型染料和阴离子型染料。例如，亚甲基蓝是阳离子型染料，其带色离子是阳离子；溴酚蓝是一种阴离子型染料，其带色离子是阴离子。如图 7-10。由于阴离子型表面活性剂与阳离子型染料、阳离子型表面活性剂与阴离子型染料均可生成不溶于水而能溶于油的有色复合物，因此当油相（如三氯甲烷）存在时，复合物就会转移到油相使油相着色，即用染料将阴离子型表面活性剂和阳离子型表面活性剂鉴别开来。非离子型表面活性剂与上述染料不起反应，可用浊点法来鉴别。浊点是聚氧乙烯型非离子型表面活性剂的一般特征，阴离子型表面活性剂和阳离子型表面活性剂都没有浊点。如果一种溶液有浊点，则可证明是聚氧乙烯型非离子型表面活性剂。

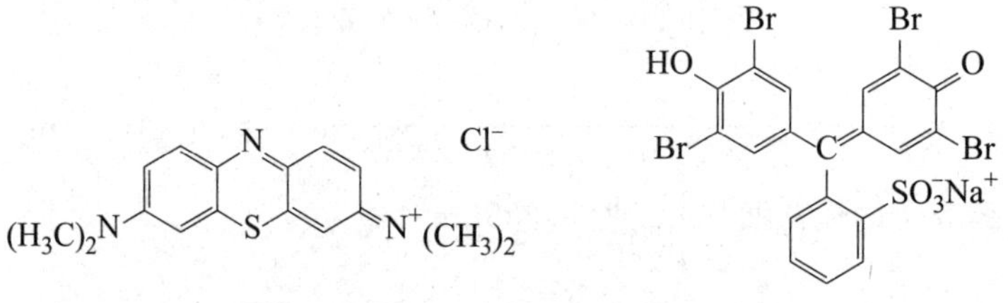

图 7-10　阳离子型染料亚甲基蓝（左）和阴离子型染料溴酚蓝（右）分子结构

2. 临界胶束浓度及其测定

将表面活性剂加入水中，溶液浓度较小时，部分表面活性剂分子自动聚集于表面层，使水和空气的接触面减小，溶液的表面张力显著降低。大部分表面活性剂的分子分布在溶液的表面层，非极性的基团翘出水面。另有一些表面活性剂分子则分散在水中，几个分子相互接触，憎水性基团靠拢在一起，形成简单的聚集体，如图 7-11(a) 所示。当溶液浓度足够大时，表面层中挤满一层定向排列的表面活性剂分子，形成单分子膜。在溶液本体则形成具有一定形状的胶束，它是由几十个或几百个表面活性剂分子，排列成憎水基团向里、亲水基团向外的多分子聚集体，如图 7-11(b) 所示。胶束中许多表面活性剂分子的亲水性基团与水分子相接触；而非极性基团则包在胶束中，几乎完全脱离水环境。因此胶束在水溶液中能稳定存在。开始形成胶束时所需表面活性剂的最低浓度，称为临界胶束浓度，以 CMC（critical micelle concentration）表示。当溶液浓度超过临界胶束浓度后［如图 7-11(c)］，继续增加表面活性剂的浓度，只能增加胶束的个数或胶束中所包含分子的数目。由于胶束是亲水性且处于溶液内部，不能使溶液表面张力进一步降低。

CMC 是溶液表面活性的一种量度。CMC 越小表示此种表面活性剂形成胶束所需的溶质浓度越低，达到表面饱和吸附的浓度也越低。即只要很少的表面活性剂就可起到润湿、乳化、增溶、起泡等作用。在 CMC 之上，由于溶液的结构发生改变，许多物理化学性质（如

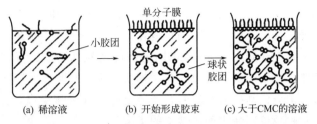

图 7-11 表面活性剂分子在溶液本体及表面层中的分布

表面张力、电导、渗透压、浊度和光学性质等）都会随着胶束的出现而发生改变，如图 7-12 所示。原则上，这些物理化学性质随浓度的变化都可以用于 CMC 的测定，但是经常使用的方法是表面张力法、电导法和染料法等。本实验使用电导法测定表面活性剂的 CMC 值。

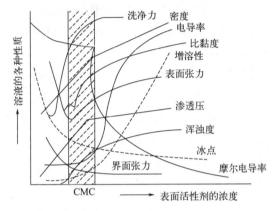

图 7-12 表面活性剂溶液性质与浓度的关系图

在离子型表面活性剂溶液中，对电导有贡献的主要是带长链烷基的表面活性剂离子和相应的反离子，而胶束的贡献极为微小。从离子贡献大小来考虑，反离子大于表面活性剂离子，对于浓度低于 CMC 的表面活性剂稀溶液，电导率的变化规律与强电解质一样，摩尔电导率与浓度、电导率与浓度均呈线性关系。当溶液浓度达到 CMC 时，随着溶液中表面活性剂浓度的增加，单体的浓度不再变化，增加的是胶束的个数，由于对电导贡献大的反离子固定于胶束的表面，它们对电导的贡献明显下降，电导率随溶液浓度增加的趋势将会变缓，据此作 $\kappa\text{-}c$ 曲线，由曲线的转折点可求出 CMC 值。

三、仪器和药品

仪器：恒温槽 1 套，DDS-11 型电导率仪 1 台（附铂黑电极），250mL 细口瓶 2 个（作电导瓶用），150mL 锥形瓶 1 个，10mL 移液管 1 支，5mL 量筒 6 个（公用），100mL 容量瓶 1 支，滴管 5 支，试管 6 支，蒸馏水洗瓶 1 个。

药品：十二烷基磺酸钠 SDS 溶液（0.04mol·L^{-1} 和质量分数 0.05%），十六烷基三甲基溴化铵 CTAB 溶液（质量分数 0.05%），聚乙二醇辛基苯基醚乳化剂 OP-10 溶液（质量分数 0.1%），亚甲基蓝（A.R.），溴酚蓝（A.R.），蒸馏水，CHCl$_3$（A.R.）。

四、实验步骤

1. 表面活性剂的类型鉴别

取 3 支 10mL 试管各加入 3mL 的氯仿、1mL 亚甲基蓝，分别向每支试管中逐滴加入

7-2 表面活性剂
类型鉴别实验视频

1mL 表面活性剂 0.05％SDS、0.05％CTAB 和 0.1％OP-10 溶液，充分振荡静置分层，观察两相颜色变化。当某一试管中出现两相颜色相近时，再向试管中逐滴加入 4mL 相同的表面活性剂溶液，振荡静置分层，观察颜色变化。记录实验现象，并根据实验现象判断表面活性剂的类型。

把染色剂换为溴酚蓝，依照上面同样步骤操作，记录实验现象，并根据实验现象判断表面活性剂的类型。

2. 临界胶束浓度（CMC）的测定

调节恒温槽温度为 25℃，控温精度为 ±0.1℃。开启并调节电导率仪，量程选择 2mS·cm^{-1}，校正电极常数。向干燥的锥形瓶中移入 150mL 0.04mol·L^{-1} 的 SDS 溶液，置于恒温槽中恒温 30min，用挂钩固定并塞紧胶塞。用容量瓶移取 100mL 蒸馏水置于 250mL 细口瓶中，将铂黑电极用蒸馏水清洗干净后用滤纸吸干，插入细口瓶中，电极下端浸没在蒸馏水中。细口瓶用挂钩固定，预热 30min。

用 10mL 移液管准确吸取一定量的 0.04mol·L^{-1} SDS 溶液并迅速加入蒸馏水中，混合均匀，观察电导率值，直至电导率值不再变化，记录下电导率值。重复此步骤直至加入的 SDS 总体积为 100mL，总的加入次数不少于 12 次。注意加入的 SDS 溶液的体积尽可能使浓度变化分布均匀，如可采取的一种方式为：每次 8mL 加入 10 次，合并每次 10mL 加入两次。

实验结束后，清洗玻璃仪器并整理实验台。

五、实验注意事项

1. 临界胶束浓度的测定实验中，反应溶液要充分恒温。每次移取 SDS 溶液体积要准确，保证浓度的准确性。加入 SDS 溶液后要经常摇动电导瓶，使液体均匀恒温。

2. 使用铂黑电极时，每次均须先用蒸馏水冲洗干净后再用滤纸吸干水分，注意不要用纸擦拭，以免擦掉铂黑。使用过程中电极片必须完全浸入所测溶液中。实验结束后，应将铂黑电极放入盛有蒸馏水的锥形瓶中保存。

六、数据记录与处理

1. 数据记录

室温：_____℃　大气压：_____kPa

可将表面活性剂的鉴别实验结果填入表 7-3 中，不同浓度 SDS 溶液电导率测定数据填入表 7-4 中。

表 7-3　表面活性剂的鉴别实验结果

染色剂	表面活性剂	现象	表面活性剂类型
亚甲基蓝	Ⅰ		
	Ⅱ		
	Ⅲ		
溴酚蓝	Ⅰ		
	Ⅱ		
	Ⅲ		

表 7-4 不同浓度 SDS 溶液电导率的测定数据

实验温度：_____℃ SDS 溶液初始浓度：_____ mol·L^{-1}

序号	加入 SDS 溶液体积 V/mL	SDS 溶液浓度 c/(mol·L^{-1})	电导率 κ/(mS·cm^{-1})
1			
2			
3			

2．数据处理

（1）根据表面活性剂的类型鉴别实验现象判断表面活性剂类型并将结果填入表 7-3 中。

（2）根据表 7-4 数据，作 κ-c 图，由曲线转折点确定 25℃下 SDS 临界胶束浓度 CMC 值。

七、思考题

1．利用电导法测定表面活性剂临界胶束浓度的原理是什么？

2．实验中影响临界胶束浓度的因素有哪些？

3．非离子型表面活性剂能否用本实验方法测定临界胶束浓度？若不能，可用何种方法测定？

八、实验探讨与拓展

1．临界胶束浓度测定的其他方法

① 表面张力法：测定不同浓度下表面活性剂溶液的表面张力，在浓度达到 CMC 时发生转折。以表面张力（γ）和表面活性剂溶液浓度的对数（$\ln c$）作图，由曲线的转折点来确定 CMC。

② 染料法：基于有些染料的生色有机离子吸附于胶束之上，其颜色发生明显的改变，故可用染料作指示剂，测定最大吸收光谱的变化来确定临界胶束浓度。

③ 增溶法：根据表面活性剂溶液对有机物增溶能力随浓度的变化，在 CMC 处有明显的改变来确定。

2．对同一种表面活性剂，用不同的方法测出的 CMC 是否相同？为什么？

对于同一种表面活性剂，用不同的方法测出的 CMC 也不相同，因为表面活性剂的一些物理化学性质在胶束形成前后发生突变，可以借助此类变化来测定表面活性剂的 CMC 值，但是不同的物理性质和化学性质，对表面活性剂浓度变化的响应范围和灵敏度有所不同，从而会导致用不同方法测同一物质的 CMC 不相同。

3．非离子型表面活性剂临界胶束浓度的测定方法

非离子型表面活性剂不能用电导法测定临界胶束浓度，但可以通过测定溶液的表面张力、染料法、增溶法等，或者通过滴定方法、荧光分析来测定临界胶束浓度。

4. 表面活性剂的临界胶束浓度与温度的关系。

表面活性剂的临界胶束浓度与温度有关。温度提高临界胶束浓度随着提高，但是到达一定温度后，某些阴离子表面活性剂的 CMC 点反而下降。

九、化学与能源

大庆油田从石头缝"洗"出千万吨原油（扫码阅读新形态媒体资料）。

7-3 大庆油田从石头缝"洗"出千万吨原油

十、实验案例

室温：19.5℃ 　大气压：102.45kPa

1. 表面活性剂的类型鉴别实验现象记录及表面活性剂类型判断见表 7-5。

表 7-5 表面活性剂的鉴别实验结果

染色剂	表面活性剂	现象	表面活性剂类型
亚甲基蓝	Ⅰ	上层变浅,下层深蓝	阴离子型
	Ⅱ	上层蓝色,下层变浅	阳离子型
	Ⅲ	上层蓝色,下层变浅	非离子型
溴酚蓝	Ⅰ	上层棕色,下层乳白色	阴离子型
	Ⅱ	上层变浅,下层深蓝	阳离子型
	Ⅲ	上层棕色,下层无色	非离子型

2. SDS 溶液的 CMC 的测定

（1）数据记录

SDS 溶液初始浓度：0.04mol·L^{-1}

表面活性剂溶液的电导率数据见表 7-6。

表 7-6 表面活性剂溶液 25℃ 的电导率

序号	加入 SDS 溶液体积 V/mL	SDS 溶液浓度 $c/(mol·L^{-1})$	电导率 $\kappa/(mS·cm^{-1})$
1	8	0.002963	0.221
2	8	0.005517	0.369
3	8	0.007742	0.472
4	8	0.009697	0.549
5	8	0.011429	0.613
6	8	0.012973	0.661
7	8	0.014359	0.711
8	8	0.015610	0.747
9	8	0.016744	0.788
10	8	0.017778	0.819
11	10	0.018947	0.861
12	10	0.020000	0.899

（2）作 $\kappa\text{-}c$ 图，由曲线转折点确定 25℃下 SDS 临界胶束浓度 CMC 值（图 7-13）。

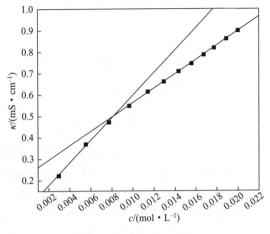

图 7-13　25℃下 $\kappa\text{-}c$ 图

25℃时，拟合图中的两条直线趋势线可得

$$\kappa/(\mathrm{mS\cdot cm^{-1}})=52.6544c/(\mathrm{mol\cdot L^{-1}})+0.06928$$

$$\kappa/(\mathrm{mS\cdot cm^{-1}})=33.4951c/(\mathrm{mol\cdot L^{-1}})+0.2268$$

由此可解得其交点浓度，即临界胶束浓度 $\mathrm{CMC}=8.222\times10^{-3}\,\mathrm{mol\cdot L^{-1}}$。

实验十八　溶胶的制备、ζ 电势与电解质聚沉值的测定

一、实验目的

1. 掌握化学凝聚法制备氢氧化铁溶胶的方法。

2. 观察溶胶的电泳现象，利用界面移动法测定溶胶的 ζ 电势。

3. 比较电解质的聚沉能力。

二、实验原理

溶胶是一种分散相粒子在某个方向上的线度（直径）在 $1\sim1000\mathrm{nm}$ 之间的多相高分散体系。由于分散相粒子的颗粒小，表面积大，溶胶系统具有很高的界面能，是热力学不稳定系统。溶胶粒子间有相互聚结而降低其表面能的趋势，制备溶胶时必须有稳定剂的存在。制备的溶胶通过净化处理，除去多余的电解质或其他杂质，可在相对较长时间内稳定存在。总之，高度分散的多相性和热力学不稳定性是溶胶系统的主要特征，也是研究溶胶系统性质、形成、稳定与破坏的出发点。

本实验采用化学凝聚法制备 $\mathrm{Fe(OH)_3}$ 溶胶。化学凝聚法是通过化学反应（如复分解反应、水解反应、氧化还原反应等）使生成物呈过饱和状态，然后由分子分散状态逐步凝聚结合为胶体粒子而得到溶胶。用 $\mathrm{FeCl_3}$ 溶液在沸水中进行水解反应可制备 $\mathrm{Fe(OH)_3}$ 溶胶。反应式如下：

$$FeCl_3 + 3H_2O \xrightarrow{\text{沸腾}} Fe(OH)_3 + 3HCl$$
$$\underset{\text{（红棕色溶胶）}}{}$$

由于水解不完全，溶液中过量的 $FeCl_3$ 起到稳定剂的作用。

$Fe(OH)_3$ 溶胶的胶团结构如下：

$$\underbrace{\underbrace{\{[Fe(OH)_3]\}_m \, nFe^{3+} \cdot (3n-x)Cl^-\}^{x+} \vdots \, xCl^-}_{\text{胶核}}}_{\substack{\text{胶粒} \\ \text{胶团}}} \overset{A}{\underset{B}{}}$$

整个胶团是电中性的。其中 $Fe(OH)_3$ 微粒选择性地吸附 Fe^{3+} 形成带正电荷的胶核，在靠近胶核表面 1～2 个分子厚的区域内一部分反离子 Cl^- 受到胶核强烈吸引牢固地结合在胶核表面形成紧密层，其余反离子从紧密层一直分散到溶液本体，形成扩散层。由于离子的溶剂化作用，紧密层结合有一定数量的溶剂分子，在电场的作用下，它和胶粒作为一个整体移动，而扩散层中的反离子则向相反的电极方向移动。这种在电场作用下分散相粒子相对于分散介质的运动称为电泳。发生相对移动的界面称为滑动面（A⋯B），滑动面包围的带电的固体部分称为胶粒，整个扩散层加上其所包围的胶粒形成电中性的胶团。滑动面到和液体本体的电位差称为电动电势或 ζ 电势。

ζ 电势是表征胶粒特性的重要物理量之一，对研究胶体性质及解决胶体的稳定性问题都有重要意义。ζ 电势可用下式计算：

$$\zeta = \frac{\eta v}{\varepsilon E} \tag{7-11}$$

式中，η 为分散介质黏度，可查附录 2-1，$Pa \cdot s$；v 为胶粒电泳速度，$m \cdot s^{-1}$；ε 为分散介质的介电常数；E 为电场强度（电势梯度），$V \cdot m^{-1}$。

由于 $v = l/t$，l 为电泳时胶粒移动的距离，m，t 为电泳时间，s；$\varepsilon = \varepsilon_r \varepsilon_0$，$\varepsilon_r$ 为分散介质的相对介电常数，若介质为水则 $\varepsilon_r = 81$，ε_0 为真空介电常数，其值为 8.85×10^{-12} $F \cdot m^{-1}$；$E = V/L$，L 为两电极间距离，m；V 为电极上外加电压，V。则式（7-11）可改写为

$$\zeta = \frac{\eta L l}{\varepsilon_r \varepsilon_0 V t} \tag{7-12}$$

根据式（7-12）可知，通过电泳实验测定加在两电极上的电压 V，电极间距离 L 及胶粒电泳速度 v，就可算出该溶胶的 ζ 电势。

溶胶能够在相对较长时间内稳定存在的主要原因是胶粒带电、水化膜的存在和布朗运动。其中最主要的原因是胶粒带电，带同性电的胶粒相互排斥，会阻止粒子间的相互聚结。若向溶胶中加入电解质，电解质中与胶粒电荷相反的离子进入紧密层而使胶粒所带电量降低，即 ζ 电势降低，当胶粒间的斥力不足以维持胶粒稳定，就会互相聚结成大颗粒而沉降。电解质使溶胶聚沉的能力主要取决于与胶粒所带电荷相反的离子电荷数，电荷数越大，聚沉能力越强。把一定时间，使一定量的溶胶发生明显聚沉所需电解质的最小浓度，称为该电解质的聚沉值。将聚沉值的倒数定义为聚沉能力。某电解质的聚沉值愈小，其聚沉能力愈大。

三、仪器和药品

仪器：DYY-6C 稳压电泳仪 1 台，铂丝电极 2 只，1000W 封闭式电炉 1 台，滴定管架 1台，秒表 1 块，U 形电泳管 1 只，漏斗 1 只，1m 长乳胶管 1 根，250mL 和 500mL 烧杯各 1

个，10mL 量筒 1 个，5mL、10mL 移液管各 1 支，试管 15 支，细铜丝和直尺各 1 条。

药品：10%（质量分数）$FeCl_3$ 溶液，稀盐酸（辅助液，体积比 H_2O：HCl＝300：1），2.5mol·L^{-1} KCl 溶液，0.025mol·L^{-1} K_2SO_4 溶液，0.01mol·L^{-1} $K_3[Fe(CN)_6]$ 溶液，蒸馏水。

四、实验步骤

1. $Fe(OH)_3$ 溶胶的制备

取 100mL 蒸馏水倒入 250mL 烧杯中，加热至沸腾。量取 10% $FeCl_3$ 溶液 10mL，不断搅拌下慢慢滴加到沸水中，加完后再煮沸 2min，得到红棕色 $Fe(OH)_3$ 溶胶，冷却至室温备用。

2.ζ 电势的测定

7-4　界面移动法测定胶体电动势视频

（1）将电泳管洗干净，用乳胶管按图 7-14 将电泳管和漏斗连接。关闭电泳管活塞，从漏斗中注入溶胶，缓慢打开活塞，让少许溶胶填充活塞内孔以赶出活塞孔内空气，注意不要让溶胶进入 U 形管。

（2）在 U 形管中注入辅助液，至液面高度达到 U 形管刻度 1～2cm 处。将电泳管固定在滴定管架上，在两端管口上分别插入铂丝电极，使电极端面等高。缓慢打开活塞，使溶胶缓慢升入 U 形管，注意保持溶胶与辅助液间的界面清晰，直至铂丝电极浸入辅助液中（1～1.5cm），关闭活塞，分别记录下界面在 U 形管两臂的刻度数。

（3）将电极与电泳仪连接，打开电泳仪电源，设定电泳电压 50V，电泳时间 30min，按下"启/停"键开始电泳，待 30min 仪器自动停止通电并蜂鸣示警结束。分别记录电泳后界面在 U 形管两臂的刻度数，以界面在两臂移动的平均距离为界面移动距离 l。用铜丝沿电泳管的中心线量取两电极间的距离 L，根据式(7-12)计算 ζ 电势。

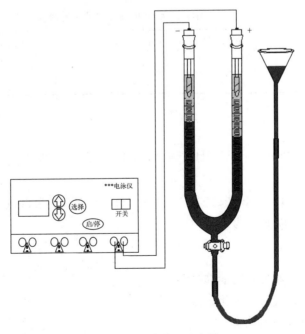

图 7-14　电泳装置示意图

3. 电解质对 $Fe(OH)_3$ 溶胶聚沉能力的测定

取 5 支试管，用 10mL 移液管移取 10mL KCl 溶液至第一支试管；从第一支试管中移出 1mL 溶液至第二支试管，再向第二支试管中移入 9mL 蒸馏水，混匀；从第二支试管中移出 1mL 溶液至第三支试管，再向第三支试管中移入 9mL 蒸馏水，混匀；依此法配好第四支、第五支试管中溶液，并将第五支试管中的溶液移出 1mL 弃之。每支试管中溶液浓度顺次相差 10 倍。再用 5mL 移液管移取 $Fe(OH)_3$ 溶胶，在上述每支试管中加入 1mL，用停表记录时间，并将各试管中液体摇匀。15min 后，仔细观察各试管中的现象，把使溶胶发生明显聚沉（混浊）的电解质的最小浓度记录下来。用同样方法进行 K_2SO_4 及 $K_3[Fe(CN)_6]$ 溶液对 $Fe(OH)_3$ 溶胶的聚沉实验。

实验完毕后，关闭电泳仪电源，将铂丝电极收好。实验废液倒入指定回收桶，并将所用玻璃仪器清洗干净，实验仪器摆放整齐。

五、实验注意事项

1. 制备 $Fe(OH)_3$ 溶胶时，切勿长时间加热，加热会破坏溶胶的稳定性。

2. 电泳实验中，在使溶胶缓慢升入 U 形管时，需特别注意进入速度慢而平缓，以保证溶胶与辅助液间的界面清晰，此操作是电泳实验的关键。

3. 铂丝电极为贵重配件，使用时需轻拿轻放。

六、数据记录与处理

1. 数据记录

室温：_____℃   大气压：_____kPa $\eta(H_2O)$：_____Pa·s

实验数据可填入表7-7中。

表 7-7 $Fe(OH)_3$ 溶胶 ζ 电势测定的实验数据

通电时间 t/s	两极电压 V/V	电泳前界面刻度/m		电泳后界面刻度/m		界面移动 平均距离 l/m	电极间距离 L/m
		左臂	右臂	左臂	右臂		

2. 数据处理

(1) 通过实验现象指出 $Fe(OH)_3$ 溶胶胶粒所带电荷种类，并用式（7-12）计算 $Fe(OH)_3$ 溶胶的 ζ 电势。

(2) 求 KCl、K_2SO_4 及 $K_3[Fe(CN)_6]$ 对 $Fe(OH)_3$ 溶胶的聚沉值，并用聚沉值的倒数比较它们的聚沉能力，以 KCl 为 1。

七、思考题

1. 电泳速度的快慢与哪些因素有关？

2. 电泳仪中不能有气泡，为什么？

3. 如何量取两电极间的距离？

4. 电解质引起胶体聚沉的原因是什么？

八、实验探讨与拓展

1. 加入辅助液的原因及怎样选择辅助液

加入辅助液是为了使溶液与溶胶之间形成明显的界面，便于观察胶粒的运动。

辅助液的选择依据：辅助液应不与溶胶发生反应；不挥发；不引入杂质；与溶胶密度、颜色要不同，一般选用无色或色差较大的溶液；辅助液中阴、阳离子迁移速率相近；辅助液电导率与溶胶的电导率相等，这样可以避免因界面处电场强度突变，造成两臂界面移动速率不等，而产生界面分层不好。

2. 舒尔策-哈迪规则

溶胶中加入电解质后能使其发生聚沉，其中起决定性作用的是与胶粒带相反电荷的离子，即反离子。一般来说，反离子的聚沉能力的排序是：

$$三价 > 二价 > 一价$$

通常用聚沉值表示电解质的聚沉能力，电解质对胶体的聚沉能力近似与其所含反离子的价数的 6 次方成正比。即：

$$三价 : 二价 : 一价 = 3^6 : 2^6 : 1^6$$

这个比例称之为舒尔策-哈迪规则。由这个规则可以看出，电解质使溶胶聚沉的能力主要取决于反离子的价数，价数越高，聚沉能力越强。此规则对于具有正电荷或负电荷的溶胶皆适用。

3. 电泳技术的实际应用

电泳技术是发展较快、技术较先进的实验手段，电泳技术常见的有纸电泳、凝胶电泳、毛细管电泳等，其不仅应用于理论研究，还被广泛应用到实际当中。比如用于分离各种有机物（如氨基酸、多肽、蛋白质、脂类、核苷酸、核酸等）和无机盐，也可用于分析某种物质纯度，还可用于分子量的测定。电泳技术与其他分离技术（如层析法）结合，可用于蛋白质结构的分析，"指纹法"就是电泳法与层析法的结合产物，所以电泳技术是医学科学中的重要研究技术。电泳技术常见的应用还有陶瓷工业的黏土精选、电泳涂漆、电泳镀橡胶等。

九、科学史小故事

豆腐与刘安（扫码阅读新形态媒体资料）。

7-5 豆腐与刘安

十、实验案例

室温：25.0℃　大气压：101.09kPa　$\eta(H_2O)$：$0.8903 \times 10^{-3} Pa \cdot s$

1. 数据记录

实验数据见表 7-8。

表 7-8　$Fe(OH)_3$ 溶胶 ζ 电势测定的实验数据

通电时间 t/s	两极电压 V/V	电泳前界面刻度/m		电泳后界面刻度/m		界面移动 平均距离 l/m	电极间距离 L/m
		左臂	右臂	左臂	右臂		
1800	50	0.0871	0.0942	0.0843	0.1034	0.0089	0.3730

2. 数据处理

(1) 通过实验现象指出 $Fe(OH)_3$ 溶胶胶粒所带电荷种类，并计算 $Fe(OH)_3$ 溶胶的 ζ 电势。

电泳后，$Fe(OH)_3$ 溶胶胶粒向负极移动，因此该溶胶胶粒带正电荷。

根据实验原理

$$\zeta=\frac{\eta L l}{\varepsilon_r \varepsilon_0 V t}=\frac{0.8903\times10^{-3}\times0.3730\times0.0089}{81\times8.85\times10^{-12}\times50\times1800}\text{mV}=45.81\text{mV}$$

式中，η 为分散介质黏度（单位为 Pa·s），查附录可得 $\eta=0.8903\times10^{-3}$ Pa·s。根据表 7-8 中数据可知，电极间距离 L 为 0.3730m，界面移动平均距离 l 为 0.0089m。ε_r 为分散介质的相对介电常数，若介质为水则 $\varepsilon_r=81$；ε_0 为真空介电常数，其值为 8.85×10^{-12} F·m^{-1}；V 为电极外加电压，50V。

(2) 求 KCl、K_2SO_4 及 $K_3[Fe(CN)_6]$ 对 $Fe(OH)_3$ 溶胶的聚沉值，并用聚沉值的倒数比较它们的聚沉能力，以 KCl 为 1。KCl、K_2SO_4 及 $K_3[Fe(CN)_6]$ 对 $Fe(OH)_3$ 溶胶的聚沉值实验数据记录于表 7-9。

表 7-9 KCl、K_2SO_4 及 $K_3[Fe(CN)_6]$ 对 $Fe(OH)_3$ 溶胶的聚沉值

电解质	聚沉值/(mol·L^{-1})
KCl	2.5
K_2SO_4	2.5×10^{-3}
$K_3[Fe(CN)_6]$	1.0×10^{-4}

从表中可以得出：

KCl 的聚沉能力：K_2SO_4 的聚沉能力：$K_3[Fe(CN)_6]$ 的聚沉能力

$=(1/2.5):[1/(2.5\times10^{-3})]:[1/(1.0\times10^{-4})]=1:1000:25000$

因此 KCl、K_2SO_4 及 $K_3[Fe(CN)_6]$ 的聚沉能力：

$$KCl<K_2SO_4<K_3[Fe(CN)_6]$$

附录一
通用技术和仪器

附录 1-1　真空技术

一、真空基础知识

真空是指压力小于一个大气压的气态空间。真空状态下气体的稀薄程度用真空度表示。气体越稀薄，压力越低，表示真空度越高（好）；反之，则称真空度低（差）。表示真空度的方法通常有两种：一种用绝对压力表示，即绝对真空度，是以绝对真空作为压力的零基准点，用单位面积所受压力值来表示；另一种用相对压力表示，即相对真空度，是指被测对象的绝对压力与测量地点大气压之差，一般为负数。真空度的高低通常用压力的单位来量度。根据国际单位制（SI）与我国法定计量单位规定，压力的单位是帕斯卡（Pascal），简称帕，符号 Pa。但最先使用的真空度单位是毫米汞柱高度，即 mmHg，至今仍被一些部门使用。通常根据真空度获得和测量方法的不同，将真空区域划分为以下 5 个区间，如附表 1-1。

附表 1-1　真空区间的划分

真空范围	粗真空	低真空	高真空	超高真空	极高真空
p/Pa	$10^5 > p > 10^3$	$10^3 \geqslant p > 10^{-1}$	$10^{-1} \geqslant p > 10^{-6}$	$10^{-6} \geqslant p > 10^{-10}$	$p \leqslant 10^{-10}$

二、真空的获得

1. 真空泵简介

真空技术应用在许多领域中，人们根据需要研制了多种抽气装置（真空泵）与抽气方法，它们依据的原理各异，结构与形状差别很大。归纳起来大致有以下五类：

① 利用气体本身具有压缩与膨胀性能而获得真空的泵，是利用机械运动（转动或滑动）使工作室的容积周期性变化而达到抽气的目的，称这类真空泵为机械真空泵，如实验室常用的旋片式油封机械真空泵、往复式机械真空泵等。

② 利用高速定向运动蒸气流与被抽气体分子进行能量交换，进而获得真空的泵，如汞、油蒸气扩散泵。

③ 利用将气体电离成离子并在电场作用下做定向运动而进行抽气的泵，称为离子泵。

④ 利用物质对气体进行物理吸附或化学吸附作用而降低真空系统中压力的泵，如吸附

泵、低温泵等。

⑤ 利用某些气体与固体（吸气金属或合金）发生化学反应而令气体分子牢固地与固体结合，这样获得真空的泵有钛升华泵、锆铝吸气泵等。

实验室应用最广的是水循环式真空泵和油封机械真空泵。

2. 水循环式真空泵

水循环式真空泵的工作原理如附图 1-1 所示。泵的叶轮偏心地安装在泵体内，叶轮顺时针方向旋转时，水被叶轮抛向四周，受到离心作用，水在泵体内壁形成一个等厚度的旋转液环。水环的下部分内表面恰好与叶轮轮毂相切，水环的上部内表面刚好与叶片顶端接触（实际上叶片在水环内有一定的插入深度）。此时叶轮轮毂与水环之间形成月牙形空间，而这一空间又被叶轮分成若干封闭小腔。若以叶轮下部 0° 为起点，叶轮在旋转前 180° 时小腔的容积由小变大，且与吸气口相通，气体被吸入，当吸气终了时小腔与吸气孔隔绝；叶轮继续旋转，小腔由大变小，气体被压缩，当与排气口相通时，气体便被排出泵外。

综上所述，水循环式真空泵是靠泵腔容积的变化来实现吸气、压缩和排气的，属于变容式真空泵。

3. 油封机械真空泵

油封机械真空泵是利用油密封运动部件，依靠机械运动令排气腔体积容积周期性变化而将气体从系统中排出的真空泵。这类真空泵常用的有旋片泵、滑片泵、柱塞泵、罗茨泵，在此只介绍实验室最常用的旋片泵。

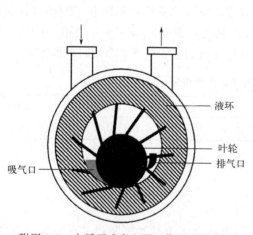

附图 1-1　水循环式真空泵工作原理示意图

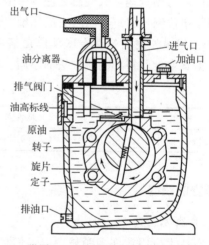

附图 1-2　单级旋片泵的结构图

单级旋片泵结构如附图 1-2 所示，单级旋片泵主要由定子、刮板（旋片的统称）、转子组成，只有一个工作室。定子上部开有进气口和出气口，定子的出气口上有一单向排气阀门，它的作用是只允许气体从泵腔中排出，且防止气体返回泵腔中，整个阀门浸在油中，以隔断该出气口与大气直接相通。外壳顶部有加油口，下部有排油口，侧面有油液面视窗，视窗上刻有一水平线，泵运转时，油面应保持在刻线位置。转子偏心放置在定子内，它的表面与定子顶部互相紧密接触，接触线处在进气口与出气口之间。转子上开有槽，槽中装有两块刮板，两刮板间放有弹簧，其作用是将刮板沿径向外推，使刮板边缘紧贴于定子内表面。转子的轴通过轴承支撑在密封定子端板上。当转子旋转时，旋片在泵腔中连续运转，使泵腔被旋片分成的两个不同的容积呈周期性地扩大与缩小。气体从进气口进入，被压缩后经过排气阀排出泵体外，如此循环往复，将系统内的压力减小。

单级旋片泵工作原理可以从旋片泵结构说明，由于转子偏心放置，转子上装有两片刮板而将泵腔分成了三部分（如附图 1-3）：从进气口到刮片之间的空间 A 为吸气空间；由排气阀至另一刮板之间的空间 C 称为排气空间；两片刮板之间的空间 B 称为膨胀、压缩空间。不管刮板处于什么位置，进气口与出气口始终处于分隔状态。当转子顺时针旋转时，刮板通过进气口后，吸气空间随刮板做圆周转动而逐渐增大，压强不断降低，当 A 空间内的压强低于被抽系统内的压强时，被抽气体不断地被抽入泵腔 A，被抽系统压力降低。当另一刮板转动至刚好将进气口封死，系统气体不再被吸入，已被吸入的气体处于膨胀压缩空间 B 内，且吸气量达最大。刮板继续转动，则封在刮片间的气体开始被压缩，其压力不断增大，当气体压力能克服排气阀片弹力、泵油层的重力以及大气压之和时，气体就顶开排气阀，穿过油层而排至大气中。转子旋转一周时，每个刮板吸入气体与排出气体各一次，即转子旋转一周完成两次吸气与两次排气过程。在不断吸气、压缩、排气过程中实现连续抽气的目的。

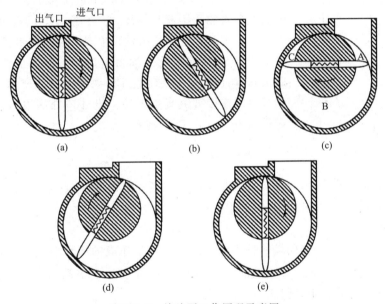

附图 1-3　旋片泵工作原理示意图

旋片式真空泵的整个机件浸在真空泵油中，这种油的蒸气压很小，既可以起到润滑作用，还能起到封闭微小漏气和冷却机件的作用。使用旋片泵的注意事项如下：

① 旋片泵主要用于抽除真空密封容器中的永久性气体，不能直接抽含有可凝性气体的蒸气、挥发性液体，不能应用于富含氧气、有爆炸性、对金属有腐蚀作用的气体，更不能用于含有颗粒状物料或与泵油能进行反应的气体。

② 使用前要检查泵油油面是否到视窗的油标线位置。泵接通电源后，必须检查旋片泵的旋转方向，若反方向放置，刮片就会将泵油压入待抽空系统内，造成真空系统严重污染。

③ 应按泵的要求选择符合规定的机械泵油。要按规定朝泵内注入机械泵油，即油面应在视窗的规定位置。油量过多，则运转时泵油从排气口向外喷溅；油量不足，则造成密封不严而导致泵内气体渗漏。

④ 旋片式真空泵的进气口前应安装一个三通活塞。真空泵开启前，先将活塞旋转到被抽系统、真空泵和大气三通的状态，开泵后将旋塞旋转至被抽系统与真空泵相通而与大气隔开的状态，使压力缓慢下降。关泵前，使真空泵与被抽系统隔开而与大气相通，而后关掉泵电源。否则停泵后，因抽空系统处于真空状态，而泵的出气端处于大气压下，空气会从出气口进入并将泵油压至被抽系统内，使被抽系统被泵油污染。

⑤ 泵长时间运转时，要注意泵油的温度不得高于 75℃，否则因泵油黏度过小而导致其密封性差，造成气体渗漏，真空度降低。

三、真空的测量

测量某一特定稀薄气体（或蒸气）压力时使用的仪器或仪表被称为真空计。由于真空的测量范围很宽，因用途不同而真空度的范围可由 $1.01325 \sim 1.33 \times 10^{-14}\,Pa$，目前尚无一种真空计能测量如此宽的真空度范围，因此对应不同的真空区域，有不同测量范围的真空计。下面介绍目前在实验室中仍在使用的液柱 U 形真空计。

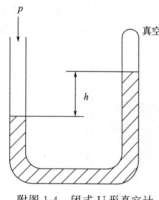

附图 1-4　闭式 U 形真空计

液柱 U 形真空计是利用 U 形玻璃管中液（汞、油等）柱的高度差来测量稀薄气体压力（真空度）的装置。液柱 U 形真空计分为开式与闭式两种，更多采用的是闭式 U 形真空计，将 U 形管的一端封死并抽真空后，再灌入工作液（汞、274硅油），构成闭式 U 形真空计，如附图 1-4 所示。测量时，将其开口端连接被测真空系统。设开口处压力为 p，Pa，密封端处压力为 p_0，Pa，则有

$$p = 133.32\,\frac{\rho h}{\rho_{Hg}} + p_0 \qquad 附式(1-1)$$

式中，h 为工作液的液柱差，m；ρ 为测量温度下工作液的密度，$kg \cdot m^{-3}$；ρ_{Hg} 为同温度下汞的密度，$kg \cdot m^{-3}$。如工作液是汞，则附式(1-1) 可写成

$$p = 133.32\,h_{Hg} + p_0 \qquad 附式(1-2)$$

式中，p_0 值的大小取决于密闭端所抽到的极限压力与工作液的饱和蒸气压。在室温下，汞的饱和蒸馏压 $p^*_{Hg} < 10^{-1}\,Pa$，274 硅油 $p^*_{Si} < 10^{-5}\,Pa$，所抽取的极限压力一般低于 $10^{-2}\,Pa$，故 p_0 与 p 相比可忽略，于是附式(1-2) 可写为

$$p = 133.32\,h_{Hg} \qquad 附式(1-3)$$

由附式(1-3) 可知，只要测出 h_{Hg} 就可得到被测系统的真空度。

四、真空检漏

真空系统由真空泵、管道、被抽系统、测量仪表及阀门等部件组成，实验中由于各种原因产生漏气现象是常见的。真空检漏在物理化学实验中非常重要，如果系统漏气，测出的数据是无效的，因此真空系统安装完毕后，均应进行检漏，然后视漏气程度采取更换零部件或修补措施。

1. 漏气的判断

实验真空系统如真空泵无法达到所要求的真空度时，除系统漏气外，也可能是泵工作不正常或系统内存在放气源（如液滴、污垢等）所致。到底是何原因，需要进行判断。常用判

断方法之一是绘制压力-时间曲线。首先将整个真空系统连通，启动真空泵，使整个系统达到可能达到的最低压力，然后将真空泵切断，由连接在系统上的真空计读出并记录压力随时间的变化，绘制成曲线，如附图1-5所示。根据曲线的形状即可判断系统情况。附图1-5中曲线a为系统的压力始终保持最低压力p_1，说明系统既不漏气，也无放气源。此时若真空系统达不到压力要求，其根本原因在于泵本身工作不正常。曲线b反映了切断真空泵后，系统压力上升较快，达一定数值后趋于稳定，这种情况说明系统内存在放气源。曲线c为直线上升，说明漏气。曲线d表示开始压力上升较快，然后逐渐变慢，最后接近斜率一定的直线，这说明放气源的放气与漏气同时存在。压力上升较快一般由漏气与放气

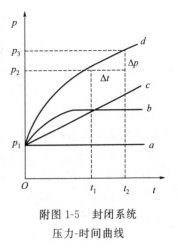

附图 1-5　封闭系统
压力-时间曲线

共同造成，之后放气速率逐渐降低并达到饱和后，系统压力上升只与漏气有关，故为直线。

在实际工作中，不应忽略系统内放气源的存在，特别对于高真空系统，要根据实际需要决定是否消除放气源。

2. 检漏的原则

当判断系统漏气后，应着手寻找漏气点所在位置。必要时，还需估计漏气点的大小。如何尽快地找到漏气点的位置，有以下几条经验：

（1）对系统进行分段检漏。将真空系统抽至所能达到的最高真空度后，立即关闭系统所有隔断阀，将系统分为若干部分。然后首先检查连接真空计部分是否漏气，如不漏，则自近而远使各部分依次与装有真空计部分相连通，哪一部分连通后出现真空度下降，就可判断该部分一定存在漏气点，这是最常用的检漏原则。

（2）寻找漏气点应有重点。通过分段检漏只能确定哪些部分存在漏气点，还需进一步找出漏气点的确切位置。漏气多发生在阀门、真空系统各部分连接处、经过整修的位置、接口、规管电极引出线等部位，而容器与管道的主体壁面很少漏气。

（3）应根据真空系统本身的内部结构与要求，选择相适应的检漏方法。否则会因检漏方法不当造成系统内部的污染，甚至破坏。

（4）不能忽略内部较大的放气源。当采用各种适当检漏方法证实系统不漏气后，系统真空度仍下降，此时就应注意系统内部是否存在较大放气源。

3. 检漏方法

检漏方法一般为加压检漏法与真空检漏法。加压检漏法又分打气检漏法与水压法两种，其中打气检漏法是最常用的方法，下面简要介绍这一方法。

将高于大气压力、干燥且干净的空气或氮气充入真空系统中，在真空系统的外表面上认为有可能漏气的部位处，用小刷子涂上一层肥皂液，如有气泡出现，确定该位置漏气。

此法检漏的注意事项：要切实了解被检测容器与连接部分是否能承受正压及承受压力的范围；加压要适当，以防止爆炸事件发生；检漏前应仔细地清除检漏部分表面的油污、粉尘等，再洗净、干燥；用肥皂水作指示物，则肥皂液要浓度适当，不得有污染物，皂液太稀易于流动和滴落，可能因大漏孔处皂液不足而无法形成气泡，并发生漏检，皂液太稠则透明度差，不便对小漏气孔进行观察而造成漏检，肥皂液如夹有污染物，则易堵塞漏气孔而造成漏检。

附录1-2 压力的测定

一、概述

压力是指均匀垂直作用于单位面积上的力，也称压力强度，简称压强。国际单位制（SI）用帕斯卡作为通用的压力单位，以 Pa 或帕表示。当作用于 $1m^2$（平方米）面积上的力为 1N（牛顿）时压力就是 1Pa（帕斯卡），即 $Pa=N \cdot m^{-2}$。

除国际标准单位帕（Pa）外，压力还有许多其他单位，如巴（bar）、标准大气压（atm）、工程大气压（$kgf \cdot cm^{-2}$）、毫米汞柱（mmHg）等，上述压力之间的换算关系见附表1-2。

附表1-2 常用压力换算表

压力单位	Pa	$kgf \cdot cm^{-2}$	atm	bar	mmHg
Pa	1	1.019716×10^{-5}	0.9869236×10^{-5}	1×10^{-5}	7.5006×10^{-3}
$kgf \cdot cm^{-2}$	9.800665×10^4	1	0.967841	0.980665	753.559
atm	1.01325×10^5	1.03323	1	1.01325	760.0
bar	1×10^5	1.019716	0.986923	1	750.062
mmHg	133.3224	1.35951×10^{-3}	1.3157895×10^{-3}	1.3332×10^{-3}	1

除了所用单位不同，压力还有大气压、绝对压力、表压（力）和真空度（概念参见附录1-1 真空基础知识部分）等不同的压力概念，如附图1-6 所示。

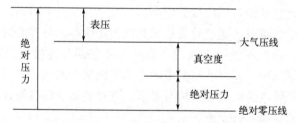

附图1-6 压力的种类及关系

（1）大气压力。大气压力是指地球表面的空气柱重量所产生的平均压力，常用符号 p_b 表示。它随地球纬度、海拔高度和气象情况而变，也随时间而变化。

（2）绝对压力。绝对压力是以绝对真空作零基准表示的压力，即被测流体作用在容器单位面积上的全部压力，常用符号 p_n 表示，它表明了测定点真正压力。

（3）表压。表压是以大气压力为零基准且超过大气压力的压力数值，即一般压力表所指示的压力，常用符号 p 表示，它等于绝对压力与大气压力之差。

（4）真空度。真空度是以大气压力为基准且低于大气压力的压力数值，即大气压力与绝对压力之差，常用符号 p_h 表示。

绝对压力、表压和真空度之间存在以下关系：

当压力高于大气压时，绝对压力＝大气压＋表压

当压力低于大气压时，绝对压力＝大气压－真空度

二、液柱式压力计——U 形管压力计

1. 概述

液柱式压力计是最早用于测量压力的仪表之一，由于其构造简单、制作容易、价格低廉、使用方便、测量精度较高，至今在计量、实验、科研等工作中仍广泛使用。

根据结构形式，液柱式压力计可分为 U 形管压力计、单管式压力计、倾斜式压力计等，如附图 1-7。因实验室一般使用 U 形管压力计，故予以重点介绍。

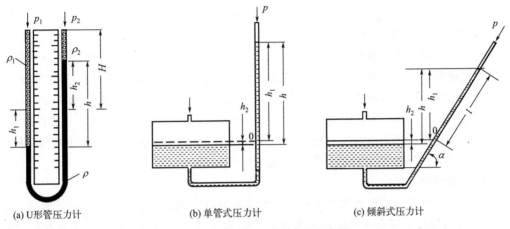

(a) U形管压力计   (b) 单管式压力计   (c) 倾斜式压力计

附图 1-7　液柱式压力计结构示意图

如附图 1-7(a) 所示，液柱式 U 形管压力计由两端开口内径均匀的垂直 U 形玻璃管（也有金属管）及垂直放置的刻度标尺构成。U 形管内灌有适量工作液体作为指示液，常用的工作液体为蒸馏水、水银和酒精。U 形管的两端分别连接两个测压口。由于气体密度远小于工作液的密度，因此根据液体静力平衡原理可得：

$$p_1 - p_2 = \rho g h \qquad\qquad 附式（1-4）$$

式中，h 为和大气压力端相连的工作介质液面与和被测压力端相连的工作介质液面的高度差；ρ 为工作介质的密度；g 为重力加速度。

U 形管压力计可以用来测量：

① 两气体压力差；

② 气体的表压（p_1 为测量气压，p_2 为大气压）；

③ 气体的绝对压力（p_2 为真空，p_1 所示即为绝对压力）；

④ 气体的真空度（p_1 为大气压，p_2 为负压即为真空度）。

由附式(1-4) 可知，由于工作液体的密度随温度而变，因此即使测量同一压力，其液柱 h 也将随温度而变化。重力加速度 g 与测量地点的纬度和海拔高度相关，故在被测压力、温度均相同时，液柱差 h 也将随测量地点不同而不同。由此可见，为保证 U 形管液体压力计的测量精度，需要对读数进行温度和重力加速度的修正。

从附式(1-4) 还可知，被测压力的大小和管截面积的大小无关，但当管径较小时，工作液体易与玻璃发生毛细现象，故通常采用管径为 5～8mm 的管，以减少毛细现象带来的误差。一般 U 形管液体压力计要读取左右两管的液面。从理论上说，若两管的内径完全相同，则一侧液面下降的高度等于另一侧液面上升的高度，因此只需读取一侧的液面即可，但实际

U 形管压力计的两侧内径不可能处处相等，因此一般需要对 U 形管液体压力计的两液面同时读数。

对于常用的 U 形管汞压力计，为避免汞的挥发，一般用硅油对 U 形管两端的汞进行液封，由于压力计两端硅油柱不等长，也会形成一定的压差，可用附式(1-5)进行修正：

$$p_1 - p_2 = \rho g h + \rho' g (l_1 - l_2) \qquad\qquad 附式(1\text{-}5)$$

式中，h 为和大气压力端相连的汞柱液面与和被测压力端相连的汞柱液面的高度差；ρ 为汞的密度；g 为重力加速度；ρ' 为硅油的密度；l_1 和 l_2 分别为测量压力端的硅油柱高度及和大气压力端的硅油柱高度。

2. 液柱式压力计的修正

液柱式压力计一般用液柱的高度表示压力值的大小，但在不同的环境温度和不同的地点，即使测得同一工作液体的液柱高度相同，实际压力值也有可能不同。为了采用液柱高度作压力单位，统一规定以标准状态下的液柱高度为准，即重力加速度值为 $9.80665\mathrm{m\cdot s^{-2}}$，汞的密度用 0℃下的值，水的密度使用 4℃时的值。实际测量中，很难满足上述标准状态，因此在精密测量中，必须对温度和重力加速度进行修正。此外，液柱式压力计的刻度和校验均在 20℃下进行，所以压力计的读数要转化为 20℃时的值。

(1) 温度的修正

主要由于工作液体的密度和刻度标尺的长度随温度变化而改变，从而引起读数误差。

① 密度的修正　现有一液柱式压力计处于某温度 t 下，测量一压力 p，其相应液柱高度为 h_t，工作液体密度为 ρ_t，同一压力计在标准温度 t_0 下，测同一数值压力 p，其相应液柱高度为 h_0，此时工作液体密度为 ρ_0，设液体的体膨胀系数为 α_V，则

$$\rho_t [1 + \alpha_V (t - t_0)] = \rho_0 \qquad\qquad 附式(1\text{-}6)$$

由于同一压力计在同一地点测量同一数值压力，故有

$$\rho_t g h_t = \rho_0 g h_0 \qquad\qquad 附式(1\text{-}7)$$

所以

$$h_t = h_0 \rho_0 / \rho_t \qquad\qquad 附式(1\text{-}8)$$

将附式(1-6)代入，整理得

$$h_t = h_0 [1 + \alpha_V (t - t_0)] \qquad\qquad 附式(1\text{-}9)$$

若将温度 t 下的液柱高 h_t 换成标准状态时的液体高度 h_0，则

$$h_0 = h_t / [1 + \alpha_V (t - t_0)] \qquad\qquad 附式(1\text{-}10)$$

② 刻度标尺的修正　标尺刻度为 20℃下的刻度，当温度为 t 时，标尺的刻度也将发生变化，因此温度 t 下液柱高度中包含这一误差，设 α 为标尺的线膨胀系数，则标尺受温度影响而引起的误差 Δ 为

$$\Delta = h_t [1 + \alpha (t - 20)] \qquad\qquad 附式(1\text{-}11)$$

综合上述两项修正，可得温度修正项为

$$h_0 = h_t [1 + \alpha (t - 20)] / [1 + \alpha_V (t - t_0)] \qquad\qquad 附式(1\text{-}12)$$

(2) 重力加速度的修正

重力加速度的标准值 $9.80665\mathrm{m\cdot s^{-2}}$ 是指在纬度 45°处海平面上的值，因此在精密测量时，因纬度与海拔高度引起的误差，必须对仪表表示值进行修正。设压力测量地点的纬度为 ϕ，海拔高度为 H，液柱式压力计的标准温度下的示值为 h_0，要换算为 $\phi = 45°$、$H = 0$ 处

的值 h_s，可按附式(1-13) 计算

$$h_s = h_0(1 - 0.0026\cos^2\phi - 0.00000031H)$$ 附式(1-13)

倘若测量地点的重力加速度值 g_ϕ 已知，则由 h_s 和 h_0 有

$$h_s = h_0 g_\phi / g_H$$ 附式(1-14)

综上修正，可得

$$h_s = \frac{h_t g_\phi [1 + \alpha(t - 20)]}{g_H [1 + \alpha_V(t - t_0)]}$$ 附式(1-15)

式中，h_s 为工作液体在标准温度、重力加速度值为 9.80665m·s^{-2}、标尺刻度温度为 $20℃$ 下的仪表液柱高度；h_t 为仪表处于温度 t 时的液柱高度；g_ϕ 为测量地点的重力加速度，即在纬度为 ϕ，海拔高度为 H 的重力加速度；g_H 为标准重力加速度；α 为标尺的线膨胀系数；α_V 为工作液体的体膨胀系数；t_0 为标准温度，汞取 $0℃$，水取 $4℃$；t 为测量压力时，压力仪表所处的环境温度。

三、汞气压计

在电子气压计普及前，实验室最常用的是福丁（Fortin）式气压计，属于液柱式压力计的一种。

1. 福丁式气压计的构造

福丁（Fortin）式气压计外部构造如附图 1-8(a) 所示。

气压计的上部外层是一黄铜管，管的顶端为一圆环，用以悬挂在实验室适当位置。管上部有一长方形的窗孔，用于观察汞柱高度。气压计内部为一根垂直放置的封闭玻璃管，管内充有汞，汞面以上为真空，管下端稍细，插入气压计底部的汞槽中，如附图 1-8(b)。气压计下部外层由一铜管和一截短玻璃筒构成，内装汞槽，槽上部有棕榈木的套管固定在槽盖上。在木套管与玻璃管连接处用羚羊皮紧紧包住，空气可以由皮孔出入而汞不会外溢。汞槽的底部为一羚羊皮囊，其下端由可调节螺旋支托，转动调节螺旋可以调节槽内汞面的高低。汞槽的顶盖上装有一倒置的象牙针，其针尖是刻度标尺的零点。读数时，必须使槽内汞面正好与针尖相接触。黄铜标尺上附有游标尺，转动游标螺旋可使油标尺上下移动。福丁（Fortin）式气压计以汞柱来平衡大气压力，当汞槽内汞面作用与大气压力平衡时，汞在玻璃管内上升至一定高度，其高度测量值即为大气压力。

在铜管上装有以下部件：

① 刻度标尺　刻度标尺在长方形孔的一边，是气压计读数的整数部分。

② 游标　游标装在长方形孔中。旋转管制游标螺旋，可使游标上下移动，用以读出气压计读数的小数部分。

③ 温度计　温度计装在铜管中部，且固定在铜管与玻璃管之间。

2. 福丁式气压计使用方法

① 铅直调节。福丁（Fortin）式气压计必须垂直放置，可通过拧松气压计底部圆环上的三个固定螺丝，令气压计铅直悬挂，使其固定。

② 读取福丁（Fortin）式气压计所附温度计的温度数据，即为环境温度。

③ 汞槽内汞面高度调节。旋转调节螺旋以升高槽内汞面，利用汞槽后面的白瓷片反光仔细观察，使汞面与象牙针尖刚好接触。

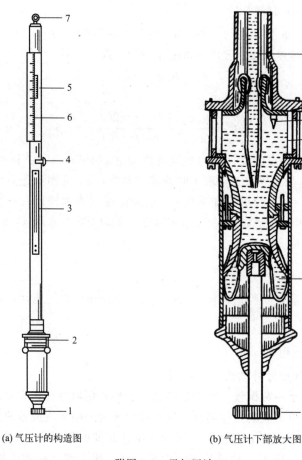

(a) 气压计的构造图   (b) 气压计下部放大图

附图1-8 汞气压计

1—调节螺旋；2—汞槽；3—温度计；4—管制游标螺旋；5—刻度标尺；6—游标；

7—顶端圆环；8—玻璃管；9—木套管；10—象牙针；11—玻璃筒；12—羚羊皮囊

④ 调节游标。转动游标的螺旋，使游标基面高于汞柱端面。然后，再缓慢旋动该螺旋令游标下落，调节游标的基面恰好与汞柱凸面顶端相切。

⑤ 读数。游标的零线在标尺上所指的刻度为大气压的整数部分（mm 或 kPa），再从游标上找出某一刻度恰好与标尺某一刻度相吻合的刻度线，此游标刻度线上的数值即为大气压力的小数部分。

⑥ 读数后转动气压计底部的调节螺旋，使汞面下降到与象牙针完全脱离。

注意：在旋转调节螺旋时，汞柱凸面凸出较多，下降时凸面凸出少些。为使读数正确，在旋转调节螺旋时，要轻弹一下黄铜外管的上部，使汞面凸出正常。

大气压计与其他液柱式压力计一样，需进行温度、重力加速度的修正。

由于福丁式气压计仍使用汞与玻璃管，同样具有易碎与可能污染环境的缺点，目前已被电测式气压计广泛替代。

四、电测式测压仪器

电测式测压仪器目前在实验室已广泛应用于压力或真空度的测量，以代替传统用的水银U形管压力计、福丁式气压计等。电测式仪器一般由传感器、测量电路和电性指示仪表三部分构成。传感器是将被测的非电参数物理量（如力、压力、位移、温度及流量等）转换成与这些非电参物理量相对应的、易于精确处理的电参量（如电阻、电压、电流、电场、电容等），并将其输出的一种装置。常用的电测式测压装置有以下类型。

1. AMP-2C/2D 型数字式气压表

（1）技术指标 AMP-2C 型与 AMP-2D 型适用于−20～40℃的环境温度，AMP-2C 型的量程为 101.3kPa±20.0kPa，而 AMP-2D 型的量程为 101.30kPa±20.00kPa，分辨率分别为 0.1kPa（AMP-2C 型）、0.01kPa（AMP-2D 型）。

（2）使用方法 该仪器应放置在空气流动尽可能小、不易受到干扰的地方。使用时接通仪器的电源开关，必须预热 15min，显示窗显示的数值为大气压力，单位为 kPa。

2. DP-AF（真空）精密数字压力计

DP-AF 精密数字压力计是低真空检测仪表，适用于负压的测量，可以代替 U 形水银压力计，消除其汞毒的特点。精密数字压力计采用 CPU 对压力数据进行非线性补偿和零位自动校正，可以在较宽的环境温度范围内保证准确度。

（1）技术指标 压力测量范围为 0～−100kPa；压力测量分辨率为 0.01kPa、0.1kPa；使用温度范围为−10～50℃。

（2）仪器结构如附图 1-9 所示，前面板上"单位"键用以选择所需的计量单位。当仪器接通电源时，则"kPa"的指示灯点亮，表示测得压力值以 kPa 为单位。若需以 mmHg 或 mmH_2O 为压力单位，只需按下"单位"键即可。"采零"键是为了自动扣除仪表的零压力值（即零点漂移），所以每测试一次之后需按一下"采零"键，显示窗显示为"0000"，以保证测试时所显示的压力值确为被测系统的压力值。"复位"键是为了令仪器返回起始状态而设置的。一按此键，仪表立即返回起始状态，故在正常测试中不能按下此键。

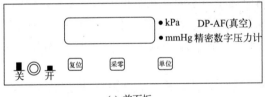
(a) 前面板

(b) 后面板

附图 1-9　DP-AF（真空）精密数字压力计

（3）使用方法 首先进行等压及气密性检查，缓慢减压至满量程，若 1min 内显示的数值不变，说明传感器与检测系统无泄漏。否则需查找并清除漏气原因，直至合格。在测试之前，应按"采零"键，以消除仪表的零点漂移，显示窗显示为"0000"，且每测量一次均需按一次"采零"键。仪器采零后，便可接通被测系统，此时显示窗显示的数值便为被测系统真空度。测量结束后，必须泄压至零后才可以关闭电源。

3. DP-AW（微差压）精密数字压力计

此仪器只能测量压差变化不大的实验，如本书中的第七章"实验十六　最大泡压法测定溶液的表面张力"使用的便是该仪器。

（1）技术指标 测量压差的范围是−10～10kPa，压差分辨率为 1Pa，准确度为 0.1% F.S（全量程），仪器结构如附图 1-10 所示。

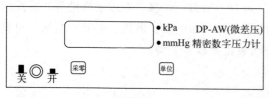

| (a) 前面板 | (b) 后面板 |

附图 1-10　DP-AW（微压差）精密数字压力计

（2）使用方法　用软管将仪器后面板上记录为"传感器"的接头与被测系统相连接，如已经连接，则只需检查是否牢固且无脱落。打开仪器电源开关，预热 5min 后方可使用。当显示器显示数值稳定后，按下"采零"键，则仪器显示为零，表示将被测系统的起始压力设定为零。实验测定时，显示窗显示的数值便为被测系统在实验过程中的压力与系统的起始压力之差。当数值达到最大后并开始下降时，该最大值保留显示约 1s。

附录 1-3　温度的测量

温度是在热平衡时表征物体冷热程度的物理量。物体的温度通过温度计测量，实验室中常用的温度计有如下几种。

一、玻璃液体温度计

玻璃液体温度计是在玻璃管内封入汞或其他有机液体，利用封入液体的热膨胀进行测量，属于膨胀式温度计。

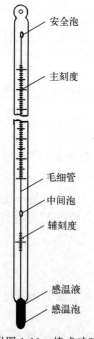

附图 1-11　棒式玻璃液体温度计

1. 玻璃液体温度计的结构

玻璃液体温度计因应用场合不同，在结构上各有差异，但测温原理相同。其主要组成部分相同，均由感温泡、感温液、中间泡、安全泡、毛细管、主刻度、辅刻度等组成，其结构如附图 1-11 所示。

玻璃温度计从结构上分为棒式、内标式及外标式三种。实验室所用的玻璃温度计基本上为棒式，因为这种温度计的温度标尺直接刻在毛细管上，标尺与毛细管之间在测温过程中不会发生位移，所以测温精度较高。附图 1-11 所示的便是棒式温度计。

棒式温度计按所用的感温液是汞或其合金（汞-铊等），还是有机液体而分为汞温度计和有机液体温度计。另外，还根据温度计测量某介质温度时，是需要将温度计的整个液柱与感温泡浸入被测介质中，还是只需将温度计插入温度计本身标定的固定浸没位置而分为全浸式或局浸式两种。

2. 玻璃液体温度计的测量误差分析

玻璃液体温度计在测量温度时，温度计本身的缺陷、环境条件、读数方式以及使用期限不同等的影响，致使所测的温度值产生一定的误差，其中包括以下方面。

（1）零点位移　这是由于温度计的玻璃虽经人工老化处理，但玻璃热后效仍难完全消除。当温度计长期使用时，由于感温泡的体积发生收缩，其零点逐渐升高，并升至某一限度为止。因此对于精密测量用的玻璃温度计的零点位置要经常检查，如发现零点位置有变化，则应把位移修正值 d 加到以后的所有读数上，即 $d=a-b$，其中 a 为检定证书中给出的零点位置，b 为新零点位置。

（2）浸入深度误差　水银温度计有"全浸"和"非全浸"两种。非全浸水银温度计上面刻有一条浸入标线，表示测温时应浸入深度，使用时若室温与系统温度相同且浸入深度恰好达到标线，所示温度是系统的实际温度。

全浸式水银温度计使用时应全部浸入被测系统中，达到热平衡后才能读数。当液柱一部分露出时，会使读数产生误差 Δt

$$\Delta t=t_实-t_测=\frac{kn}{1-kn}(t_测-t_环)\qquad\text{附式（1-16）}$$

式中，$\Delta t=t_实-t_测$，为读数校正值，其中 $t_实$ 为系统温度实际值，$t_测$ 为系统温度测量值；$t_环$ 为露出待测体系外水银柱的有效温度（如附图 1-12 所示，将一支辅助玻璃温度计的感温泡绑在露出介质表面液柱长度的中间，实验时，从辅助温度计测出所用的温度计表面温度，并认为这一读数就是露出液柱的有效温度）；n 为液柱露出待测系统外部的水银柱高度，称为露茎高度，以温度差值表示；k 为水银对于玻璃的膨胀系数，使用摄氏度时，$k=0.00016$，因为 kn 远小于 1，故 $\Delta t\approx kn(t_测-t_环)$。

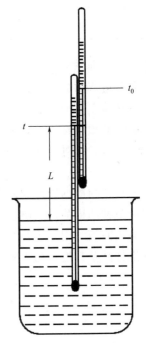

附图 1-12　温度计的液柱露出端修正测量示意图

（3）液柱断裂或挂壁的影响　工作液体夹杂气泡或搬运不慎等原因，造成毛细管中液柱断裂，如不注意将引起极大的误差，因此在使用温度计时要检查有无液柱断裂现象。

（4）时间滞后误差　液体温度计测温属于接触法，所以温度计与被测物体达热平衡需经一定时间，称为时间滞后效应。时间滞后误差大小与温度计种类、长短、感温泡壁厚、形状有关，并且与被测温度周围状态有关（液体、气体的种类及是否混合良好），所以用玻璃液体温度计测量温度时，要有足够的稳定时间，否则会产生很大的误差。若被测温度是变化的，则因温度计热惰性而使测温精度大为降低。

（5）标尺位移　在内标尺温度计中，标尺与毛细管往往会产生一定的相对位移，原因是内标尺与温度计玻璃的热膨胀系数不同或者标尺固定位置发生变化，若变化很大时，则此温度计不能使用。

此外，还有修正误差、读数误差和压强误差等。

3. 玻璃液体温度计的校正与校验

新购买的温度计往往存在一定的误差，经常使用的温度计由于周期性加热冷却也会引起一定的误差，因此需要对温度计的刻度进行校正。除对修复后的温度计进行检验外，一般正常的温度计也需要定期检验（1 次/2 年）。校正的方法如下。

（1）使用标准温度计进行对照，找出偏差值

玻璃液体温度计采用标准仪器比较的方法进行检验。检验玻璃温度计的标准仪器一般为二等标准汞温度计或二等标准铂电阻温度计，也可用标准铜-康铜热电偶。用比较法进行检验时，必须保证标准仪器与被检温度计在相同温度下处于热平衡。这就要求形成这种相同温度时所应用的液体槽中各处的温度尽可能相同。常用的恒温装置如下（附表 1-3）：

附表 1-3　常用恒温装置

名称	测温介质	应用范围/℃
低温酒精槽	酒精＋干冰	−100～0
水冰点器	冰＋水混合物	0
水槽	水	1～95
油槽	38#、52#、65# 汽缸油	100～300
盐槽	55% KNO$_3$＋45% NaNO$_3$	300～500

检验时必须采取升温检验。有机液体与管壁间的附着力、汞与管壁间的摩擦力等作用，易在下降时造成读数失真，温度上升的速度不得超过 0.1℃·min^{-1}，即足够缓慢。每支玻璃温度计的校验点不应少于 3 个，除标尺上限和下限外，中间可取一点。具有零点的玻璃温度计的校验点必须包括零点，两相邻校验点的间隔，对于分度值 0.1℃ 的为 10℃；对于分度值 0.2℃ 的为 20℃；对于分度值 0.5℃ 的为 50℃；对于分度值 1℃、2℃、5℃、10℃ 的为 100℃。

（2）用纯物质的熔点或沸点等相变点作为标准进行校正

选择数种纯样品，测出它们的熔点。以测出的熔点作为纵坐标、与已知熔点的差数为横坐标，画出曲线（附图 1-13）。这样在使用温度计时即可从曲线上读出温度计的校正读数。一些标准样品及其熔点列于附表 1-4 中，供校正温度计时使用。

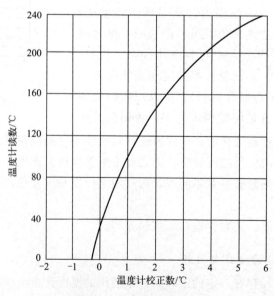

附图 1-13　温度计校正图

附表 1-4　常用标准样品及熔点

样品	熔点/℃	样品	熔点/℃	样品	熔点/℃
冰水	0	萘	90.5	水杨酸	159
环己醇	25	间二硝基苯	90	蒽	216
1-萘胺	50	乙酰苯胺	114	蒽醌	286(升华)
二苯胺	53	苯甲酸	122		
苯甲酸苄酯	71	尿素	132		

零度的测定使用蒸馏水和纯冰水的混合物。方法是将 20mL 蒸馏水放入试管中，用冰盐浴冷至蒸馏水部分结冰，搅拌形成冰-水混合物。将试管从冰盐浴中取出，再将温度计插入试管，恒定后温度即为 0℃。

二、热电偶温度计

热电偶温度计能够将温度信号转换成电势（mV）信号，配以测量电势（mV）的仪表或变送器，可以实现远距离测量与传输、自动记录和自动控制，是化学实验中测量温度的常用仪器之一，它具有结构简单、制作方便、测温范围广、测量精度高、性能稳定、重现性好、响应快、灵敏度高等优点。它的制作原理是根据热电效应，即当两种不同成分的导体或半导体连接成一闭合回路时（附图 1-14），若两端分别接在不同温度热源中，回路中会产生一个与温差有关的电动势，称为温差电势。温差电势只与接点温差有关。这样一对导体的组合称为热电偶温度计，简称热电偶。

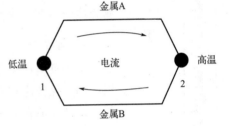

附图 1-14　热电偶测温示意图

从原理上，虽然任意两种成分不同的金属均可构成热电偶，但要成为能在实验室或工业生产过程中作为测温用的热电偶，则对热电极材料有一定的要求：

① 物理和化学性能稳定，即在高温下不发生晶形转换或蒸发，在测温范围内不发生氧化或还原，不会被腐蚀。

② 热电动势数值大，且与温度成单值的线性或接近线性关系。在测定范围内即使长期使用，其热电动势能保持不变。

③ 材料复制性好，可制成标准分度，机械强度高，制作工艺简单，价格便宜。

④ 电阻温度系数小，导电率高。

我国根据科技与生产的需要，选择了八种热电偶作为标准化热电偶，同时还确定四种热电偶为非标准热电偶，以备标准化热电偶无法满足要求时使用。实验室常用的是以下三类。

铜-康铜（T 型）：使用范围为 -200～300℃，在 -200～0℃ 稳定性甚佳，能在真空、惰性气体、氧化、还原及潮湿的氛围中使用。该热电偶价格低廉，而且在适用范围内测量灵敏性很高。但要注意，热端温度高于 0℃ 时，铜为正极，康铜为负极。若冷端保持 0℃，而热端低于 0℃ 时，则电动势的极性会发生变化。

镍铬-康铜（E 型）：使用范围为 -200～800℃，宜在惰性或氧化性氛围中使用，但不能用于还原性气氛，其耐热与抗氧化性能均优于铜-康铜（T 型）与铁-康铜（J 型），灵敏性高。

镍铬-镍硅（K型或N型）：使用范围为－500～1300℃。此类热电偶灵敏度较高，稳定性好。只能用于惰性或氧化性气氛中，不宜用于还原性或含硫的气氛中。

三、特殊的玻璃温度计——贝克曼温度计

1. 贝克曼温度计的结构、特点

贝克曼温度计是玻璃汞温度计的一种，属于内标式，是一种可调节、能精密测量温度差值的温度计，其结构如附图1-15所示，主要由汞球、毛细管、刻度尺、汞贮槽等组成。

附图 1-15
贝克曼温度计

贝克曼温度计与一般玻璃汞温度计不同，具有以下特点：

① 刻度尺上一般只有5℃的刻度，量程较小。

② 刻度精细。最小分度值为0.01℃，如用放大镜读数，可估读到0.002℃。

③ 水银球与汞贮槽由均匀毛细管连通，根据测温范围不同汞贮槽可以调节水银球内的水银量。测量温度范围可以调节，即只用一支温度计就能满足－20～125℃温差测量的需要。

④ 由于水银球中水银量可以调节，该温度计的主标尺值指示的是被测介质的温度变化值，而不是被测介质的实际温度值。

2. 调节方法

由于贝克曼温度计用于测量温差，且测量范围为0～5℃（或6℃），因此调节操作应首先明确所需调节温度范围，以及是升温还是降温的过程，这样才能在测量时使毛细管中汞柱液面处于合适位置，以保证实验顺利进行。例如，无机盐溶于水（该水温已预先用一般玻璃温度计测出为20℃），且已知过程降温约2.5℃，那么，应如何对贝克曼温度计进行调节？其操作步骤如下：

① 用手握住贝克曼温度计的中部，并将温度计倒置，利用重力使汞贮槽中的汞与毛细管内的汞柱相连接，当接上后应立即小心缓慢地将温度计重新恢复正置状态，垂直放置于专用木架上。注意此时汞贮槽中的汞与毛细管中的汞柱相连。如断裂，则重新操作至相连为止。

② 根据实验测量要求，调节毛细管内汞柱的汞面至适宜读数位置。例如，测量20℃的水中加入无机盐后降温（约为2.5℃）的温差精确值。

开始测量时的初始温度为20℃，而且为降温过程，当将贝克曼温度计插入20℃系统中时，其毛细管汞面应在刻度"3"以上为宜，因为只要温度下降不超过3℃，均能处于主标尺读数范围内。但如选在刻度"1"，不能满足要求。如何使汞柱面处于刻度"3"以上？此时应将已完成步骤①的温度计轻轻插入水温已调节到设定温度的恒温水浴中。而恒温浴水温是这样确定的，当贝克曼温度计汞柱面设定在刻度"3"时，则从刻度"3"至毛细管汞与汞贮槽相接处的汞柱相当于4.5℃，即刻度"3"至"5"为2℃，而刻度"5"至汞柱与汞贮槽相接处（附图1-15中B点）为2.5℃（也偶有1.5℃的），即恒温浴的水温需调至24.5℃（20℃＋2℃＋2.5℃）。温度计在恒温浴中恒温5min以上，迅速将温度计取出，按附图1-16所示，用左手掌拍右手腕（注意：拍击时应远离桌子，以免碰坏温度计汞柱），靠振动的力量使汞柱与汞贮槽汞在B点处断开。将汞断开的温度计插入20℃的水中，观察汞柱面是否

处在刻度"3"的位置。如低于3℃时，则应重新调整水浴温度再进行调节。

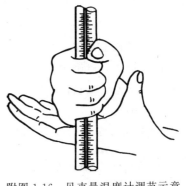

四、电测式测温仪器

电测式测温仪器构造和原理与电测式测压仪器相似，不再赘述。目前实验室常用的电测式测温仪器主要用于精密测量温差，用以代替玻璃贝克曼温度计，常用的有以下两种。

1. HBKM 数字贝克曼温度计

附图1-16　贝克曼温度计调节示意

（1）结构

该温度计由一支棒状的传感器（又称探头）与数字显示仪表（HBKM数字贝克曼温度计，附图1-17）组成，既可测量温度，又可测量温差。温度测量范围为−50～150℃（可扩展至±199.99℃），温度测量分辨率为0.01℃。温差测量的温差基温范围与温度测量范围相同，温差测量范围为基温±20℃，而温差测量分辨率为0.001℃。

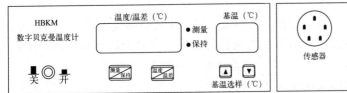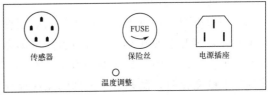

（a）前面板　　　　　　　　　　　　　　　　　（b）后面板

附图1-17　HBKM数字贝克曼温度计结构示意图

（2）使用方法

首先将传感器插头插入后面板的传感器接口，将电源插头插在220V的电源插座上，再将探头插入被测物中，深度大于5cm。按下电源开关，显示屏显示被测物的温度，数值的末尾显示"℃"。温差测量时，按下面板上"温度/温差"键，此时数字显示器末位显示"·"，表明仪器处于检测温差状态。再将前面板上"测量/保持"键按为测量状态。根据实验所需的实际温度选择适当的基温，要求温差的绝对值尽可能小（获得有效数字的位数最多），记录显示器的读数，并设为T_1。然后进行实验，此时，数值显示器所显示的动态数值设为T_2，则实验前后的测试差$\Delta T = T_2 - T_1$。例如，将探头插在温度为15.5℃的水中，若从可测量温差的最大范围考虑，应将基温钮上刻度转至20℃为宜，可测量温差范围为0～40℃，此时显示器上显示−4.500左右，表示所测系统温度比基温约低4.500℃。当将基温钮上刻度转至0℃时，则显示器显示15.500左右的数值，可测温差范围为−20～20℃。注意，测量某一系统的温差时，在未完成温差测量前，基温不能改变。

当被测系统的测试或温差变化很快而无法读数时，可按下"测量/保持"键，使仪器处于保持状态（此时"保持"指示灯亮），这样便于记录数据，读数完毕后，再按一下"测量/保持"键，转换到"测量"状态，进行跟踪测量。

2. SWC-Ⅱ_D 型精密数字温度温差仪

精密数字温度温差仪也是目前代替玻璃贝克曼温度计的电测式温差仪器之一。SWC-

ⅡD型精密数字温度温差仪是在 SWC-ⅡC 型数字贝克曼温度计的基础上开发制作的产品，具有精度高、测量范围广、操作简单的特点，使用时对基温自动选择，不需要像水银贝克曼温度计一样调节水银球中汞的量，此外它还具有定时报警、基准温差采零、基温锁定等功能。该仪器温差范围为 $-20\sim100℃$，读数可估读到 $\pm0.001℃$。能在 $-50\sim150℃$ 温度范围内测量温度差，如被测系统的温度超出此范围，则不能使用。

（1）结构

SWC-ⅡD 型精密数字温度温差仪结构，如附图 1-18 所示。

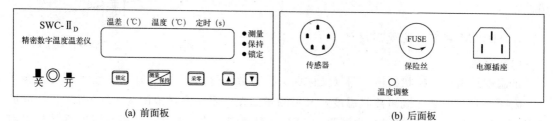

附图 1-18　SWC-ⅡD 型精密数字温度温差仪

（2）使用方法

在接通电源前，将传感器插头插入后面板的传感器接口，将传感器插入被测物中，深度大于 5cm，打开电源开关，开机后显示屏即显示被测物的温度。当温度温差显示值稳定后，按下"采零"键，温差显示窗口显示"0.000"，仪器将此时被测物温度 T_0 设定为 0.000。被测物温度变化时，温差显示的即为温度变化值。仪器"采零"后，当被测物温度变化过大时，仪器基温会自动选择，温差显示值将不能正确反映温度变化值，所以按下"采零"键后再按"锁定"键，仪器不会改变基温，此时"采零"键也不起作用，直至重新开机。当温度温差变化太快无法读数时，可按一下"测量/保持"键，使仪器处于"保持"状态（此时"保持"指示灯亮）。读数完毕，再按一下"测量/保持"键，即可转换到"测量"状态，进行跟踪测量。定时读数按"▲"或"▼"键，设定所需定时间隔（设定值应在 5s 以上，定时读数才会起作用）。设定完成，定时显示将进行倒计时，当一个计数周期完毕时，蜂鸣器鸣叫且读数保持约 2s，"保持"指示灯亮，此时可观察和记录数据。消除警报只需将定时读数设置小于 5s 即可。

附录 1-4　阿贝折射仪

折射率是物质的重要物理常数之一，许多纯物质都具有一定的折射率，若其中含有杂质，折射率将发生改变。因此，通过折射率的测定，可以测定物质的浓度、鉴定液体的纯度。阿贝折射仪是测定物质折射率的常用仪器，下面介绍其工作原理和使用方法。

一、测量原理

当 T 一定时，一束单色光从介质 1 进入介质 2（两介质密度不同）时，由于光在两种介质中的传播速度不同而导致光线在通过界面时改变了方向，这一现象称为光的折射，如附图 1-19 所示。根据光的折射定律，入射角与折射角之间有如下关系：

$$\frac{\sin i}{\sin r} = \frac{v_1}{v_2} = \frac{n_2}{n_1}$$

附式(1-17)

式中 v_1、v_2 分别为光在介质 1、2 中的传播速率；n_1、n_2 分别为介质 1、2 的折射率。由附式 (1-17) 可知，当光线由光疏介质 1 进入光密介质 2，即 $n_2 > n_1$ 时，如附图 1-19，则入射角大于折射角（$i > r$），随入射角 i 增大，折射角 r 也增大，当入射角 $i = 90°$ 时，折射角达最大，此折射角 r_c 称临界角。如果在临界入射角处装有一观察装置，则可看到在 OY、OA 之间是明亮的，有光线通过，而 OA 与 OX 之间无光线通过则为暗区，r_c 正处于明暗分界线的位置。当入射角 $i = 90°$ 时，上式改写为：

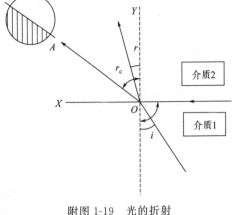

附图 1-19　光的折射

$$n_1 = n_2 \sin r_c \qquad 附式(1-18)$$

由此可知，将介质 2 固定不变时，临界角 r_c 和介质 1 的折射率有简单的函数关系，这就是阿贝折射仪的设计原理。

阿贝折射仪的光程示意图如附图 1-20，其主要测量部件是两块折射率为 1.75 的玻璃直角棱镜，它们在其对角线的平面重叠。中间仅留微小缝隙将待测液体放在其中。上面是测量棱镜，为光学平面镜；下面是辅助棱镜，其斜面是粗糙的毛玻璃。当从反射镜反射的入射光进入辅助棱镜至粗糙表面时，发生漫散射，并以不同入射角（0～90°）通过待测液体薄层，从各个方向进入测量棱镜发生折射，即光线由光疏介质（待测液体）折射进入光密介质（测量棱镜）时，折射角小于入射角，故各个方向的光均能发生折射而进入测量棱镜。当入射角最大（90°）时，折射角也达最大，即临界角。因此，当光以 0～90° 入射时，只有临界角以内才有折射光，而临界角以外，则无折射光，即漫射光透过液层在测量棱镜面折射时，全部进入测量棱镜。当通过测量棱镜再穿过空气后进入透镜聚焦于目镜的视野内，由于只有临界角内才有光线，故在目镜视野上出现一明暗交界线。为了将测量均取同一基准，可通过转动棱镜组令明暗分界线调至视野的十字交叉点处（附图 1-20）。这时就可通过镜筒直接读出待测液体的折射率值。由于待测液体的折射率不同，故其产生临界角不同，于是测定时要使明暗分界线每次均处于十字线的交点处，则棱镜组旋转位置不同，从而能读出不同待测液体的折射率数值。

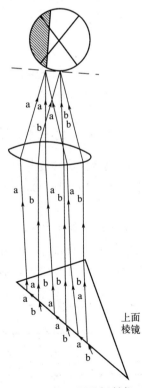

附图 1-20　阿贝折射仪光程示意图

折射率和温度有关，测量时一定要调节到 20℃ 或所需温度。在棱镜周围设有夹套，可以通入恒温水，并有温度计孔加以测温。通常测定 25℃ 时的数值。

折射率和入射光的波长有关，故在查阅、测定折射率时应注明波长。通常选用钠黄光（波长 $\lambda = 5893\text{Å}$，符号 D）为标准。实际测量折射率时，入射光不是单色光，而是由多种单色光组成的混合光，波长不同的光在相同介质的传播速度不同而产生色散现象，在目镜中没有清晰的明暗分界线，而是一条彩色光带。因此，在观测筒下方装有可调的补偿棱镜，通过它可以将色散了的光补偿到钠黄光的位置。虽然使用的是白光，但经补偿后仍得到相当于使用钠黄光所得到的结果。折射率的符号为 n_A^t，通常用 n_D^{25} 表示。

二、使用方法

WYA-2S 数字阿贝折射仪（附图 1-21）采用目视瞄准，数显读数，可测定液体或固体的折射率和糖水溶液中干固物的百分含量（即 Brix 糖度，测定糖度时可进行温度修正），配有 RS232 接口可向 PC 机传送数据。仪器还可显示样品的温度。在仪器折射棱镜中配有通恒温水的结构，可外接恒温器测定样品在某一特定温度下的折射率。

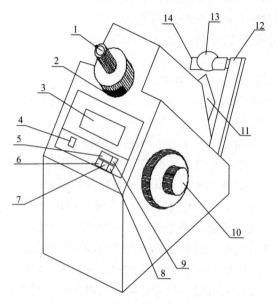

附图 1-21　WAY-2S 数字阿贝折射仪外形图

1—目镜；2—色散校正手轮；3—显示窗；4—电源开关；5—"READ"键；6—"BX-TC"键；7—"n_D"键；
8—"BRIX"键；9—"TEMP"键；10—调节手轮；11—棱镜（包括上面的进光棱镜和下面的测量棱镜）；
12—照明灯转臂；13—照明灯；14—聚光镜筒

具体使用方法如下。

（1）仪器的安装　将阿贝折射仪放在光亮处，应避免阳光直射，以免液体试样受热迅速蒸发。将超级恒温槽与其相连，使恒温水通过棱镜夹套，一般为（20.0±0.1）℃或（25.0±0.1）℃。

（2）仪器校正　仪器在使用时需定期校正，校正方法是测量一种已知折射率的标准液体，一般用蒸馏水。水在不同温度下的折射率见附表 1-5。若测量数据与标准有误差，可用钟表螺丝刀通过色散校正手轮中的小孔，小心旋转里面的螺钉，使分划板上交叉线上下移动，然后再进行测量，直到测量数值符合要求为止。

附表 1-5　水在不同温度下的折射率

温度/℃	14	15	16	18	20	22	24	26
折射率	1.33348	1.33341	1.33333	1.33317	1.33299	1.33281	1.33262	1.33241
温度/℃	28	30	32	34	36	38	40	
折射率	1.33219	1.33192	1.33164	1.33136	1.33107	1.33079	1.33051	

（3）加样　检查上、下棱镜面，用水或酒精小心清洁其表面并用擦镜纸擦干。将被测样品放在下棱镜面上。如为液体样品，可用干净滴管吸1～2滴液体样品滴在下棱镜面上，迅速合上辅助棱镜；如为固体样品，则固体样品必须有一个经过抛光加工的平整表面，测量前需将抛光表面擦清，并在下棱镜工作表面上滴1～2滴折射率比固体样品折射率高的透明液体（如溴代萘），然后将固体样品抛光面放在下棱镜工作表面上，测量时不需将上面的进光棱镜盖上。

（4）对光　旋转照明灯转臂和聚光镜筒使进光棱镜的进光表面或固体样品的进光表面照明均匀。通过目镜观察视场，同时旋转调节手轮，使明暗分界线落在交叉线视场中，且为上亮下暗。旋转目镜筒上的色散校正手轮，同时调节聚光镜位置，使视场中明暗两部分具有良好的反差及明暗分界线具有最小的色散。再次旋转调节手轮，使明暗分界线准确对准交叉线的交点。

（5）读数　按"READ"键，显示窗中"00000"消失，数秒后显示被测样品的折射率。面板上的"n_D""BRIX"及"BX-TC"三个键是测定糖水样品时选择测量方式用的，按"BRIX"键将设定显示未经温度修正的糖水样品的糖度值，按"BX-TC"键将设定显示经过温度修正的糖水样品的糖度值。经选定后，再按"READ"键，显示窗就按预先选定的测量方式显示。若需检测样品温度，可按"TEMP"键，显示窗将显示样品温度。当视窗显示为温度时，再按"n_D""BRIX"或"BX-TC"键，显示的是原来的折射率或糖度。

（6）整理　样品测量结束后，必须用酒精或水小心清洁上、下棱镜面。

三、折射仪的维护

折射仪是一种精密、贵重的光学仪器，使用时应注意维护与保养。

① 仪器应放置于干燥、空气流通、温度适宜的地方，防止光学零件受潮。搬动时应避免强烈振动和撞击，防止光学零件松动、损伤而影响精度。

② 仪器使用前后及更换试样时，必须用擦镜纸擦净折射棱镜表面。

③ 使用时要注意保护棱镜镜面。测试液体样品时样品中不可含有固体杂质，滴加测试液体时禁止滴管触及棱镜；测试固体样品时应防止折射棱镜的工作表面拉毛或产生压痕；严禁测试腐蚀性较强的样品。

④ 数字阿贝折射仪连续使用时间不宜过长（一般不得超过8h），否则会导致光源过热而缩短使用寿命。

附录 1-5　电导率仪

电解质溶液电导率的测量一般使用电导率仪。它的特点是测量范围广、快速直读及操作方便，如配接自动平衡记录仪还可对电导率的测量进行自动记录。目前广泛使用的是DDS系列，不管何种型号，其设计原理一样，下面对其测量原理及操作方法进行详细介绍。

一、测量原理

附图1-22中，稳压器输出一个稳定的直流电压，供给振荡器和放大器。E 为振荡器产生的标准电压；R_x 为电导池的等效电阻；R_m 为标准电阻器（负载）。由 R_x 和 R_m 串联组

成一电阻分压回路。根据欧姆定律，其电流强度为

$$I_x = \frac{E}{R_x + R_m} \qquad \text{附式(1-19)}$$

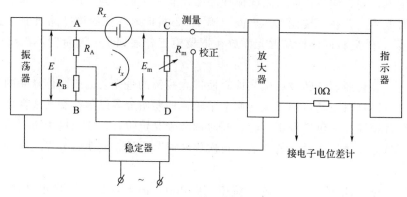

附图 1-22　电导仪测量原理图

因电导池与负载（标准电阻器）是串联的，故通过负载 R_m 的电流强度也为 I_x，即

$$I_x = \frac{E_m}{R_m} \qquad \text{附式(1-20)}$$

式中，E_m 为负载电阻两端的电压降。将附式(1-19) 和附式(1-20) 联解，得

$$E_m = \frac{R_m}{R_m + R_x} E \qquad \text{附式(1-21)}$$

式中，R_x 为电导池两极间溶液的电阻，其倒数即为电导$\left(\frac{1}{R_x} = G\right)$。令 E、R_m 均为定值，由附式(1-21) 得

$$E_m = f\left(\frac{1}{R_x}\right) = f(G) \qquad \text{附式(1-22)}$$

即 E_m 为 G 的函数。当 G 变化时，E_m 也相应地发生变化，E_m 信号通过放大器线性放大后，由电导仪表头直接显示出来。因此，通过 E_m 的测量读出被测溶液的电导值。当测量溶液电导率时，因电导 $G = \kappa \times (A_s/l)$，故 $\kappa = G \times (l/A_s)$。式中，$A_s$ 为电极的面积；l 为电极间距离，对一定的电极为常数。故附式(1-21) 可改写成

$$E_m = \frac{R_m}{R_m + \dfrac{l}{\kappa A_s}} E \qquad \text{附式(1-23)}$$

因为 E、R_m、l、A_s 均为定值，故 $E_m = f(\kappa)$，同样通过 E_m 的测量可从指示器读出被测溶液的电导率 κ。

二、使用方法

DDS-307 型电导率仪是一款数字显示精密台式电导率仪，广泛适用于科研、生产、教学，其外形如附图 1-23 所示。

为了测量准确，需按以下各点进行操作：

① 连接标配电源适配器，按电源开关键开机，显示屏显示"DDS-307"字样并进行自检，稍后进入测量状态。

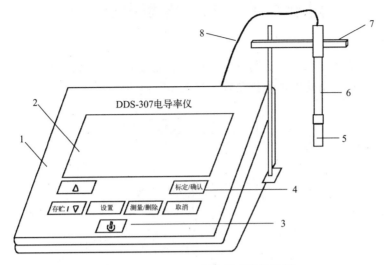

附图 1-23　DDS-307 型电导率仪外形图

1—仪器外壳；2—显示屏；3—电源开关；4—功能选择按钮；5—电极保护瓶；
6—电导电极；7—电极架；8—电极引线

② 使用前，要对仪器进行设置，主要包括读数方式、电极常数和温度。按下"设置"键，仪器将显示设置标志、SEL 以及序号，按"▲"和"▼"键进行调节，按确认键选择。

③ 测量液体介质时，应根据实际测量环境、要求选择合适的电导电极，参照附表 1-6。

附表 1-6　电导率范围及对应电极常数表

电极常数/cm^{-1}	0.01	0.1	1
电导率量程/μS·cm^{-1}	0~2.000	0.2~20	2~200

④ 测量时，先将电导电极反复用蒸馏水清洗干净，用滤纸小心吸干电极表面水分，用被测溶液润洗后放入被测溶液中；用温度计测量当前溶液的温度值，手动设置温度值；等待数据稳定后，读取测量结果。

⑤ 测量结束后，关机，并按电极说明书要求保存电极。

三、仪器的维护

仪器正确维护，可以保证仪器正常、可靠地使用。

（1）防止电极插头受潮，以免造成不必要的测量误差。

（2）电导电极在第一次使用前或长时间未使用时，必须放入蒸馏水中浸泡数小时，去除电极片上的杂质。

（3）为确保测量精度，测量前应用去离子水或二次蒸馏水反复冲洗，然后用被测溶液适量冲洗。

（4）为确保测量精度，可用电导标准溶液重新标定电极常数。

（5）使用完毕，应将电极清洗干净，套上电极保护瓶后放入电极包装盒内保存。

（6）铂黑电极只能用化学方法清洗，禁止使用刷子机械清洗。

附录 1-6　UJ-25 型电位差计

一、工作原理

　　直流电位差计是用比较测量法测量电动势或电压的一种比较式仪器，它是按照对消法测量原理而设计的一种平衡式电学测量装置，其工作原理如附图 1-24 所示。

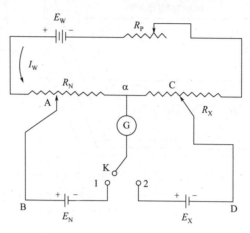

附图 1-24　直流电位差计工作原理图

　　由附图 1-24 可知，一台完善的电位差计应由三个回路构成：工作回路，由 E_W、R_N、R_X、R_P 所构成；标准回路，由 E_N、R_N、G、K 等所构成；测量回路，由 E_X、R_X、G、K 所组成。用直流电位差计测量未知电动势时，是通过与标准电池的已知电动势 E_N 进行比较而得到的。其比较过程为，由工作电源 E_W 在工作回路中产生工作电流 I_W，于是标准电池 E_N 的调节电阻 R_N 上产生电势差 $I_W R_N$，当开关 K 拨向 1 后，调节工作电流的调节电阻 R_P，直到检流计指针指向零，此时 $I_W R_N$ 与 E_N 相互抵消，即 $I_W R_N = E_N$，为此

$$I_W = \frac{E_N}{R_N} \qquad \text{附式（1-24）}$$

　　因为 E_N 为确定的标准电池电动势，电位差计的 R_N 也是固定值，即对一台电位差计其工作电流在出厂时规定为某一定数值 I_0。如 UJ-25 型电位差计在工作电源电压为 3V 时，工作电流规定为 1.0×10^{-4} A。在实际测量时，由于标准电池所处环境温度不同而其电动势 E_N 随温度而变化，因此需要调整标准回路上可移动触点 A 的位置，使 E_N / R_N 之比仍为 I_0。此外，电位差计工作电源的电池由于长时间放电而使电动势下降，达不到电位差计的规定而令工作电流 $I_W \neq I_0$，为了保持工作回路工作电流 I_W 为电位差计所要求的 I_0，需要调节工作回路上的工作电流调节电阻 R_P，直到标准回路上检流计 G 无电流通过。这一调整操作称为"标准化"。上述操作完成后，再将转向开关 K 拨向"2"的位置，以进行未知电动势 E_X 的测量。根据对消法原理，要知 E_X 就要令 E_X 与 E_C 相互抵消，即

$$E_X = E_C = I_0 R_X \qquad \text{附式（1-25）}$$

由于 I_W 经"标准化"操作已达到规定值 I_0，R_X 的值需要调节 R_X 上 C 触点的位置，当测量回路上检流计 G 无电流通过，则 E_C 就与 E_X 相互抵消。由附式（1-25）可得

$$E_X = I_0 R_X = \left(\frac{E_N}{R_N}\right) R_X = \left(\frac{R_X}{R_N}\right) E_N \qquad \text{附式（1-26）}$$

由附式(1-26)可知，用电位差计测量未知电动势 E_X 的过程，实质上就是将 E_X 与 E_N 进行比较的过程。当 E_N 准确度高时，则 E_X 的测量精度取决于 R_X/R_N 比值的误差。

二、UJ-25 型电位差计的线路分析

UJ-25 型电位差计的线路（附图 1-25）同样由以下三个回路组成。

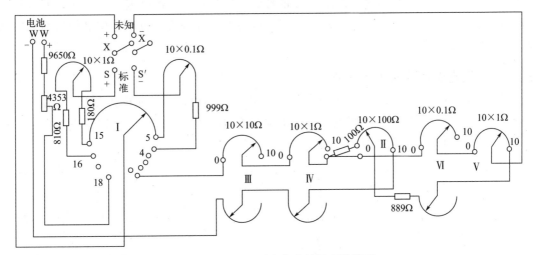

附图 1-25　UJ-25 型电位差计原理线路图

1. 工作回路

在工作电池 W 两端间为电位差计的工作电流回路。由调节工作电流电阻 R_P（粗、中、细、微）与第 Ⅰ 测量盘至第 Ⅵ 测量盘构成。第 Ⅰ 测量十进盘由 18 支 1000Ω 的电阻组成；第 Ⅱ 测量十进盘由 11 支 100Ω 电阻组成；第 Ⅲ 测量十进盘由 10 支 10Ω 电阻组成，还有 20 支 10Ω 电阻构成该测量十进盘的代替盘；第 Ⅳ 测量十进盘由 10 支 1Ω 电阻组成，还有 10 个 1Ω 电阻构成该测量十进盘的代替盘；第 Ⅴ 测量十进盘与第 Ⅵ 测量十进盘是第 Ⅲ 测量十进盘的一个分路，分别由 10 支 1Ω 与 10 支 0.1Ω 电阻组成。这些测量盘的总电阻值为 28850Ω。工作电流调节电阻由三个十七挡进位盘和一个二十一挡进位盘开关组成，总电阻值为 4543Ω（可调）。当工作电源电压为 3V 时，要使 $I_W = I_0 = 1.0 \times 10^{-4}$ A，则调节 R_P 需使回路电阻值为 30000Ω。

2. 标准回路

在标准电池两端间为标准回路。标准回路的电阻 R_{SS} 由两部分构成，即由第 Ⅰ 测量十进盘中的第五～第十五的 10 支 1000Ω 电阻与 1 支 180Ω 电阻组成的标准电池电动势 E_N 的补偿电阻（R_N）以及由 10 支 1Ω 电阻与 10 支 0.1Ω 电阻组成的温度补偿电阻。两组电阻的总阻值为 101800～101910Ω，调节这些电阻可补偿电池由温度影响而引起的电动势变化。例如，在实验环境温度下标准电池的电动势为 1.01853V（查表或计算得），就可调节温度补偿电阻（Ω 挡为 5Ω，0.1Ω 挡为 0.3Ω），这样 R_{SS} 的电阻值为 10185.3Ω。在进行"标准化"操作时，调节工作电流调节电阻，令检流计无电流通过，此时通过 R_{SS} 的工作电流 $I_W = I_0 = 1.0 \times 10^{-4}$ A。

3. 测量回路

"未知1"与"未知2"供接被测电动势用。经"标准化"操作后，电位差计的工作电流已被调整为0.0001A，故在未知回路中每支电阻上的电压降为：第 I 测量十进盘为 $1000\Omega\times10^{-4}A=0.1V$，同理第 II 测量十进盘为 $10^{-2}V$，第 III 测量十进盘为 $10^{-3}V$，第 IV 测量十进盘为 $10^{-4}V$。第 V、第 VI 测量十进盘为第 II 测量盘的分路，工作电流为 $10^{-5}A$，所以第 V 测量十进盘为 $10^{-5}V$，第 VI 测量盘为 $10^{-6}V$。所测电动势数值由各十进位盘钮线面的窗孔中出现的数字总和表示出来。

三、UJ-25 型电位差计的使用方法

UJ-25 型电位差计的面板如附图1-26所示。UJ-25 型电位差计面板共有十三个钮，测量电动势可按附图1-24连接。使用电位差计时必须配用灵敏检流计（$1\times10^{-8}\sim1\times10^{-9}A\cdot cm^{-1}$）和标准电池及工作电源。

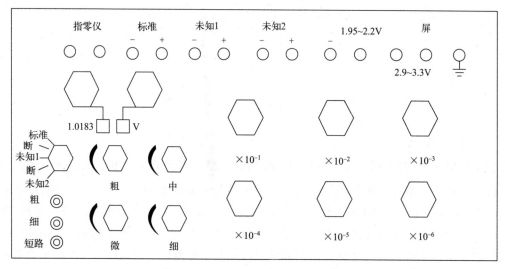

附图 1-26 UJ-25 型电位差计面板图

使用 UJ-25 型电位差计测量电动势的上限为 600V，下限为 0.000001V，但当测量电动势高于 1.91110V 以上时，必须配用分压箱来提高测量上限。下面介绍测量 1.91110V 以下电压时的使用方法。

（1）连接线路 将"标准""未知""断"转换开关放在"断"的位置，将三个电计钮全部松开；然后将电池电源、被测电池、标准电池和检流计按正负极接在相应端钮上。

（2）调节工作电压（标准化） 标准电池电动势与温度的关系，以附式（1-27）表示：

$$E_N/V=E_0/V-4.06\times10^{-5}(t/℃-20)-9.5\times10^{-7}(t/℃-20)^2 \qquad 附式(1-27)$$

其中，$E_0=1.0186V$，为标准电池在 20℃ 时的电池电动势。

将温度补偿钮调至与温度 t 下的标准电池电动势数值相一致。将"标准""未知"转换开关放在"标准"位置上，按下"粗"钮（短时间按下，见到检流计有偏转马上松开），按"粗""中""细""微"的顺序调节工作电流，使检流计指零，然后按下"细"钮，按上面顺序调节工作电流，使检流计指零。此时，电位差计工作电流调整完成。在测量电动势时，要随时检查工作电流是否发生变化，如有变化要随时调整。

（3）测量未知电动势 将"标准""未知"转换开关放在"未知"位置上，调节各测量十进盘，首先在"粗"钮按下时使检流计指零，然后按下"细"钮，调至检流计示零。六个十进盘所示电压值总和即为被测电动势。

四、测量注意事项

（1）工作电池电压发生变化导致工作电流发生变化，在测量过程中需要经常进行标准化操作，对工作电流进行校正。

（2）在操作过程中可能出现电流过大，检流计受到"冲击"的现象。为此，应迅速按下"短路"按钮，检流计光标会迅速恢复至零点，保护检流计。

（3）在操作过程中禁止长按"粗""细"按钮，看到检流计光标偏转迅速松开，避免电池发生极化。

附录 1-7 电化学工作站

电化学测试分析仪是进行电化学控制与测量的综合性分析测试装置，一般与计算机相连，形成集控制、检测、分析、数据处理与存储于一体的电化学测量系统，又称电化学工作站，如附图 1-27 所示。

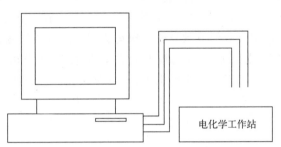

附图 1-27 电化学工作站基本原理图

一、电化学工作站基本概述

电化学工作站在电池检测中占有重要地位，它将恒电位仪、恒电流仪和电化学交流阻抗分析仪有机结合，既可以做三种基本功能的常规实验，也可以基于这三种功能做程式化实验。在实验中既能检测电池的电压、电流、容量等基本参数，又能检测体现电池反应机理的交流阻抗参数，从而完成对多种状态下电池参数的跟踪与分析。

电极是与电解质溶液或电解质接触的电子导体或半导体，为多相体系。电化学体系借助于电极实现电能的输入或输出，电极是实施电极反应的场所。一般电化学体系分为二电极体系和三电极体系，使用较多的是三电极体系。

1. 工作电极（WE）

又称研究电极，所研究的反应在该电极上发生。

对工作电极有以下基本要求：所研究的电化学反应不会因电极自身所发生的反应而受到影响，测定的电位区域较宽；电极不与溶剂或电解液组分发生反应；电极面积不宜太大，表面均一、光滑、易净化等。

工作电极的选择通常根据研究性质预先确定电极材料。使用固体电极时，要建立合适的电极预处理步骤，以保证实验重现。汞与汞齐是最常用的液体工作电极，具有可重现的均相表面，制备和保持清洁较容易，同时电极上有高的氢析出超电势，被广泛应用于电化学分析。

2. 辅助电极 （CE）

又称对电极，与工作电极组成回路，使工作电极上电流畅通，以保证研究的反应在工作电极上发生。当测量过程中通过的电流较大时，为使参比电极电位保持稳定，必须使用辅助电极，否则将影响测量准确性。

3. 参比电极 （RE）

其电位不受测试液组成变化的影响，具有较恒定的数值。参比电极上基本没有电流通过，用于测定研究电极的电极电势。不同的研究体系可选择不同的参比电极，水溶液中常见的参比电极有饱和甘汞电极 （SCE）、Ag/AgCl 电极、标准氢电极 （SHE 或 NHE） 等。

三电极体系能够同时测量极化电流和极化电位，三电极两回路具有足够的测量精度。测量与被测体系组成或浓度不同时需要使用盐桥以消除或减小液接电位，消除测量体系与被测体系的污染。

二、电化学测试方法

电化学测试方法是将化学物质的变化归结为电化学反应，即以体系中的电位、电流或电量作为体系中发生化学反应的量度进行测定的方法。包括电流-电位曲线的测定、电极化学反应的电位分析、电极化学反应的电量分析、对被测对象进行微量测定的极谱分析及交流阻抗测试等。常用的电化学测试方法有电流分析法 （也称计时安培法）、差分脉冲安培法 （DPA）、差分脉冲伏安法 （DPV）、循环伏安法 （CV）、线性扫描伏安法 （LSV）、常规脉冲伏安法 （NPV）、方波伏安法 （SWV） 等。

电化学测试方法具有简单易行、灵敏度高、实时性好的优点。

三、电化学工作站基本原理与应用

1. 稳态测试：恒电流法和恒电位法

稳态是电化学参量 （电极电势、电流密度、电极界面状态等） 变化甚微或基本不变的状态。恒电流法及恒电位法是常用的稳态测试方法，即给电化学体系一个稳定不变的电流或电极电势条件。该方法主要应用于活性材料的电化学沉积及金属稳态极化曲线的测定等。

2. 暂态测试：控制电流阶跃及控制电势阶跃法

暂态是相对于稳态而言的。在一个稳态向另一个稳态转变过程中，任意一个电极还未达到稳态时都处于暂态过程，如双电层充电过程、电化学反应过程以及扩散传质过程等。控制电流阶跃及控制电势阶跃法是最常见的方法。控制电流阶跃法也称计时电位法，即在某一时间点电流发生突变，在其他时间段电流保持恒定状态。同理，控制电势阶跃法也称计时电流法，即在某一时间点电势发生突变，在其他时间段电势保持恒定状态。

利用暂态控制方法，可以探究一些电化学变化过程的性质，如探究能源存储设备充电过程的快慢、判断界面的吸附或扩散作用、探究电致变色材料变色性能等。

3. 伏安法：线性伏安法和循环伏安法

伏安法是电化学测试中最常用的方法。线性伏安法"有去无回"，即在一定电压变化速率下，观察电流的响应状态；循环伏安法"从哪里出发回到哪里"，电压变化是循环的，从起点到终点再回到起点。

线性伏安法应用较广，主要包括太阳能电池光电性能测试、染料电池氧化还原曲线测试及电催化中催化曲线测试。循环伏安法主要用于探究超级电容器的储能大小及电容行为、材料的氧化还原特性等。

4. 交流阻抗法

交流阻抗法是通过控制电化学系统的电流在小幅度条件下随时间变化，同时测量电势随时间变化获取阻抗或导纳性能，进而分析电化学系统的反应机理及计算系统的相关参数等。交流阻抗谱可分为电化学阻抗谱（EIS）和交流伏安法。EIS 探究的是某一极化状态下，不同频率下的电化学阻抗性能。由于采用小幅度的正弦电势信号对系统进行微扰，电极上交替出现阳极和阴极过程，二者作用相反。因此，即使扰动信号长时间作用于电极，也不会导致极化现象的积累性发展和电极表面状态的积累性变化。因此 EIS 是一种"准稳态方法"。通过 EIS，一般可以分析出一些表面吸附作用以及离子扩散作用的贡献分配，电化学系统的阻抗大小、频谱特性以及电荷电子传输的能力强弱等。交流伏安法是在某一特定频率下，研究交流电流的振幅和相位随时间的变化。

四、LK2010 系列电化学工作站的使用方法

LK2010 系列电化学工作站是天津市兰力科化学电子高技术有限公司生产的电化学仪器，下面介绍该系列仪器的使用方法。

（1）开启计算机，运行软件　主程序是 ECAWiser.exe，桌面快捷键为"　"，进入电化学工作站的主界面（如附图 1-28），工作站需要稳定一段时间再进行测试。

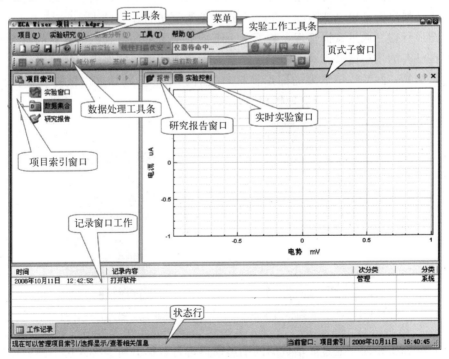

附图 1-28　LK2010 电化学工作站软件主界面

（2）准备项目　项目准备有两种途径：①从项目菜单或主工具条建立；②从项目菜单或主工具条打开原有项目，然后可进行实验、数据管理、图像管理和数据处理四类工作。

（3）进行实验　实验工作工具条如附图1-29所示。

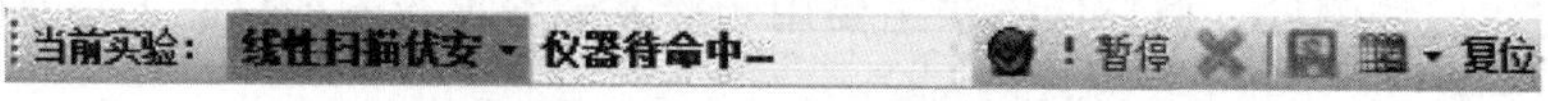

附图1-29　实验工作工具条

实验步骤如下：①点击激活实验控制窗口（若关闭了实验控制窗口，双击项目索引管理窗口中的实验窗口项），实验工作工具条和实验研究菜单可用；②在实验工作工具条上的下拉列表中，选择相应的实验方法为当前实验方法；③在实验研究菜单下点击"当前实验参数"子菜单设置实验条件，系统会自动保存一套新的各种类实验条件供使用，用户也可另行存储自己的独特条件供需要时读取；④通过点击实验工作工具条上的"√"按钮或实验研究菜单下做实验子菜单开始实验。

实验过程中与仪器不断通信，获得并显示当前所处步骤和阶段，采样开始后实验控制窗口将实时绘制显示数据。实验中可中途暂停和继续（除阻抗、交流伏安、分数微分等方法），也可点击工具条按钮"×"强制中止实验。

实验完成后，点击实验工作工具条"S"按钮将实验结果数据存储到项目中，索引中会出现对应项，若不保存，数据将在下次实验前丢弃。

（4）数据管理　数据来源有三种途径：①原始实验结果；②通过复制得到的数据，通过数据处理得到的新数据；③通过项目菜单下的添加数据子菜单，将其他项目数据复制添加到本项目。

当前项目的所有数据均列在项目管理索引的数据集合项下，通过右键弹出菜单可以快捷进行数据项的有关操作。进行数据管理，首先要选中某一数据项，然后在选中的数据项上点击右键，通过弹出的菜单（如附图1-30）对选中的数据进行需要的工作。

（5）图形管理　通过数据管理，数据集合下的数据项可显示其图形在新的图形窗口，或叠加显示在已有的图形窗口。对于图形可通过右键弹出菜单快捷地进行相关操作。首先点击图形窗口页标签，激活选中需要的图形窗口，然后在图形上通过点击鼠标右键弹出的菜单（如附图1-31）对图形直接进行管理操作。

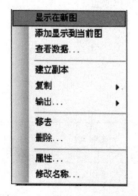

附图1-30　数据管理弹出菜单

附图1-31　图形管理弹出菜单

（6）数据分析处理　通过显示数据的图形窗口进行数据分析。必须选中图形窗口，数据分析工具条、数据分析菜单、可视图形数据选择工具条可用，此时方可对窗口显示图形的数据进行部分或全部分析处理。当前选中的数据以阴影方式显示在图中，其部分（单个数据段）可以特别颜色独立显示，方便确立当前状态。若图中由多数据对比显示，工具条上的蓝色箭头按钮和其后的下拉列表用于选择、设置和显示图中的当前数据；绿色箭头按钮用于选择当前数据的当前数据段，以方便多数据的复杂显示、对比和分辨。数据处理工具条和数据分析菜单功能一样（如附图 1-32），可进行平滑、微积分、数学运算等数据分析处理。系统将自动保存一套最新使用的各种数据处理条件，用户也可另行存储处理条件供需要时使用。

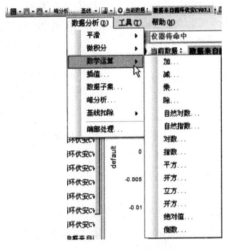

附图 1-32　数据分析

（7）其他工具　通过工具菜单，还可进行其他工作，包括基于标准曲线法和标准加入法的高级数据输入、分析、结果存储、数据生成，对以往数据分析结果的历史记录进行管理等。

附录1-8　旋光仪

旋光仪是专门用于测定物质旋光度的常用仪器。通过测定结构和浓度已知化合物溶液的旋光度便可得知物质的纯度，或计算结构已知的旋光物质溶液的浓度。另外，物质的旋光性是由结构非对称性造成的，故测定已知浓度的纯物质的旋光度也可用于推测有机化合物的结构。

一、偏振光与旋光度

普通单色光（同一波长）在垂直于传播方向的各个方向上振动（圆偏振），这种光称为自然光。如果使单色光通过一个由方解石制成的尼科尔（Nicol）棱镜（将方解石沿着一定对角面剖开再用加拿大树胶黏合而成），被分为两束互相垂直的平面偏振光，在通过加拿大树胶的界面上时，折射率大的一束被全反射，而另一束可以自由通过，由于透过棱镜的光线只在一个方向上振动，这种光就是平面偏振光，这种尼科尔棱镜称为起偏镜。偏振光的产生如附图 1-33 所示。

当偏振光通过具有旋光性物质的溶液时，光的振动方向会发生偏转，其偏转的角度称为旋光度，用 α 表示。旋光的方向和分子本身的立体结构有关。当来自起偏镜的偏振光通过旋光物质后，在光前进方向上向右旋转一个角度，则称为该物质具有右旋性，把此种旋光度 α

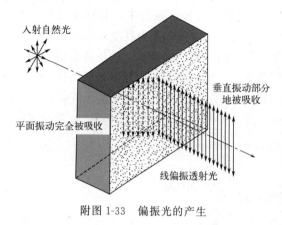

附图 1-33　偏振光的产生

定为正值。反之，称该物质为左旋性，α 具有负值。

旋光度 α 的大小与光穿过旋光物质液层的厚度成正比，如为溶液，还与旋光物质浓度成正比，α 的计算如附式（1-28）

$$\alpha = [\alpha]_D^t lm / V \qquad 附式（1-28）$$

式中，l 为液层厚度，dm；V 为液层厚度为 l 时溶液的体积，cm^3；m 为溶质的质量，g；$[\alpha]_D^t$ 称为比旋光度，是溶液层厚为 1dm、溶液体积为 $1cm^3$ 且含 1g 溶质时的旋光度，右上标 t 为实验温度，右下标 D 为光源波长使用钠光 D 线。当溶质不同时，$[\alpha]_D^t$ 值不同，故 $[\alpha]_D^t$ 值是衡量物质旋光能力大小的量，一般用 $[\alpha]_D^{20}$ 作为比较标准。还应指出，旋光度与溶剂有关，如溶剂不是水时，应指明溶剂种类，另外旋光度随温度升高而降低。

二、旋光仪的结构及测量原理

旋光仪是用于测定物质旋光性的仪器（附图 1-34），主要部分为用尼科尔棱镜制成的起偏镜与检偏镜。起偏镜装在旋光仪的前端，它的作用是将从钠光源射出的钠自然光变成单一平面偏振光。当偏振光通过旋光物质（装在旋光管 3）后，偏振光要发生旋转。测量旋光度，要有一检偏镜。检偏镜位于仪器后部，并与读数刻度盘固定在一起，随刻度盘旋转而转动。当从起偏镜来的偏振光射入检偏镜时，若两镜的轴向角度重合，则偏振光全部通过检偏镜，视野最为明亮；当加入旋光物质时，从起偏镜来的偏振光通过旋光管后要旋转一定角度，则检偏镜必须旋转同样角度才能使偏振光完全通过，达到最明亮视野。检偏镜旋转的这个角度可以从刻度盘上读出，此数值就是待测溶液的旋光度 α。

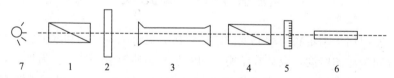

附图 1-34　旋光仪光学系统示意图

1—起偏镜；2—石英片；3—旋光管；4—检偏镜；5—刻度盘；6—望远镜；7—钠光源

由于用肉眼判断偏振光在通过旋物质前后的光强度时，视觉误差较大，为了精确测量旋光度，旋光仪结构上采用了一种三分视野的设计。其原理是，在起偏镜之后放置一狭长石英片 2，其长度约为视野的 1/3。由于石英片本身具有旋光性，所以，当透过起偏镜的平面偏振光垂直通过石英片时，偏振光被放置了一个角度 Φ。因石英片只有视野的 1/3，而且放置在中央，故目镜处观察到的是三等分部分视野，即两边视野是未通过石英片的偏振光，而中央视野是通过石英片 2 并经石英片旋转的偏振光。通过检偏镜后，偏振光的振动方向变化如附图 1-35（d）所示。H 是起偏镜后的振动方向，而 P 是通过石英片后的振动方向，两者夹角为 Φ，称之为半暗角。若检偏镜的主截面此时与起偏镜主截面平行，则在目镜处可看到附图 1-35（a）的情况，即两边亮而中间暗；若检偏镜主截面与通过石英片后偏振光的偏振面平行，则出现中间亮而两边暗的现象，如附图 1-35（b）；当检偏镜主截面位于 Φ 角一半时，则看到的三等分视野亮度完全相等，即附图 1-35(c)，将此位置定为刻度盘上的零度，而且游标尺的零刻度也与刻度盘零度重合。在进行测定时，先旋转检偏镜 4，直到视野中三部分亮度相同，所得的读数即为零点。然后，将装入旋光物质的旋光管放入仪器中，因旋光物质又使透过其的偏振光再旋转一旋光角，则视野中的三部分亮度不同。此时，再转动检偏镜 4，重新令视野三部分相等，这就是旋光物质使偏振光振动偏转的角度，即旋光角。这个角度可从刻度盘与游标尺读出。

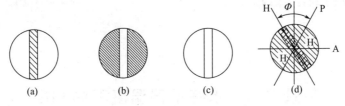

附图 1-35　三分视野的明暗示意图

检偏镜与刻度盘相连。刻度盘为 $360°$，每度为一格，游标尺为 20 小格，直读可达 $0.05°$，精确度为 $0.05°$。刻度盘顺时针读数为正值，即为右旋物质；反之，则为左旋物质。

使用旋光仪时应注意：钠光灯灯泡不能直接接在 220V 电源上；仪器使用时间一般不超过 4h，如需长时间使用，则使用中应关闭电源 $10\sim15$min，让钠光灯冷却后再重新使用；使用时，因弱碱液体对仪器有腐蚀作用，故旋光管装好待测溶液后，管的周围及两端的玻璃片均应擦拭干净；旋光管用后一定用防尘罩盖好，以免灰尘侵入仪器内部；在测量时，因不同测量者明暗感觉存在差异，故测量空白实验与测量旋光物质时，应由同一人操作。

附录二
常用数据表

附录 2-1　水在不同温度下的黏度

温度/℃	η/cP	温度/℃	η/cP	温度/℃	η/cP
0	1.7702	26	0.8703	60	0.4669
5	1.5108	27	0.8512	65	0.4341
10	1.3039	28	0.8328	70	0.4050
15	1.1374	29	0.8145	75	0.3792
20	1.0019	30	0.7973	80	0.3560
21	0.9764	35	0.7190	85	0.3352
22	0.9532	40	0.6526	90	0.3165
23	0.9310	45	0.5972	95	0.2995
24	0.9100	50	0.5468	100	0.2840
25	0.8903	55	0.5042		

注：J. A. 迪安. 兰氏化学手册. 尚久方，等译. 北京：科学出版社，1994.

1cP＝1mPa·s。

附录 2-2　水和乙醇在不同温度下的密度

t/℃	ρ/(g·cm^{-3})		t/℃	ρ/(g·cm^{-3})	
	水	乙醇		水	乙醇
5	0.9999	0.8020	18	0.9986	0.7911
6	0.9999	0.8012	19	0.9984	0.7902
7	0.9999	0.8003	20	0.9982	0.7894
8	0.9998	0.7995	21	0.9980	0.7886
9	0.9998	0.7987	22	0.9978	0.7877
10	0.9997	0.7978	23	0.9975	0.7869
11	0.9996	0.7970	24	0.9973	0.7860
12	0.9995	0.7962	25	0.9970	0.7852
13	0.9994	0.7953	26	0.9968	0.7843
14	0.9992	0.7945	27	0.9965	0.7835
15	0.9991	0.7936	28	0.9962	0.7826
16	0.9989	0.7928	29	0.9959	0.7818
17	0.9988	0.7919	30	0.9956	0.7809

注：古凤才，等. 基础化学实验教程. 3版. 北京：科学出版社，2010.

附录 2-3　摩尔凝固点降低常数

溶剂	凝固点/℃	K_f	溶剂	凝固点/℃	K_f
环己烷	6.54	20.0	苯酚	40.90	7.40
溴仿	8.05	14.4	萘	80.290	6.94
乙酸	16.66	3.9	樟脑	178.75	37.7
苯	5.533	5.12	水	0.0	1.853

注：J. A. 迪安. 兰氏化学手册. 尚久方，等译. 北京：科学出版社，1994.

附录 2-4　KCl 在不同温度下的摩尔溶解焓

(1mol KCl 溶于 200mol H_2O)

$t/℃$	$\Delta_{sol}H_m/(kJ \cdot mol^{-1})$	$t/℃$	$\Delta_{sol}H_m/(kJ \cdot mol^{-1})$
10	19.895	20	18.297
11	19.795	21	18.146
12	19.623	22	17.995
13	19.598	23	17.682
14	19.276	24	17.703
15	19.100	25	17.556
16	18.933	26	17.414
17	18.765	27	17.272
18	18.602	28	17.138
19	18.443	29	17.004

注：吴肇亮，等. 物理化学实验. 北京：石油大学出版社，1990.

附录 2-5　不同温度下水和乙醇的折射率

(钠光 $\lambda = 589.3nm$)

$t/℃$	纯水	99.8%乙醇	$t/℃$	纯水	99.8%乙醇
14	1.33348		34	1.33136	1.35474
15	1.33341		36	1.33107	1.35390
16	1.33333	1.36210	38	1.33079	1.35306
18	1.33317	1.36129	40	1.33051	1.35222
20	1.33299	1.36048	42	1.33023	1.35138
22	1.33281	1.35967	44	1.32992	1.35054
24	1.33262	1.35885	46	1.32959	1.34969
26	1.33241	1.35803	48	1.32927	1.34885
28	1.33219	1.35721	50	1.32894	1.34800
30	1.33192	1.35639	52	1.32860	1.34715
32	1.33164	1.35557	54	1.32827	1.34629

注：复旦大学，等. 物理化学实验. 2版. 北京：高等教育出版社，1993.

附录 2-6　25℃一些弱酸、弱碱的解离常数

（1）

弱酸	$K_a^{\ominus}$	$pK_a^{\ominus}$
乙酸	1.745×10^{-5}	4.756
苯甲酸	6.36×10^{-5}	4.212
甲酸	1.772×10^{-4}	3.751
羟基乙酸	1.475×10^{-4}	3.831
乳酸	1.374×10^{-4}	3.862
酚	1.3×10^{-10}	9.886
硫化氢	$9.1 \times 10^{-8} (K_{a1}^{\ominus})$	7.041
	$1.2 \times 10^{-15} (K_{a2}^{\ominus})$	14.921
草酸	$6.5 \times 10^{-2} (K_{a1}^{\ominus})$	1.271
	$6.1 \times 10^{-5} (K_{a2}^{\ominus})$	4.266
苯二甲酸	$1.26 \times 10^{-3} (K_{a1}^{\ominus})$	2.950
	$3.1 \times 10^{-6} (K_{a2}^{\ominus})$	5.408
琥珀酸	$6.63 \times 10^{-5} (K_{a1}^{\ominus})$	4.207
	$2.8 \times 10^{-6} (K_{a2}^{\ominus})$	5.638
酒石酸	$1.1 \times 10^{-3} (K_{a1}^{\ominus})$	2.959
	$6.9 \times 10^{-5} (K_{a2}^{\ominus})$	4.366
硼酸	$5.79 \times 10^{-10} (K_{a1}^{\ominus})$	9.234
柠檬酸	$8.4 \times 10^{-4} (K_{a1}^{\ominus})$	3.08
	$1.8 \times 10^{-5} (K_{a2}^{\ominus})$	4.74
	$4 \times 10^{-7} (K_{a3}^{\ominus})$	5.40
磷酸	$7.5 \times 10^{-3} (K_{a1}^{\ominus})$	2.12
	$6.2 \times 10^{-8} (K_{a2}^{\ominus})$	7.21

（2）

弱碱	$K_b^{\ominus}$	$pK_b^{\ominus}$
氨	1.79×10^{-5}	4.75
肼	3×10^{-6}	5.52
乙胺	5.6×10^{-4}	3.25
甲胺	5.0×10^{-4}	3.30
吡啶	2.1×10^{-9}	8.69
喹啉	1×10^{-9}	9.00
二苯胺	1.69×10^{-14}	13.16
苯胺	4.0×10^{-10}	9.40

注：罗澄源，等.物理化学实验.北京：人民教育出版社，1979.

附录 2-7　一些离子在水溶液中的无限稀释摩尔电导率

离子	$10^4\Lambda/$ $(S\cdot m^2\cdot mol^{-1})$	离子	$10^4\Lambda/$ $(S\cdot m^2\cdot mol^{-1})$	离子	$10^4\Lambda/$ $(S\cdot m^2\cdot mol^{-1})$	离子	$10^4\Lambda/$ $(S\cdot m^2\cdot mol^{-1})$
Ag^+	61.9	K^+	73.5	F^-	54.4	IO_3^-	40.5
Ba^{2+}	127.8	La^{3+}	208.8	ClO_3^-	64.4	IO_4^-	54.5
Be^{2+}	108	Li^+	38.69	ClO_4^-	67.9	NO_2^-	71.8
Ca^{2+}	118.4	Mg^{2+}	106.12	CN^-	78	NO_3^-	71.4
Cd^{2+}	108	NH_4^+	73.5	CO_3^{2-}	144	OH^-	198.6
Ce^{3+}	210	Na^+	50.11	CrO_4^{2-}	170	PO_4^{3-}	207
Co^{2+}	106	Ni^{2+}	100	$Fe(CN)_6^{4-}$	444	SCN^-	66
Cr^{3+}	201	Pb^{2+}	142	$Fe(CN)_6^{3-}$	303	SO_3^{2-}	159.8
Cu^{2+}	110	Sr^{2+}	118.92	HCO_3^-	44.5	SO_4^{2-}	160
Fe^{2+}	108	Tl^+	76	HS^-	65	Ac^-	40.9
Fe^{3+}	204	Zn^{2+}	105.6	HSO_3^-	50	$C_2O_4^{2-}$	148.4
H^+	349.82			HSO_4^-	50	Br^-	73.1
Hg^{2+}	106.12			I^-	76.8	Cl^-	76.35

注：John A Dean. Lange'e Handbook of Chemistry. 12th ed. 1979.

附录 2-8　不同浓度 KCl 标准溶液的电导率

$t/℃$	$\kappa/(S\cdot cm^{-1})$			
	$1.000^*\ mol\cdot L^{-1}$	$0.1000\ mol\cdot L^{-1}$	$0.0200\ mol\cdot L^{-1}$	$0.0100\ mol\cdot L^{-1}$
0	0.06541	0.00715	0.001521	0.000776
5	0.07414	0.00822	0.001752	0.000896
10	0.08319	0.00933	0.001994	0.001020
15	0.09252	0.01048	0.002243	0.001147
16	0.09441	0.01072	0.002294	0.001173
17	0.09631	0.01095	0.002345	0.001199
18	0.09822	0.01119	0.002397	0.001225
19	0.10014	0.01143	0.002449	0.001251
20	0.10207	0.01167	0.002501	0.001278
21	0.10400	0.01191	0.002553	0.001305
22	0.10594	0.01215	0.002606	0.001332
23	0.10789	0.01239	0.002659	0.001359
24	0.10984	0.01264	0.002712	0.001386
25	0.11180	0.01288	0.002765	0.001413
26	0.11377	0.01313	0.002819	0.001441
27	0.11574	0.01337	0.002873	0.001468
28		0.01362	0.002927	0.001496
29		0.01387	0.002981	0.001524
30	0.13110	0.01412	0.003036	0.001552

注：复旦大学，等．物理化学实验. 2 版．北京：高等教育出版社，1993.

　*　表示在空气中称取 74.56gKCl，溶于18℃水中，稀释到1L，其浓度为 1.000mol·L^{-1}（密度 1.0449g·cm^{-3}），再稀释得其他浓度溶液。

附录 2-9　25℃水溶液中一些电极的标准电极电势

（标准态压力 $p^{\ominus} = 100\text{kPa}$）

电极	电极反应	$E^{\ominus}/\text{V}$
第一类电极		
$Li^+ \mid Li$	$Li^+ + e^- \longrightarrow Li$	-3.045
$K^+ \mid K$	$K^+ + e^- \longrightarrow K$	-2.924
$Ba^{2+} \mid Ba$	$Ba^{2+} + 2e^- \longrightarrow Ba$	-2.90
$Ca^{2+} \mid Ca$	$Ca^{2+} + 2e^- \longrightarrow Ca$	-2.76
$Na^+ \mid Na$	$Na^+ + e^- \longrightarrow Na$	-2.7111
$Mg^{2+} \mid Mg$	$Mg^{2+} + 2e^- \longrightarrow Mg$	-2.375
$OH^-, H_2O \mid H_2(g) \mid Pt$	$2H_2O + 2e^- \longrightarrow H_2(g) + 2OH^-$	-0.8277
$Zn^{2+} \mid Zn$	$Zn^{2+} + 2e^- \longrightarrow Zn$	-0.7630
$Cr^{3+} \mid Cr$	$Cr^{3+} + 3e^- \longrightarrow Cr$	-0.74
$Cd^{2+} \mid Cd$	$Cd^{2+} + 2e^- \longrightarrow Cd$	-0.4028
$Co^{2+} \mid Co$	$Co^{2+} + 2e^- \longrightarrow Co$	-0.28
$Ni^{2+} \mid Ni$	$Ni^{2+} + 2e^- \longrightarrow Ni$	-0.23
$Sn^{2+} \mid Sn$	$Sn^{2+} + 2e^- \longrightarrow Sn$	-0.1366
$Pb^{2+} \mid Pb$	$Pb^{2+} + 2e^- \longrightarrow Pb$	-0.1265
$Fe^{3+} \mid Fe$	$Fe^{3+} + 3e^- \longrightarrow Fe$	-0.036
$H^+ \mid H_2(g) \mid Pt$	$2H^+ + 2e^- \longrightarrow H_2(g)$	0.0000
$Cu^{2+} \mid Cu$	$Cu^{2+} + 2e^- \longrightarrow Cu$	0.3400
$OH^-, H_2O \mid O_2(g) \mid Pt$	$O_2 + 2H_2O + 4e^- \longrightarrow 4OH^-$	0.401
$Cu^+ \mid Cu$	$Cu^+ + e^- \longrightarrow Cu$	0.522
$I^- \mid I_2(s) \mid Pt$	$I_2(s) + 2e^- \longrightarrow 2I^-$	0.535
$Hg_2^{2+} \mid Hg$	$Hg_2^{2+} + 2e^- \longrightarrow 2Hg$	0.7959
$Ag^+ \mid Ag$	$Ag^+ + e^- \longrightarrow Ag$	0.7994
$Hg^{2+} \mid Hg$	$Hg^{2+} + 2e^- \longrightarrow Hg$	0.851
$Br^- \mid Br_2(l) \mid Pt$	$Br_2(l) + 2e^- \longrightarrow 2Br^-$	1.065
$H^+, H_2O \mid O_2(g) \mid Pt$	$4H^+ + O_2(g) + 4e^- \longrightarrow 2H_2O$	1.229
$Cl^- \mid Cl_2(g) \mid Pt$	$Cl_2(g) + 2e^- \longrightarrow 2Cl^-$	1.3580
$Au^+ \mid Au$	$Au^+ + e^- \longrightarrow Au$	1.68
$F^- \mid F_2(g) \mid Pt$	$F_2(g) + 2e^- \longrightarrow 2F^-$	2.87

电极	电极反应	$E^{\ominus}/V$
第二类电极		
$SO_4^{2-}\mid PbSO_4(s)\mid Pb$	$PbSO_4(s)+2e^-\longrightarrow SO_4^{2-}+Pb$	-0.356
$I^-\mid AgI(s)\mid Ag$	$AgI(s)+e^-\longrightarrow Ag+I^-$	-0.1521
$Br^-\mid AgBr(s)\mid Ag$	$AgBr(s)+e^-\longrightarrow Ag+Br^-$	0.0711
$Cl^-\mid AgCl(s)\mid Ag$	$AgCl(s)+e^-\longrightarrow Ag+Cl^-$	0.2221
氧化还原电极		
$Cr^{3+},Cr^{2+}\mid Pt$	$Cr^{3+}+e^-\longrightarrow Cr^{2+}$	-0.41
$Sn^{4+},Sn^{2+}\mid Pt$	$Sn^{4+}+2e^-\longrightarrow Sn^{2+}$	0.15
$Cu^{2+},Cu^+\mid Pt$	$Cu^{2+}+e^-\longrightarrow Cu^+$	0.158
$H^+,$醌,氢醌$\mid Pt$	$C_6H_4O_2+2H^++2e^-\longrightarrow C_6H_4(OH)_2$	0.6993
$Fe^{3+},Fe^{2+}\mid Pt$	$Fe^{3+}+e^-\longrightarrow Fe^{2+}$	0.770
$Tl^{3+},Tl^+\mid Pt$	$Tl^{3+}+2e^-\longrightarrow Tl^+$	1.247
$Ce^{4+},Ce^{3+}\mid Pt$	$Ce^{4+}+e^-\longrightarrow Ce^{3+}$	1.61
$Co^{3+},Co^{2+}\mid Pt$	$Co^{3+}+e^-\longrightarrow Co^{2+}$	1.808

注：顾文秀，等．物理化学实验．北京：化学工业出版社，2019．

附录 2-10　微溶化合物的溶度积

（18～25℃，$I=0$）

微溶化合物	$K_{sp}^{\ominus}$	$pK_{sp}^{\ominus}$	微溶化合物	$K_{sp}^{\ominus}$	$pK_{sp}^{\ominus}$
Ag_3AsO_4	1×10^{-22}	22.0	$CaCO_3$	2.8×10^{-9}	8.54
$AgBr$	5.0×10^{-13}	12.30	CaF_2	5.3×10^{-9}	8.28
Ag_2CO_3	8.1×10^{-12}	11.09	$CaC_2O_4\cdot H_2O$	4×10^{-9}	8.4
$AgCl$	1.8×10^{-10}	9.75	$Ca_3(PO_4)_2$	2.0×10^{-29}	28.70
Ag_2CrO_4	1.1×10^{-12}	11.96	$CaSO_4$	9.1×10^{-6}	5.04
$AgCN$	1.2×10^{-16}	15.92	$CaWO_4$	8.7×10^{-9}	8.06
$AgOH$	2.0×10^{-8}	7.71	$CdCO_3$	5.2×10^{-12}	11.28
AgI	8.3×10^{-17}	16.08	$Cd_2[Fe(CN)_6]$	3.2×10^{-17}	16.49
$Ag_2C_2O_4$	3.4×10^{-11}	10.46	$Cd(OH)_2$ 新析出	2.5×10^{-14}	13.6
Ag_3PO_4	1.4×10^{-16}	15.84	$CdC_2O_4\cdot3H_2O$	9.1×10^{-8}	7.04
Ag_2SO_4	1.4×10^{-5}	4.84	CdS	8.0×10^{-27}	26.1
Ag_2S	6.3×10^{-50}	49.2	$CoCO_3$	1.4×10^{-13}	12.84
$AgSCN$	1.0×10^{-12}	12.00	$Co_2[Fe(CN)_6]$	1.8×10^{-15}	14.74
$Al(OH)_3$ 无定型	1.3×10^{-33}	32.9	$Co(OH)_2$ 新析出	1.6×10^{-15}	14.8
$As_2S_3$①	2.1×10^{-22}	21.68	$Co(OH)_3$	1.6×10^{-44}	43.8

微溶化合物	$K_{sp}^{\ominus}$	$pK_{sp}^{\ominus}$	微溶化合物	$K_{sp}^{\ominus}$	$pK_{sp}^{\ominus}$
$BaCO_3$	5.1×10^{-9}	8.29	$Co[Hg(SCN)_4]$	1.5×10^{-6}	5.82
$BaCrO_4$	1.2×10^{-10}	9.93	$\alpha\text{-}CoS$	4.0×10^{-21}	20.4
BaF_2	1.0×10^{-6}	5.98	$\beta\text{-}CoS$	2.0×10^{-25}	24.7
$BaC_2O_4\cdot H_2O$	2.3×10^{-8}	7.64	$Co_3(PO_4)_2$	2×10^{-35}	34.7
$BaSO_4$	1.1×10^{-10}	9.96	$Cr(OH)_3$	6.3×10^{-31}	30.2
$Bi(OH)_3$	4×10^{-31}	30.4	$CuBr$	5.3×10^{-9}	8.28
$BiOOH^{②}$	4×10^{-10}	9.4	$CuCl$	1.2×10^{-6}	5.92
BiI_3	8.1×10^{-19}	18.09	$CuCN$	3.2×10^{-20}	19.49
$BiOCl$	1.8×10^{-31}	30.75	CuI	1.1×10^{-12}	11.96
$BiPO_4$	1.3×10^{-23}	22.89	$CuOH$	1×10^{-14}	14.0
Bi_2S_3	1×10^{-97}	97.0	Cu_2S	2.5×10^{-48}	47.6
$CuSCN$	4.8×10^{-15}	14.32	$\gamma\text{-}NiS$	2.0×10^{-26}	25.7
$CuCO_3$	1.4×10^{-10}	9.86	$PbClF$	2.4×10^{-9}	8.62
$Cu(OH)_2$	2.2×10^{-20}	19.66	$PbCrO_4$	2.8×10^{-13}	12.55
CuS	6.3×10^{-36}	35.2	$PbCO_3$	7.4×10^{-14}	13.13
$FeCO_3$	3.2×10^{-11}	10.50	$PbCl_2$	1.6×10^{-5}	4.79
$Fe(OH)_2$	8.0×10^{-16}	15.1	PbF_2	2.7×10^{-8}	7.57
FeS	6.3×10^{-18}	17.2	$Pb(OH)_2$	1.2×10^{-15}	14.93
$Fe(OH)_3$	4×10^{-35}	37.4	PbI_2	7.1×10^{-9}	8.15
$FePO_4$	1.3×10^{-22}	21.89	$PbMoO_4$	1.0×10^{-13}	13.0
$Hg_2Br_2^{③}$	5.6×10^{-23}	22.24	$Pb_3(PO_4)_2$	8.0×10^{-43}	42.10
Hg_2CO_3	8.9×10^{-17}	16.05	$PbSO_4$	1.6×10^{-8}	7.79
Hg_2Cl_2	1.3×10^{-18}	17.88	PbS	8.0×10^{-28}	27.9
$Hg_2(OH)_2$	2.0×10^{-24}	23.7	$Pb(OH)_4$	3.2×10^{-66}	65.5
Hg_2I_2	4.5×10^{-29}	28.35	$Sn(OH)_2$	1.4×10^{-28}	27.85
Hg_2SO_4	7.4×10^{-7}	6.13	SnS	1.0×10^{-25}	25.0
Hg_2S	1.0×10^{-47}	47.0	$Sn(OH)_4$	1×10^{-56}	56
$Hg(OH)_2$	3.0×10^{-26}	25.52	$SrCO_3$	1.1×10^{-10}	9.96
HgS 红	4×10^{-53}	52.4	$SrCrO_4$	2.2×10^{-5}	4.65
HgS 黑	1.6×10^{-52}	51.8	SrF_2	2.5×10^{-9}	8.61
$MgNH_4PO_4$	2.5×10^{-13}	12.6	$SrC_2O_4\cdot H_2O$	1.6×10^{-7}	6.80
$MgCO_3$	3.5×10^{-8}	7.46	$Sr_3(PO_4)_2$	4.0×10^{-28}	27.39
MgF_2	6.5×10^{-9}	8.19	$SrSO_4$	3.2×10^{-7}	6.49
$Mg(OH)_2$	1.8×10^{-12}	10.74	$Ti(OH)_3$	1×10^{-40}	40

微溶化合物	$K_{sp}^{\ominus}$	$pK_{sp}^{\ominus}$	微溶化合物	$K_{sp}^{\ominus}$	$pK_{sp}^{\ominus}$
$MnCO_3$	1.8×10^{-12}	10.74	$Ti(OH)_2$④	1×10^{-29}	29
$Mn(OH)_2$	1.9×10^{-13}	12.72	$ZnCO_3$	1.4×10^{-11}	10.84
MnS 无定形	2.5×10^{-10}	9.6	$Zn_2[Fe(CN)_6]$	4.0×10^{-16}	15.39
MnS 晶型	2.5×10^{-13}	12.6	$Zn(OH)_2$	1.2×10^{-17}	16.92
$NiCO_3$	6.6×10^{-9}	8.18	$Zn_3(PO_4)_2$	9.0×10^{-33}	32.04
$Ni(OH)_2$ 新析出	2.0×10^{-15}	14.7	α-ZnS	1.6×10^{-24}	23.8
$Ni_3(PO_4)_2$	5×10^{-31}	30.3	β-ZnS	2.5×10^{-22}	21.6
α-NiS	3.2×10^{-19}	18.5			
β-NiS	1.0×10^{-24}	24.0			

注：J. A. 迪安. 兰氏化学手册. 尚久方，等译. 北京：科学出版社，1994.

① 为下列平衡的平衡常数：$As_2O_3+4H_2O \Longrightarrow 2HAsO_2+3H_2S$。

② $BiOOH$ 的 $K_{sp}=[BiO^+][OH^-]$。

③ $(Hg_2)_mX_n=[Hg_2^{2+}]^m[X^{-2m/n}]^n$。

④ $TiO(OH)_2$ 的 $K_{sp}=[TiO^{2+}][OH^-]^2$。

附录 2-11　水在不同温度下的饱和蒸气压

$t/℃$	$p/mmHg$	p/Pa	$t/℃$	$p/mmHg$	p/Pa
0	4.5851	611.29	21	18.659	2487.7
1	4.9302	657.31	22	19.837	2644.7
2	5.2903	705.31	23	21.080	2810.4
3	5.6903	758.64	24	22.389	2985.0
4	6.1003	813.31	25	23.770	3169.0
5	6.5451	872.60	26	25.224	3362.9
6	7.0104	934.64	27	26.755	3567.0
7	7.5104	1001.3	28	28.366	3781.8
8	8.0504	1073.3	29	30.061	4007.8
9	8.6107	1148.0	30	31.844	4245.5
10	9.2115	1228.1	31	33.718	4495.3
11	9.8476	1312.9	32	35.687	4757.8
12	10.521	1402.7	33	37.754	5033.5
13	11.235	1497.9	34	39.925	5322.9
14	11.992	1598.8	35	42.204	5626.7
15	12.793	1705.6	40	55.365	7381.4
16	13.640	1818.5	45	71.930	9589.8
17	14.536	1938.0	50	92.588	12344
18	15.484	2064.4	60	149.50	19932
19	16.485	2197.8	80	355.33	47373
20	17.542	2338.8	100	760.00	101325

注：Robert H. Perry，Don W. Green. 佩里化学工程师手册. 7 版. 北京：科学出版社，2001.

附录 2-12 水在不同温度下的表面张力

$t/℃$	$\gamma/(10^{-3}N \cdot m^{-1})$	$t/℃$	$\gamma/(10^{-3}N \cdot m^{-1})$	$t/℃$	$\gamma/(10^{-3}N \cdot m^{-1})$	$t/℃$	$\gamma/(10^{-3}N \cdot m^{-1})$
0	75.64	17	73.19	26	71.82	60	66.18
5	74.92	18	73.05	27	71.66	70	64.42
10	74.22	19	72.90	28	71.50	80	62.61
11	74.07	20	72.75	29	71.35	90	60.75
12	73.93	21	72.59	30	71.18	100	58.85
13	73.78	22	72.44	35	70.38	110	56.89
14	73.64	23	72.28	40	69.56	120	54.89
15	73.59	24	72.13	45	68.74	130	52.84
16	73.34	25	71.97	50	67.91		

注：John A Dean. Lange's Handbook of Chemistry. New York：McGraw-Hill Book Company Inc，1973.

参考文献

[1] 唐向阳, 余丽萍, 朱莉娜, 等. 基础化学实验教程 [M]. 4 版. 北京: 科学出版社, 2015.

[2] 蔡显鄂, 项一非, 刘衍光. 物理化学实验 [M]. 2 版. 北京: 高等教育出版社, 1993.

[3] 顾文秀, 高海燕. 物理化学实验 [M]. 北京: 化学工业出版社, 2019.

[4] 魏西莲. 物理化学实验 [M]. 青岛: 中国海洋大学出版社, 2019.

[5] 张军锋, 庞素娟, 肖厚贞. 物理化学实验 [M]. 2 版. 北京: 化学工业出版社, 2021.

[6] 古莉娜, 吴振玉. 物理化学实验 [M]. 合肥: 安徽师范大学出版社, 2019.

[7] 冯霞, 朱莉娜, 朱荣娇. 物理化学实验 [M]. 北京: 高等教育出版社, 2015.

[8] 高锦红, 李雅丽. 物理化学实验 [M]. 北京: 北京师范大学出版社, 2019.

[9] 邱晓航, 李一俊, 韩杰, 等. 基础化学实验 [M]. 2 版. 北京: 科学出版社, 2017.

[10] 朱莉娜, 孙晓志, 弓保津, 等. 高校实验室安全基础 [M]. 天津: 天津大学出版社, 2014.

[11] 沈海云, 邵松雪. Origin 软件在雷诺温度校正图中的应用 [J]. 广东化工, 2021, 48 (19): 282-284.

[12] 朱莉娜, 陈丽, 张凤才, 等. 对《氨基甲酸铵的分解平衡》实验装置的改进 [C]. 中国化学会第 27 届学术年会第 17 分会场摘要集, 2010.

[13] 宋江闻, 赵会玲. 氨基甲酸铵分解平衡常数测定实验教学中存在的问题与改进建议 [J]. 化工高等教育, 2012, 29 (02): 63-65.

[14] 庄继华, 等. 物理化学实验 [M]. 3 版. 北京: 高等教育出版社, 2004.

[15] 傅丽, 李爱昌, 吴昊, 等. 对 "纯液体饱和蒸气压的测量" 实验的几点思考 [J]. 廊坊师范学院学报 (自然科学版), 2012, 12 (04): 60-61, 64.

[16] 王惠民. 纯液体饱和蒸气压实验数据的综合处理 [J]. 实验室研究与探索, 1992 (01): 97-102.

[17] 天津大学物理化学教研室. 物理化学 [M]. 5 版. 北京: 高等教育出版社, 2009.

[18] 韩喜江, 张天云. 物理化学实验 [M]. 哈尔滨: 哈尔滨工业大学出版社, 2004.

[19] 吴仲达. 原电池实验中的锌板为什么要汞齐化 [J]. 化学教育, 1984 (04): 55.

[20] 李爱炳. 电池电动势测定实验中要注意的几个问题 [J]. 合肥师范学院学报, 2010, 28 (06): 48-49.

[21] 张万东, 张凤才, 聂建明. 高纯汞齐的制备及其在可逆电池中的应用 [J]. 实验室科学, 2008 (03): 63-65.

[22] 燕翔, 王都留, 张少飞, 等. 用淀粉制作盐桥的实验探究 [J]. 首都师范大学学报 (自然科学版), 2018, 39 (04): 51-53.

[23] 林丽. 物理化学中极化曲线的测定实验改革 [J]. 化工教学, 2017 (43): 119-120.

[24] 汤雁冰, 陈龙, 王迎飞. 不同浓度氯离子对钢筋钝化行为的影响 [C]. 第十五届中国海洋 (岸) 工程学术讨论会论文集, 2011: 839-843.

[25] 姬永生, 王志龙, 徐从宇, 等. 混凝土中钢筋腐蚀过程的极化曲线分析 [J]. 浙江大学学报 (工学版), 2012 (08): 1457-1464.

[26] 关新新, 王晓敏. Guggenheim 法处理过氧化氢催化分解反应动力学数据 [J]. 大学化学, 2012, 27 (01): 68-70.

[27] 莫淑欢. 过氧化氢分解动力学研究 [D]. 南宁: 广西大学, 2008.

[28] 唐梦环, 王良, 谢永生, 等. 连续排水法测定 H_2O_2 分解反应级数和速率常数实验 [J]. 重庆三峡学院学报, 2015, 31 (157): 83-86.

[29] 玉占君, 张文伟, 任庆云. 电导法测定乙酸乙酯皂化反应速率常数的一种数据处理方法 [J]. 辽宁师范大学学报 (自然科学版), 2006 (04): 511-512.

[30] 邵水源, 刘向荣, 庞利霞, 等. pH 值法测定乙酸乙酯皂化反应速率常数 [J]. 西安科技学院学报, 2004 (02): 196-199.

[31] 奚新国, Pu Chen. 表面张力测定方法的现状与进展 [J]. 盐城工学院学报 (自然科学版), 2008, 21 (3): 1-4.

[32] Goronja J, Pejić N, Ležaić A, et al. Using a combination of experimental and mathematical method to explore critical micelle concentration of a cationic surfactant [J]. Journal of Chemical Education, 2016 (07): 1277-1281.

[33] 任霞，王钰，孙会敏，等．表面活性剂临界胶束浓度测定方法的建立和比较 [J]．中国药事，2020（34）：916-924.

[34] 刘太宏．电导法测定表面活性剂临界胶束浓度实验教学的思考 [J]．科学咨询/科技管理，2020（19）：15-16.

[35] 金丽萍，邬时清．物理化学实验 [M]．上海：华东理工大学出版社，2016.

[36] 陈锡光．中国古代的测温技术和有关热学理论——世界上第一支温度计是伽利略发明的吗？[J]．南京大学学报，1988，24（4）：725-734.

[37] 薛海凤．中国古代对热的认识和利用 [J]．中学物理教学参考，2008（9）：46-47.

[38] 李芝芬．国际实用温标（IPTS-68）和水的三相点测定的渊源 [J]．大学化学，1990，5（1）：58-61.

[39] 刘瑞麟，阮慎康．我国著名的物理化学家黄子卿教授 [J]．化学通报，1980（11）：55-59.

[40] 友光．谁是飞天第一人 [J]．发明与创新（学生版），2007（3）：16.

[41] 韩厚健．"长征一号"运载火箭研制历程 [J]．国防科技工业，2020（05）：45-54.

[42] 霍菲菲．中国"神箭"——长征二号 F 运载火箭 [J]．军事文摘，2022（06）：52-55.

[43] 陈立，赵聪．"长征"五号运载火箭成功发射"天问"一号火星探测器 [J]．中国航天，2020（07）：30.

[44] 新华社．我国首次海域可燃冰试采成功 [J]．科技传播，2017，9（10）：13-14.

[45] 常钦，李刚．我国海域可燃冰第二次试采成功 [N]．人民日报，2020-03-27（12）.

[46] 段莉梅．化学平衡及平衡移动中的辩证法 [J]．内蒙古民族师院学报（自然科学版），1999，14（2）：163-165.

[47] 张雪娇，杨黎燕，杨莉宁，等．辩证唯物主义哲学思想在化学平衡体系教学中的指导应用 [J]．广州化工，2021，49（6）：128-130.

[48] 高斌．热力学第二定律的建立及意义 [J]．玉溪师专学报（自然科学版），1992（2）：70-74.

[49] 张琼，刘荃，高劲松．海昏侯刘贺墓出土青铜蒸馏器研究 [J]．农业考古，2022（1）：215-221.

[50] 李晨阳．60 多年前突破"卡脖子"技术的人 [N]．中国科学报，2022-04-08（1）.

[51] 高世扬，陈敬清，张长美．我国盐湖化学的奠基人——柳大纲教授 [J]．化学通报，1989（10）：55-58.

[52] 胡克源，胡亚东，徐晓白．柳大纲先生传略 [J]．科学，2004，54（6）：46-49.

[53] 袁希钢．余国琮院士：一棵痴迷"精馏"的大树 [J]．民主，2022（05）：47-52.

[54] 赵永克．浅析酸碱理论与唯物辩证法基本规律的关系 [J]．高教研究，2014（6）：20-23.

[55] 余新武，王东升．哲学视角下的酸碱理论及其发展 [J]．高师理科学刊，2011，31（1）：100-104.

[56] 向艳超，张冰强，薛淑艳，等．祝融号火星车热控系统设计与验证 [J]．中国科学：技术科学，2022，52（2）：245-252.

[57] 陈达兴，金波，王文强，等．"天问"一号任务火星车电源产品设计 [J]．中国航天，2021（6）：44-48.

[58] 刘俊利，徐振山．港珠澳大桥钢管复合桩牺牲阳极保护施工技术 [J]．价值工程，2019，38（9）：96-98.

[59] Freemantle M. Chemistry at its most beautiful：Pasteur's separation of enantiomers tops list of the most memorable discoveries in chemistry [J]. Chemical & Engineering News，2003，81（34）：27-30.

[60] 李晨阳．纳米酶十年：从原创走向领跑 [N]．中国科学报，2018-07-05（1）.

[61] Gao L，Zhuang J，Nie L，et al. Intrinsic peroxidase-like activity of ferromagnetic nanoparticles [J]. Nature Nanotechnology，2007，2（9）：577-583.

[62] 李陈续．超冷化学量子模拟取得重大突破 [N]．光明日报，2017-07-07（7）.

[63] Rui J，Yang H，Liu L，et al. Controlled state-to-state atom-exchange reaction in an ultracold atom-dimer mixture [J]. Nature Physics，2017，13：699-703.

[64] 桂运安，王敏．科学家首次在超冷原子分子混合气中合成三原子分子 [N]．中国科学报，2022-02-10（1）.

[65] 刘霞．最冷化学反应让分子形成时刻首次"曝光"[N]．科技日报，2019-12-04（2）.

[66] 李英，王海．跟着古人学表面张力和固液浸润现象 [J]．中学物理，2017，35（9）：63-64.

[67] 沈尔安．澡豆——古代高级洁肤剂 [J]．家庭中医药，2001（1）：43.

[68] 李丽云，张云普．把原油从石头缝里"洗"出来 [N]．科技日报，2021-06-23（3）.

[69] 顾惕人，周乃扶．胶体化学和表面化学家傅鹰教授 [J]．化学通报，1980（7）：59-63，51.

[70] 韵心．回去，为了新中国的建设事业——20 世纪 50 年代留学生归国潮掠影 [J]．党史文汇，2008（5）：10-11.